Hans Scherer

Das Gleichgewicht

I Praktische Gleichgewichtsdiagnostik

Mit 279 Abbildungen

Springer-Verlag
Berlin Heidelberg GmbH 1984

Prof. Dr. med. HANS SCHERER
Klinik und Poliklinik für Hals-, Nasen- und Ohrenkranke
der Ludwig-Maximilians-Universität München
Klinikum Großhadern
Marchioninistraße 15
D-8000 München 70

ISBN 978-3-642-86052-2

CIP-Kurztitelaufnahme der Deutschen Bibliothek

Scherer, Hans:
Das Gleichgewicht / Hans Scherer.

1. → Scherer, Hans: Praktische Gleichgewichtsdiagnostik
Scherer, Hans:
Praktische Gleichgewichtsdiagnostik / Hans Scherer.

(Das Gleichgewicht / Hans Scherer; 1)
ISBN 978-3-642-86052-2   ISBN 978-3-642-86051-5 (eBook)
DOI 10.1007/978-3-642-86051-5

Das Werk ist urheberrechtlich geschützt. Die dadurch begründeten Rechte, insbesondere die der Übersetzung, des Nachdrucks, der Entnahme von Abbildungen, der Funksendung, der Wiedergabe auf photomechanischem oder ähnlichem Wege und der Speicherung in Datenverarbeitungsanlagen bleiben, auch bei nur auszugsweiser Verwertung, vorbehalten. Die Vergütungsansprüche des § 54, Abs. 2 UrhG werden durch die „Verwertungsgesellschaft Wort", München, wahrgenommen.

© Springer-Verlag Berlin Heidelberg 1984
Ursprünglich erschienen bei Springer-Verlag Berlin Heidelberg New York 1984
Softcover reprint of the hardcover 1st edition 1984

Die Wiedergabe von Gebrauchsnamen, Handelsnamen, Warenbezeichnungen usw. in diesem Werk berechtigt auch ohne besondere Kennzeichnung nicht zu der Annahme, daß solche Namen im Sinne der Warenzeichen- und Markenschutz-Gesetzgebung als frei zu betrachten wären und daher von jedermann benutzt werden dürften.

Produkthaftung: Für Angaben über Dosierungsanweisungen und Applikationsformen kann vom Verlag keine Gewähr übernommen werden. Derartige Angaben müssen vom jeweiligen Anwender im Einzelfall anhand anderer Literaturstellen auf ihre Richtigkeit überprüft werden.

2122/3130-54321

Vorwort

Die Kenntnisse über das vestibuläre System wurden durch grundlegende klinische Untersuchungen erarbeitet. Im europäischen Raum sind wesentlich die Arbeiten von ARSLAN, BÁRÁNY, BOENNINGHAUS, DECHER, DIX, DOHLMAN, FRENZEL, GREINER, HALLPIKE, HENRIKSSON, HOOD, JONGKEES, JUNG, KORNHUBER, MEYER ZUM GOTTESBERGE, MITTERMAIER, MONTANDON, PFALTZ STENGER u. a.
Dieses Basiswissen erscheint heute in einer neuen Dimension. Aus flug- und verhaltensphysiologischen Untersuchungen, insbesondere aus der Kinetoseforschung haben wir gelernt, daß das vestibuläre System kein in sich geschlossenes Sinnessystem darstellt wie z. B. das Hörsystem und das Riechsystem, sondern Teil eines weitreichenden, multilokulären Systems ist. Es koordiniert Meldungen aus wahrscheinlich allen Sinnessystemen zum Zweck der Orientierung des Menschen in seiner Umwelt.
Die Koordinationsfunktion des Gleichgewichtssystems hat zur Zusammenarbeit von Physiologen, Neurologen, Otologen und Ophthalmologen geführt. Eine Fülle von Untersuchungsmethoden war die Folge. Kaum ein klinisch tätiger Arzt hat die Möglichkeit, alle zu kennen. Deshalb ist ein Leitfaden durch die angewachsene Materie notwendig geworden, der dem Anfänger den Einstieg erleichtert, dem Untersuchenden genaue Anweisungen erteilt und dem Erfahrenen als Nachschlagewerk dient. Dem medizinischen Assistenzpersonal soll das Buch helfen, die täglich ausgeführten Untersuchungen besser verstehen zu lernen.
Um übersichtlich zu bleiben, werden nicht alle Variationen einer Untersuchungsmethode und auch nicht alle Veröffentlichungen berücksichtigt. Es werden bewährte Methoden dargestellt und kommentiert. Um die Kapitel in sich geschlossen darzustellen, wurden Wiederholungen in Kauf genommen.
Auf der Kenntnis der Untersuchungsmethode aufbauend werden im zweiten klinischen Band Befunde von Krankheitsbildern zugeordnet und differentialdiagnostisch betrachtet. Die therapeutischen Möglichkeiten werden erörtert. Der Band enthält eine ausführliche Erläuterung der Physiologie und Klinik der Kinetosen.
Den Mitarbeitern des Gleichgewichtslabors unserer Klinik, Frau MAAS und Frau MARX sowie Herrn VIELLIEBER danke ich für ihren großen persönlichen Einsatz beim Schreiben, Zeichnen und Erstellen von Daten, unserem Fotografen Herrn GANEA für die fotografischen Abbildungen.
Frau NANCY CLIFF-NEUMÜLLER hat mit Einfühlungsvermögen und großer Geduld die grafischen Darstellungen ausgeführt.
Für die fachliche Beratung bedanke ich mich bei Herrn Dipl. Ing. F. BERNINGER, Fa. Gruber KG, München, Herrn Prof. G. TEN BRUGGENCATE, Direktor des I. Physiologischen Instituts der Universität München, Herrn OTA a. D. Dr. med. G. FRÖHLICH, Flugmed. Institut der Luftwaffe, Fürstenfeldbruck, Herrn Priv. Doz. Dr. med. K. F. HAMANN, HNO-Klinik der Techn. Universität, Mün-

chen, Herrn Dr. med. S. HOLTMANN, HNO-Klinik der Ludwig-Maximilians-Universität, München, Herrn Prof. Dr. med. C. R. PFALTZ, Direktor der HNO-Klinik der Universität Basel/Schweiz

Herrn Prof. NAUMANN, dem Direktor unserer Klinik, danke ich sehr herzlich für viele Anregungen, die er aus seiner großen Erfahrung zur Gestaltung des Buches gab.
Dem Springer-Verlag, insbesondere Herrn BERGSTEDT und Herrn KIRCHNER danke ich für die großzügige Berücksichtigung meiner Wünsche.

Meiner Frau AMARYLL danke ich für die Mitarbeit und ihre große Geduld.

München 1984 H. SCHERER

Inhaltsverzeichnis

Kapitel I Anamnese

Grundregeln 1
1. Regel: Schilderung der Beschwerden 1
   a) Drehgefühl 1
   b) Schwankgefühl 1
   c) Unbestimmte Gefühle 1
   d) Anfallsartiger Schwindel 2
   e) Schwarzwerden und Ohnmacht 2
2. Regel: Gliederung der Anamnese in Zeiträume 2
   a) Beschreibung des Beginns der Beschwerden 2
   b) Beschreibung des Zeitraumes vor der Erkrankung 2
   c) Beschreibung des Schwindelverlaufs 3
3. Regel: Beschreibung der Schwindelposition 4
4. Regel: Anamnese der Nachbarschaftssymptome 4
5. Regel: Dokumentation der Medikamente und Genußmittel 4
6. Regel: Dokumentation von Schädel-Hirntraumen 4

Zusammenstellung des Ablaufs und der Regeln 5

Kapitel II Untersuchung der Hirnnerven

   I. N. olfactorius (Geruchsprüfung) 6
  II. N. opticus 7
      Die Augenmuskelnerven
 III. N. oculomotorius 7
 IV. N. trochlearis 8
 VI. N. abducens 9
  V. N. trigeminus 10
VII. N. facialis 10
    1. Motorischer Anteil 10
    2. Sensibler Anteil 10
    3. Sensorischer Anteil 10
    4. Autonomer Anteil 11
    Die Untersuchung anhand folgender Nerven: 11
    1. Motorische 11
    2. Sensible (HITSELSBERGERsches Zeichen) 12
    3. Sensorische (Geschmacksprüfung) 12
    4. Autonome (Tränensekretionsprüfung: Schirmertest) ... 12

VIII. N. stato-acusticus – Pars acustica 13
    Stimmgabelversuch nach WEBER 13
    Stimmgabelversuch nach RINNE 13

IX. N. glossopharyngeus 14
    1. Motorischer Anteil 14
    2. Sensibler Anteil 15
    3. Sensorischer Anteil 15
    4. Autonomer Anteil 16

X. N. vagus 16
    1. Motorischer Anteil 16
    2. Sensibler Anteil 16

XI. N. accessorius 16
XII. N. hypoglossus 16
Diagnostische Schritte bei der orientierenden Untersuchung der
Hirnnerven 17

Kapitel III   Gleichgewichtsuntersuchungen am vestibulospinalen System

Physiologie 19
Statische Untersuchungen 20
    Romberg-Test (Methode und Bewertung) 20
Dynamische Untersuchungen 22
    A. Der Unterbergersche Tretversuch 23
    B. Der Blind- oder Seiltänzergang 24
    C. Der Sterngang nach BABINSKI und WEIL 25
    D. Der Zeichentest nach FUKUDA 25

Kapitel IV   Der Nystagmus und seine Registrierung

Vorbemerkung 28
Definition des Nystagmus als Meßgröße 29
Entstehung eines vestibulären Nystagmus 29
Differentialdiagnose des vestibulären Nystagmus 30

  I. Physiologische Nystagmusformen 30
    A. Der optokinetische Nystagmus 30
    B. Der Endstellnystagmus 32
    C. Der physiologische Spontannystagmus 32

 II. Pathologische Nystagmusformen 33
    A. Nystagmus bei Erkrankungen im vestibulären System 33
    B. Nystagmus bei Erkrankungen im optischen System 34

    Der kongenitale Fixationsnystagmus 34
    Der erworbene Fixationsnystagmus 36
    Der Blindennystagmus 36

    a) Der latente Schielnystagmus 37
    b) Der Bergarbeiternystagmus 37

    Der blickparetische Nystagmus 38
    Der dissoziierte Blickrichtungsnystagmus 38
    Seltene pathologische Augenbewegungen 38

a) Der Schaukel- oder See-saw-Nystagmus 38
b) Periodisch alternierende Blickdeviationen 39
c) Langsame pendelförmige Augenbewegungen 39
d) Hüpfende Augenbewegungen 39

Voraussetzungen und Methoden zur Beobachtung und Registrierung eines Nystagmus 39
Die Beobachtung des Nystagmus mit der Leuchtbrille nach FRENZEL . . . 40
Die Registrierung von Augenbewegungen 42

1. Geschichtlicher Überblick 42
   a) Mechanische Methoden 42
   b) Fotografische Methode 43
2. Die Elektronystagmografie 44
   a) Elektrische und elektrophysiologische Grundlagen 44
   b) Ableitung des korneoretinalen Potentials 44
   c) Entstehung des Elektrookulogramms 44
   d) Technik der Ableitung 45
   e) Vorbereitung der Haut 46
   f) Elektrodentechnik 46
   g) Elektrodenpaste, Elektrodengelee 48
   h) Technik der Potentialübertragung 48
   i) Technik der Verstärkung (Gleichspannungs-, Wechselspannungs- und Wechselspannungsableitung mit sehr kurzer Zeitkonstante . . 49
   k) Filtertechnik 53
   l) Technik der Registrierung 54
   m) Einrichtung des Untersuchungsraums 56
3. Die Fotoelektronystagmografie 58

Die Eichung von Augenbewegungen (Die Normaleichung; Die sog. biologische Eichung) 59
Die Aufrechterhaltung eines hohen Wachheitsgrades 61

Kapitel V Der diagnostische Untersuchungsgang

I. Die Leuchtbrillenuntersuchung zur Fahndung nach Spontan- und Provokationsnystagmus 63

   A. Der Spontannystagmus 63
      1. Darstellung des Spontannystagmus 64
         a) Schlagrichtung 64
         b) Intensität 65
      2. Grundtypen des Spontannystagmus 65
         a) Der richtungsbestimmte Spontannystagmus 65
         b) Der regelmäßige Blickrichtungsnystagmus 66
         c) Der regellose Blickrichtungsnystagmus 67

   B. Die Untersuchung des Provokationsnystagmus 67
      1. Lockerungsmaßnahmen 68
      2. Nystagmus bei Einnahme der Schwindellage 68
      3. Lageprüfung 68
         Arten des Lagenystagmus:
         a) Der richtungsbestimmte Lagenystagmus 69

        b) Regelmäßig richtungswechselnder Lagenystagmus 69
    4. Lagerungsprüfung nach HALLPIKE-STENGER 70
    Formen des Lagerungsnystagmus
        a) Der benigne paroxysmale Lagerungsnystagmus 72
        b) Der Lagerungsnystagmus bei HWS-Syndrom 72

II. Die experimentellen Gleichgewichtsprüfungen 73
  A. Die thermische Untersuchung des Gleichgewichtsorgans 73
    1. Geschichtlicher Überblick 73
    2. Technik der thermischen Prüfung 74
        a) Körperhaltung (Methode nach HALLPIKE und VEITS) 74
        b) Reizmedium 75
        c) Spültechnik 77
        d) Wassermenge 77
        e) Spüldauer 78
        f) Wassertemperaturen 78
        g) Reizfolge 78
        h) Pausen zwischen den Spülungen 80
    3. Wahl der Nystagmusparameter bei der thermischen Prüfung ... 80
        a) Bei der Untersuchung mit der Frenzelbrille 80
        b) Nystagmusparameter bei elektronystagmografischer
           Registrierung 81
    4. Zur Streubreite der thermischen Befunde 82
    5. Über „Normbereiche" thermischer Befunde 84
  B. Okulomotorische Untersuchungen 88
    1. Physiologie 88
        a) Das Sakkadensystem 88
        b) Das Blickfolgesystem 88
        c) Die okulomotorischen Kerne für die willkürlichen
           Blickbewegungen 88
        d) Der okulomotorische Kern des Kleinhirns, der Flocculus ... 88
    2. Untersuchungsmethoden 88
        a) Untersuchung der Blickfolgebewegung:
           Der Sinusblickpendeltest 88
        b) Untersuchung des optokinetischen Nystagmus
           (Geräte und Ablauf der Untersuchung) 91
        c) Untersuchung der Fixationssuppression
           (Untersuchungstechnik und Bewertung der Befunde) 96
  C. Die Drehprüfungen 97
    1. Geschichtlicher Überblick 97
    2. Physiologie 99
    3. Untersuchungstechnik 102
        a) Der trapezoide Reiz 102
        b) Der dreieckförmige Reiz 102
    4. Bewertung rotatorischer Untersuchungsergebnisse 103
    5. Grafische Darstellung rotatorischer Befunde 104
    6. Untersuchungen mit dem Pendelstuhl 105
        a) Durchführung der Untersuchung 105

b) Bewertung des Pendeltestes 107
c) Interpretation der Befunde 108
d) Dokumentation der Penteluntersuchung 109
e) Das Recruitment des Pendeltestes 109
f) Messung der Latenz und der Phasenverschiebung 109

D. Die Untersuchung zervikaler Gleichgewichtsstörungen 110
   1. Der vaskuläre Anteil 111
   2. Der somatische Anteil 113
      Ablauf des Halsdrehtestes 114
   3. Der vegetative Anteil 115
   4. Die Röntgenuntersuchung der HWS 116

E. Die galvanische Reizung 120
   a) Schwellenreizung 121
   b) Überschwellige Reizung 121

Kapitel VI   Die gutachterliche Bewertung vestibulärer Befunde

I. Untersuchungsgang 123
   A. Ausschlußgutachten 123
   B. Gutachten über Schwindel 124

II. Bewertung der Befunde 124
III. Sonderfälle 127
   A. Arbeiter am Hochbau 127
   B. Piloten 127
   C. Taucher 128
   D. Kraftfahrer 128
      1. Auto 128
      2. Motorrad 129
      3. Bus- und Tanklastfahrer 129
   E. Der Patient mit einer Ménièreschen Krankheit 129

Kapitel VII   Störfaktoren bei der Gleichgewichtsuntersuchung

I. Störmanöver 131
II. Vigilanz 133
III. Medikamente 133
IV. Beeinflussung der Untersuchung durch Toxine 134
   A. Alkoholinduzierte Befunde 134
      1. Divergierender Lagenystagmus 134
      2. Konvergierender Lagenystagmus 134
      3. Zentrale Störungen 135
      4. Veränderung der Reaktion auf experimentelle Reize 135
   B. Einschätzung der Blutalkoholkonzentration anhand
      anamnestischer Angaben 136
   C. Nikotininduzierte Befunde 136
   D. Koffeininduzierte Befunde 137

Kapitel VIII Nystagmusanalyse

I. Die Dauer der Reizantwort 138
II. Die Schlagzahl-Parameter 138
　1. Gesamtschlagzahl 138
　2. Schlagzahl bzw. Frequenz in einem umschriebenen Zeitabschnitt 139
III. Die Geschwindigkeit der langsamen Nystagmusphase (GLP) 141
IV. Die Nystagmusamplitude 143
V. Zusammengesetzte Parameter 145
VI. Halbautomatische Nystagmusanalyse 146
VII. Vollautomatische Nystagmusanalyse 147

Kapitel IX Atlas der Elektronystagmografie

1. Normales Elektronystagmogramm 151
2. Artefakte von Seiten der Ableittechnik 153
3. Artefakte von Seiten des Patienten (unwillkürlich) 155
4. Artefakte von Seiten des Patienten (willkürlich) 157
5. Bild eines vestibulären Spontannystagmus 159
6. Optokinetischer Nystagmus 161
7. Befunde beim Sinusblickpendeltest 163
8. Befunde bei der visuellen Fixationssuppression 165
9. Pathologischer Halsdrehtest 167
10. Vier Varianten eines thermischen Nystagmus 169
11. Formularvorschläge 170
　A. Für die Untersuchung mit der Frenzelbrille 170
　B. Für die elektronystagmografische Untersuchung 171
　C. Für die Einbestellung eines Patienten 172

Literatur 173

Sachverzeichnis 179

Kapitel I
Anamnese

Der Gleichgewichts-Sinn wird nicht durch ein anatomisch und funktionell geschlossenes System repräsentiert wie dies beim Hören und Sehen der Fall ist. Vielmehr koordiniert eine zentrale Schaltstelle, die vier Gleichgewichtskerne am Boden der Rautengrube, mehrere Sinnessysteme, die an der Haltung und Bewegung des Körpers beteiligt sind. Im Fall einer Störung dieser Koordinationsfunktion kann daher eine bunte Vielfalt von Symptomen auftreten, entsprechend der Vielzahl der an der Störung beteiligten Sinnessysteme. Der Begriff „*Schwindel*" steht für eine breite Palette physischer und psychischer Ausnahmezustände. OPPENHEIM definierte schon 1894 Schwindel als „eine Unlustempfindung, welche aus einer Störung der Beziehung unseres Körpers im Raum entspringt".

Die Berücksichtigung des Zusammenspiels der Systeme macht die Schwindelanamnese schwierig, andererseits aber auch ergiebig.

> Eine gute Schwindelanamnese bedeutet bereits etwa 80% des diagnostischen Gesamtaufwandes. Eine flüchtige Anamnese macht eine breit angelegte, zeitaufwendige Untersuchung notwendig.

Grundregeln für eine gute Schwindelanamnese

1. Regel: Der Patient soll in eigenen Worten seine Beschwerden schildern!

Der die Anamnese aufnehmende Arzt soll äußerst zurückhaltend sein, dem Patienten mit Begriffen aus der medizinischen Terminologie zu helfen. Eine Führung ist nur insofern notwendig, als der Patient in der Regel seine Schwindelempfindungen ohne gezielte Nachfrage nicht präzisieren kann. Aus der Schilderung kann versucht werden, den Schwindel in Gruppen einzuordnen, die mit Einschränkung ätiologische Rückschlüsse zulassen:

a) Ein Gefühl als würde sich entweder der Körper oder die Umgebung drehen

Dieser Schwindel ist oft kombiniert mit einer gerichteten Fallneigung und deutet auf eine Seitendifferenz in der *Erregbarkeit* der Gleichgewichtsorgane oder auf eine Seitendifferenz in der *Erregungsausbreitung* innerhalb des vestibulären Systems hin. Obwohl dieser Schwindel damit von vielen Stellen des vestibulären Systems ausgelöst werden kann, findet man ihn doch am häufigsten bei peripher-vestibulären Störungen. Es ist deshalb auf Nachbarschaftszeichen von seiten des audiologischen Systems und des N. facialis zu achten.

b) Ein Schwank- oder Unsicherheitsgefühl meist verbunden mit Ataxie

Diese Störung wird häufig von Patienten angegeben, deren zentrales Koordinationsvermögen herabgesetzt ist, d. h. von Patienten mit zentral-vestibulären Störungen. Allerdings kann ein Unsicherheitsgefühl besonders bei raschen Körperbewegungen auch der Restzustand eines kompensierten Labyrinthausfalls oder das einzige vestibuläre Zeichen eines Kleinhirnbrückenwinkeltumors sein.

c) Unbestimmbare Empfindungen, beschrieben als Kopfleere, dumpfes Gefühl u. a.

Diese oft mit ringförmigen Kopf- und Nackenschmerzen vergesellschafteten Empfindungen kommen bei Patienten mit HWS-Syndrom, aber auch bei Patienten mit Hyper- und Hypotonie vor.

d) Anfallsartige Schwindelbeschwerden

1. Ohne erkennbare Ursache auftretend und nur Sekunden anhaltend: Sie sind häufig hervorgerufen durch Irritation des parasympathischen Nervengeflechtes entlang der Arteria vertebralis im Rahmen eines HWS-Syndromes (s. S. 112).

2. Mit plötzlichem Hinstürzen, ohne Bewußtlosigkeit (sogenannte Drop attack), ohne erkennbare Ursache: Diese Störung wird auf einen plötzlichen Verlust des Muskeltonus zurückgeführt im Rahmen einer Durchblutungsstörung im Hirnstammgebiet.

3. Nach Lagewechsel und nach schnellen Kopfbewegungen mit Latenz auftretend, mit Crescendo – Decrescendoverlauf: Dieser Schwindel kommt vor
– nach Schädel-Hirntraumen, nach Ohroperationen und auch ohne äußere Ursache. Dabei soll es zu einer Absprengung von Otolithenteilen aus ihrem Lager im Sakkulus oder Utrikulus kommen, die sich an die Cupula des hinteren Bogenganges anlagern (Cupulolithiasis).
– bei rezidivierenden Einengungen von Hirnstammgefäßen. Der Schwindel hält an, bis eine Ersatzdurchblutung von der Gegenseite oder vom Circulus Willisi her einsetzt.

4. Minuten bis Stunden anhaltende Schwindelbeschwerden, verbunden mit Übelkeit und Ohrgeräuschen sowie einseitiger Hörstörung:
– typischer Ablauf des Anfalles einer Menièreschen Erkrankung
– bei Einengungen eines Hirnstammgefäßes *ohne* ausreichende Ersatzdurchblutung.

e) Schwarzwerden vor den Augen oder Ohnmächtigwerden bei schnellem Aufrichten

Diese Symptome weisen auf eine orthostatische Kreislaufdysregulation oder hypotone Blutdruckverhältnisse hin. Eine ausgedehnte Gleichgewichtsuntersuchung ist in der Regel nicht notwendig.

2. Regel: Die Anamnese muß in Zeiträume gegliedert werden

– Beschreibung des *Beginns* der Beschwerden
– Beschreibung des Zeitraumes *vor Beginn* der Beschwerden
– Beschreibung des *Beschwerdeablaufs*.

a) Beschreibung des Beginns der Beschwerden

Die erste Schwindelsensation beansprucht in der Anamnese deshalb einen vorrangigen Platz, weil sie am klarsten die Diagnose erkennen läßt. Später verwischen kompensatorische Vorgänge und therapeutische Bemühungen die klassische Symptomatik.

Beispiele:
Einseitiger *Labyrinthausfall:* In den ersten Stunden der Erkrankung besteht ein starkes Drehgefühl, verbunden mit Übelkeit und einer Fallneigung zur kranken Seite. Die Fallneigung kann innerhalb von Stunden in eine undefinierte Unsicherheit übergehen. Das bedeutet, daß gerade die Fallneigung, die den anamnestisch wichtigsten Hinweis auf die Seite der Erkrankung liefert, das flüchtigste Symptom ist. Nach ihr muß bei jeder vestibulären Anamnese gefragt werden.
Bei der *Menièreschen Krankheit* sind es die Initialsymptome, der plötzliche Beginn des Drehschwindels und die begleitenden audiologischen Phänomene, die auf dieses Krankheitsbild und sogar schon auf seine Lokalisation hinweisen.

b) Beschreibung des Zeitraumes vor der Erkrankung

Der Zeitraum unmittelbar vor Beginn der Erkrankung ist deshalb so wichtig, weil hier die Faktoren gefunden werden können, die den Schwindel auslösen.

Beispiele:
Ein Architekt mußte eine längere Strecke mit seinem Auto rückwärts aus einer Baustelle fahren. Seitdem besteht Schwankschwindel. Es wurde ein HWS-Syndrom gefunden. Die Gleichgewichtsstörung wurde durch maximale Halsdrehung ausgelöst.
Schwindel bestand bei einem Mädchen seit dem Schwimmunterricht mit der Schule. Genaueres Befragen ergab, daß der Schwindel bereits unmittelbar nach einem Langstreckentauchen leicht wahrgenommen worden war. Diese Angabe veranlaßte gezielt die Untersuchung der Augenbewegungen mit der

Frenzel-Brille bei gleichzeitigem Valsalvaschen Versuch. Dabei trat ein Nystagmus auf. Grund: Ruptur der runden Fenstermembran.

Wenn der Zeitraum unmittelbar vor Beginn des Schwindels keinen Hinweis gibt, dann müssen die Lebens- und Arbeitsgewohnheiten des Patienten erfragt werden. Es gibt Berufsgruppen, die besonders von halsbedingten Schwindelbeschwerden betroffen sind wie z. B. Ärzte (besonders Chirurgen), oder alle am Schreibtisch, Zeichentisch oder an der Schreibmaschine arbeitenden Personen, wie technische Zeichner, Sekretärinnen, Programmierer usw.
Alle „über dem Kopf" Arbeitenden wie Maler, Stukkateure oder Kfz.-Mechaniker sind ebenfalls gefährdet.
Manche Zwangshaltungen erfährt man nur durch Fragen nach den Lebensgewohnheiten des Patienten.

Beispiel: Bei einer Hausfrau begann Schwindel in der Nacht. Die genaue Befragung der Lebensgewohnheiten ergab, daß sie täglich 30 Minuten Brustschwimmen ausübte, was eine stark einseitige Belastung für die HWS (Reklination) bedeutet. Eine erfolglose, längerdauernde HWS-Behandlung war vorausgegangen. Erst die Änderung der Lebensgewohnheiten beseitigte rasch die Schwindelbeschwerden.

Wenn die Lebensgewohnheiten unberücksichtigt bleiben, werden solche eindeutigen Zusammenhänge übersehen. Dabei ist auffallend, wie gering die auf die Krankheitssymptome ausgerichtete Kombinationsfähigkeit auch intelligenter Patienten ist.

Beispiel: Ein intelligenter Patient klagt seit Monaten über Schwankschwindel besonders morgens. Er war schon öfter untersucht worden. Erste Diagnose: zentrale Gleichgewichtsstörung. Eine antivertiginöse Therapie blieb ohne Erfolg. Ein genaues Befragen der Lebensgewohnheiten ergab einen allabendlichen Alkoholgenuß von 1,5 bis 2 l Bier seit Jahren. Alkoholkarenz bewies den Zusammenhang für den Patienten eindrucksvoll.

c) *Beschreibung des Schwindelverlaufs*

Die Beschreibung des Schwindelverlaufs ist deshalb so wichtig, weil manche Erkrankungen allein aus der Betrachtung des Beschwerdeverlaufes erkannt werden können:
– Plötzlicher peripherer Vestibularisausfall. Handelt es sich um einen *isolierten,* einseitigen

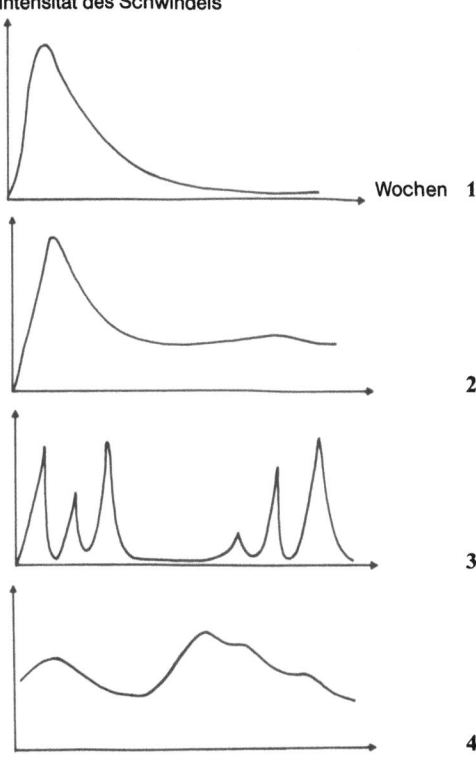

Abb. 1. Schwindelverlauf bei einem plötzlichen, einseitigen Vestibularisausfall. *Abszisse:* Zeit (Tage, Wochen, Monate). *Ordinate:* Beschwerdestärke.

Abb. 2. Schwindelverlauf bei einem plötzlichen Vestibularisausfall mit begleitenden zentralen Störungen.

Abb. 3. Schwindelverlauf bei der Ménièreschen Erkrankung.

Abb. 4. Schwindelverlauf bei einer zentral-vestibulären Störung.

Vestibularisausfall, dann nimmt das anfängliche Schwindelgefühl rasch ab, wobei die Intensitätsabnahme in den ersten Tagen am größten ist (Abb. 1).
– Bei Vestibularisausfällen *mit begleitenden zentralen Störungen,* wie sie häufig bei vaskulären Prozessen und Schädel-Hirntraumen vorkommen, nimmt das subjektive Schwindelgefühl dagegen wesentlich langsamer ab. (Abb. 2). Häufig bleibt hier ein mehr oder weniger

großer Rest bestehen, während sich der Schwindel beim isolierten Vestibularisausfall meist völlig zurückbildet.
– Für die *Ménièresche Krankheit* ist die Unregelmäßigkeit in Stärke und Häufigkeit typisch, mit der die Schwindelanfälle auftreten (Abb. 3). Anfallsfreie Phasen wechseln mit Phasen gehäufter Anfallstätigkeit, wobei in der Regel die Anfälle in Zeiten erhöhter Anspannung häufiger auftreten.
– Rein *zentrale Gleichgewichtsstörungen* neigen, vor allem wenn sie durch ein Schädel-Hirntrauma ausgelöst wurden, zu einem undulierenden Verlauf (Abb. 4). Höhepunkte des Schwindelgefühls treffen nicht selten mit Zeiten raschen Wetterwechsels oder mit Streßsituationen zusammen.

3. Regel: Die Schwindelposition muß genau beschrieben werden, ebenso die Positionen und Bewegungen, welche die Intensität des Schwindels variieren

Schwindelbeschwerden sind häufig lage- oder lagerungsabhängig. Die Anamnese stimmt hierin meist sehr gut mit dem Befund überein. Als Vorbereitung für die Lage- und Lagerungsprüfung mit der Frenzelbrille muß die Position oder Positionsänderung, bei der ein pathologischer Befund zu erwarten ist, erfragt werden.

Beispiel: Bei einer oberflächlichen Gleichgewichtsuntersuchung wurde kein pathologischer Befund erhoben. Eine Nachuntersuchung wurde wegen anhaltender und glaubhafter Beschwerden notwendig. Dabei ergab die eingehende Anamnese, daß bei Kopfwendung nach rechts oben mit einer Latenz Schwindel auftrat. In Kopfhängelage mit nach rechts gedrehtem Kopf konnte in der Tat ein stark rotierender Nystagmus mit Crescendo-Decrescendo-Charakter festgestellt werden. Er hatte eine Latenz von 5 Sekunden. Bei der flüchtigen ersten Untersuchung wurde der Nystagmus wegen dieser Latenz nicht gefunden.

4. Regel: Der Anamnese des Schwindels folgt die Anamnese der Nachbarschaftssymptome

Dabei sind vor allem zu beachten:
– *audiologische Symptome,* besonders Hörstörungen und Tinnitus
– *neurologische Symptome,* besonders Sensibilitätsstörungen im Kopfbereich, Schluck-, Stimm- und Sehstörungen sowie Doppelbilder.
– *Symptome von seiten des Halses,* besonders Nackenkopfschmerzen, ringförmige Kopfschmerzen (Haubenkopfschmerz) und Sensibilitätsstörungen der oberen Extremität.
– *Symptome von seiten des Herz-Kreislaufsystems,* besonders Blutdruckveränderungen, Rhythmusstörungen, Durchblutungsstörungen.

5. Regel: Alle eingenommenen Medikamente und Genußmittel müssen genau dokumentiert werden

Dabei sind wiederum Zeiträume wichtig:

a) im Zeitraum vor Beginn der Erkrankung gibt uns die Anamnese Hinweise auf auslösende Faktoren: z. B. Alkohol, Drogen, Nikotin sowie ototoxische Antibiotika. Antiarrhythmika verweisen auf kardiale Störungen.
b) im Zeitraum der Untersuchung erhalten wir aus der Anamnese Kenntnis über Faktoren, die die Untersuchung beeinflussen können. Vor allem gilt dies für die sedierende Wirkung von Schlaf- und Beruhigungsmitteln, die eine erhebliche Mindererregbarkeit der Gleichgewichtsorgane vortäuschen können. Alkohol kann eine pathologische Seitendifferenz der Erregbarkeit hervorrufen.

6. Regel: Schädel-Hirntraumen in der Vorgeschichte müssen genau dokumentiert werden, auch wenn sie weit zurückliegen

Weit zurückliegende Unfälle können der Grund dafür sein, daß die bei einer neu entstandenen Erkrankung erhobenen Befunde nicht zueinander passen.

Beispiel: Bei einem Patienten wird ein kleines Akustikusneurinom rechts festgestellt. Er hat aber Befunde, die nicht zu einem Akustikusneurinom passen. Diese lassen sich auf ein linksseitiges Schädel-Hirntrauma vor 20 Jahren mit nachfolgender Schwerhörigkeit und Schwindel zurückführen.

Die Traumen müssen exakt beschrieben werden, da eine Hör- bzw. Gleichgewichtsstörung auf der Seite des Traumas in der Regel als unfallbedingt angesehen wird.

Mehrere Autoren empfehlen feste Schemata zur Erstellung einer Schwindelanamnese, z. T. sind diese Schemata mit Computern lesbar. Diese sogenannten Anamnesebögen sind aber ungünstig, da sie den großen anamnestischen Varianten einer Gleichgewichtserkrankung nicht gerecht werden können. Ein guter Anamnesebogen müßte so umfangreich sein, daß er im praktischen Alltag unbrauchbar wäre.

Als Gedächtnisstütze für den Arbeitsplatz geben wir die nachfolgende Zusammenstellung.

Ablauf und Regeln einer vestibulären Anamnese

I:	*Erkrankungsart:*	Schilderung der Beschwerden in eigenen Worten
		Klassifizierung in – Drehgefühl
		– Schwankgefühl
		– Unsicherheitsgefühl
		– Bewußtseinsstörung
II:	*Erkrankungsverlauf:*	– Beginn der Erkrankung
		– Zeit vor Beginn der Erkrankung
		– Verlauf der Erkrankung
III:	*Beeinflußbarkeit:*	– provokative Maßnahmen
		– verstärkende Maßnahmen
		– behebende Maßnahmen
IV:	*Nachbarschaftssymptome:*	– audiologisch
		– neurologisch
		– HWS
V:	*Medikamente und Genußmittel:*	– vor der Erkrankung
		– z. Zt. der Untersuchung
VI:	*Schädelhirntraumen*	
VII:	*Allgemeinerkrankungen:*	– Kreislauf
		– Stoffwechsel

Kapitel II

Untersuchung der Hirnnerven

Jeder Diagnostik von Gleichgewichtsstörungen muß eine orientierende Untersuchung aller Hirnnerven vorangestellt werden. Sie kann grundlegend wichtige Befunde aufdecken, wie z. B. Nachbarschaftssymptome oder eine Störung der Augenmotilität, die eine Gleichgewichtsuntersuchung behindern oder überhaupt unmöglich machen. Ausgewählte Verfahren, die rasch ohne technischen Aufwand einen Überblick über die Funktion der Hirnnerven vermitteln, werden im Folgenden an die Hand gegeben.

- Kaffee
- Schwefelwasserstoff (Geruch fauler Eier).

Riechstoff mit Trigeminusreizkomponente:
- Ammoniak (stechend)
- Kampher (kühl, wie Medizin)
- Menthol (kühl): der Trigeminusanteil dieses Stoffes verflüchtigt sich rasch!

Riechstoff mit Geschmacksanteil:
- Chloroform (süß)
- Pyridin (bitter)

Zur Überführung von Simulanten kann der nahezu reine Geruchsstoff Pfefferminz verwendet

I. Nervus olfactorius

Beim Riechen unterscheidet man eine Wahrnehmungsschwelle und eine Erkennungsschwelle. Im Rahmen einer orientierenden Untersuchung müssen diese Schwellen nicht bestimmt werden, es genügt die überschwellige Untersuchung mit der Schnüffelmethode. Man läßt den Patienten an einem bekannten Geruchsstoff wie Kaffee schnüffeln oder bietet einen Geruchstoff halbquantitativ aus einer sog. Elsberg-Flasche an (Abb. 5).

Die Elsberg-Flasche enthält Flüssigkeit mit einer festgelegten Konzentration an Geruchsmolekülen (2). Der abgeschlossene Luftraum (1) darüber ist konstant gesättigt an Geruchsstoffmolekülen. Über einen Schlauch (3) mit Einmalansatz (4) wird die Luft in die Nase eingesogen. Über einen Nebenschlauch (5) strömt Außenluft nach.

Es ist darauf zu achten, daß der angebotene Geruchsstoff vom Patienten erkannt werden kann, d. h. der Geruchsstoff muß bekannt sein.

Geeignete Geruchsstoffe:
Reiner Riechstoff:
- Bittermandel (Duft nach Weihnachtsgebäck).

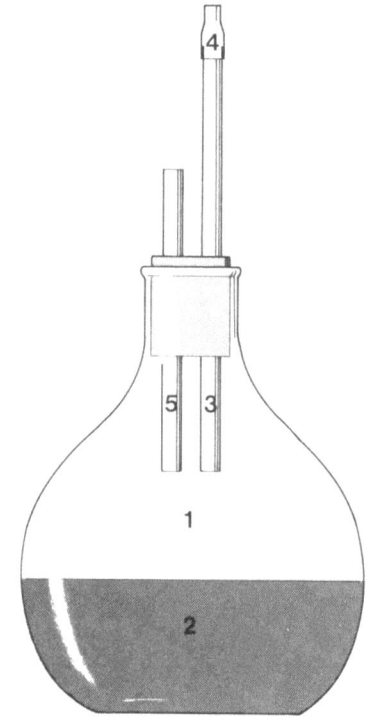

Abb. 5. Elsberg-Flasche zur Geruchsprüfung. Erklärung s. Text.

werden, der im Rahmen einer vermeintlichen Geschmacksprüfung auf die Zunge aufgebracht wird (sogenannte gustatorische Riechprüfung nach GÜTTICH): Bei einer echten Anosmie gibt der Patient an: *Zuckerwasser. Etwas kühl* (durch den Alkoholanteil).
Bei Anosmie und Ageusie:
Wasser. Etwas kühl.
Bei Simulation einer Anosmie:
Es schmeckt nach Pfefferminz.
Die Güttichsche Probe kann nicht angewandt werden, wenn zugleich Anosmie und Ageusie angegeben werden, wie dies nach Schädel-Hirntraumen vorkommt. Diese Patienten verneinen jede Wahrnehmung. Hier sind ausgedehnte Geruchsprüfungen bzw. Wiederholungsuntersuchungen und eine Evoked Response – Olfaktometrie (ERO) notwendig.

Übersichtsarbeiten:
C. Herberhold 1975; Beidler L. M. 1971

II. Nervus opticus

Schwindel in Form einer Unsicherheit beim Gehen entsteht bei einer starken, vornehmlich beidseitigen Schwachsichtigkeit und bei einer Einschränkung des Gesichtsfeldes. Die orientierende Untersuchung des Visus geschieht mit einer Sehtafel. Das Gesichtsfeld wird orientierend mit dem von außen kommenden und zur Mitte geführten Finger des Untersuchers geprüft. Der Patient gibt an, ab wann er den Finger sieht.

Die Augenmuskelnerven (III, IV, VI)

Eine Störung der Augenmotilität hat in der Regel Doppelbilder zur Folge. Eine Störung der Augenmotilität beeinträchtigt immer die Form eines Nystagmus.

Die Funktion der äußeren Augenmuskeln wird geprüft, indem man den Patienten auffordert, mit den Augen den Bewegungen eines vorgehaltenen Fingers zu folgen. Der Untersucher führt mit seinem Finger die Augen in die Positionen, in denen die Hauptfunktion eines jeden Muskels am deutlichsten zum Ausdruck kommt. Während der Untersuchung muß außerdem darauf geachtet werden, ob der Patient einen Fixationsnystagmus hat. Er beruht auf einer angeborenen Störung im optischen System, kann jedoch auch bei einer zerebellären Druckläsion, z. B. beim Akustikusneurinom, entstehen. Eine Gleichgewichtsuntersuchung ist hier nur notwendig, wenn neben dem Fixationsnystagmus noch Symptome von seiten des N. stato-acusticus (VIII) vorhanden sind.

III. Nervus oculomotorius

Dieser Nerv versorgt die Augenmuskeln:

Motorisch:
1. Musculus rectus internus: *Einwärtsbewegung des Bulbus.*
2. Musculus rectus superior: *Hebung des Bulbus.*
3. Musculus rectus inferior: *Senkung des Bulbus.*
4. Musculus obliquus inferior: *Hebung des Bulbus bei Adduktion; Auswärtsrollung bei Abduktion.*
5. Musculus levator palpebrae: *Hebung des Oberlides.*

Parasympathisch: Musculus sphincter pupillae: *Engstellung der Pupille.*
Bei einer Parese des N. III finden sich daher (Abb. 6):

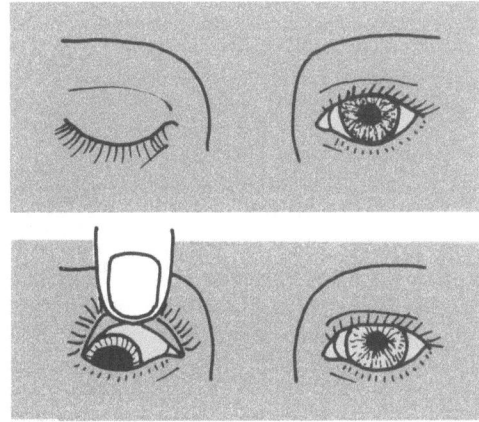

Abb. 6. Bild einer rechtsseitigen Okulomotoriusparese.

1. Hängen des Oberlides (Ptose).
2. Abweichung des Auges nach temporal und gering nach unten.
3. Pupille weit und starr (Mydriasis).

Doppelbilder bestehen bei einer kompletten Parese des N. oculomotorius nicht, weil das Auge auf der paretischen Seite durch das hängende Oberlid verdeckt wird. Wird es angehoben, dann treten Doppelbilder auf, die beim Blick zur gesunden Seite und nach oben am stärksten sind (Abb. 7).

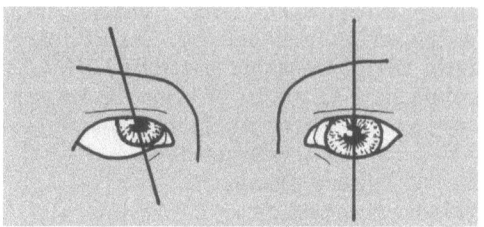

Abb. 8. Bild einer rechtsseitigen Trochlearisparese.

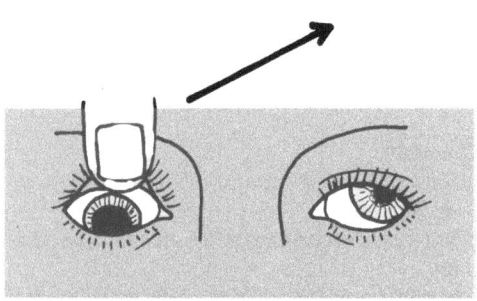

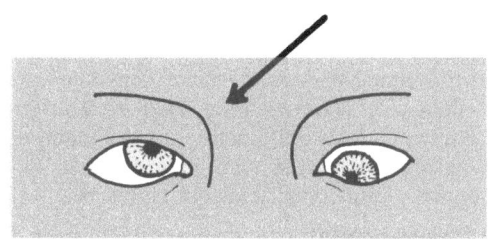

Abb. 9. Blickrichtung der stärksten Doppelbilder bei rechtsseitiger Trochlearisparese.

Abb. 7. Blickrichtung der stärksten Doppelbilder (nur bei angehobenem Oberlid).

Eine komplette Lähmung des Nervus oculomotorius ist selten wegen der breiten Ausdehnung seines Kerngebietes im Hirnstamm und der raschen Auffaserung des Nerven nach seinem Eintritt in die Orbita. Angesichts dieser anatomisch bedingten, vielfältigen Vulnerabilität des Nerven ist es verständlich, daß Teilparesen zu einer Vielfalt schwer zu diagnostizierender Lähmungsbilder führen. Die Ptosis ist das auffallendste, meist das erste, wenn auch das am schnellsten wieder verschwindende Symptom. Es fehlt auch bei einer Teilparese selten.

Die Rollung des gelähmten Auges nach außen bewirkt eine Drehung der vertikalen optischen Achse. Die Doppelbilder stehen dadurch schräg zueinander. Der Kranke kann sie noch verstärken, wenn er den Kopf zur kranken Seite neigt (Abb. 10). Er bringt die Sehachsen wieder zur Deckung, wenn er den Kopf zur gesunden Seite neigt (Abb. 11). Es kommt dabei zu einer kompensatorischen Einwärtsrollung des

IV. Nervus trochlearis

Er innerviert den Musculus obliquus superior, der den Bulbus senkt, ihn einwärts rollt und gering abduziert. Bei paretischem Muskel steht das Auge deshalb nach oben und nasal und ist auswärts gerollt (Abb. 8), Doppelbilder werden maximal beim Blick zur paretischen Seite und unten, also besonders beim Lesen und Schreiben sowie beim Treppensteigen (Abb. 9).

Abb. 10. Verstärkung der Sehachsendifferenz bei Kopfneigung zur kranken Seite bei rechtsseitiger Trochlearisparese.

Abb. 11. BIELSCHOWSKY-Phänomen
Angleichung der Sehachsen bei Kopfneigung zur gesunden Seite. Angleichung der Augenstellung durch Kopfneigung nach vorne.

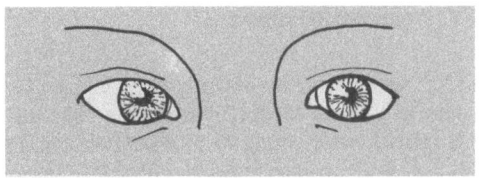

Abb. 12. Bild einer rechtsseitigen Abducenslähmung.

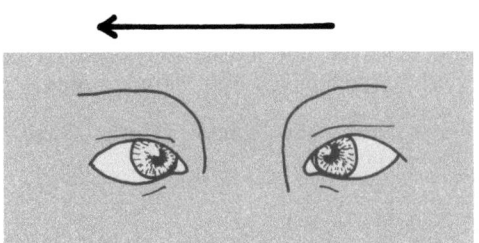

Abb. 13. Blickrichtung der stärksten Doppelbilder bei rechtsseitiger Abducenslähmung.

gesunden Auges und damit zur Angleichung der optischen Achsen beider Augen. Das neurophysiologische Signal für diesen Vorgang kommt im wesentlichen vom Sacculus, der die Veränderung der Schwerkraftrichtung feststellt.

Senkt der Kranke zusätzlich den Kopf, dann wandert das gesunde Auge kompensatorisch nach oben, wo das gelähmte Auge bereits steht. Das neurophysiologische Signal hierzu kommt im wesentlichen vom Utrikulus, der die Veränderung der Kopfstellung zur Horizontalen feststellt.

> Der Patient mit einseitiger Trochlearisparese fällt durch eine charakteristische Kopfhaltung auf, die er zur Vermeidung der Doppelbilder einnimmt. Sie besteht in einer Kopfneigung nach vorne und zur gesunden Seite (BIELSCHOWSKY-Phänomen).

VI. Nervus abducens

Der Nervus abducens innerviert den Musculus rectus lateralis, der den Bulbus nach außen führt. Da der Nervus abducens von allen Hirnnerven den längsten Weg innerhalb der Schädelhöhle hat, ist er besonders häufig von einer Lähmung betroffen (ca. doppelt so oft wie der Nervus trochlearis und ca. 4 × so oft wie der N. oculomotorius). Auf der Lähmungsseite steht der Bulbus im medialen Augenwinkel (Abb. 12) durch den Tonus des nicht gelähmten Antagonisten M. rectus medialis. Die maximalen Doppelbilder treten beim Blick zur gelähmten Seite auf (Abb. 13). Beim Lesen können dagegen Doppelbilder fehlen, weil die Abduktionsstellung des gelähmten Auges die Konvergenzbewegung bei der Naheinstellung zum Teil vorwegnimmt. Beim Blick in die Ferne kann die Abducenslähmung durch Kopfwendung zur kranken Seite kompensiert werden (Abb. 14).

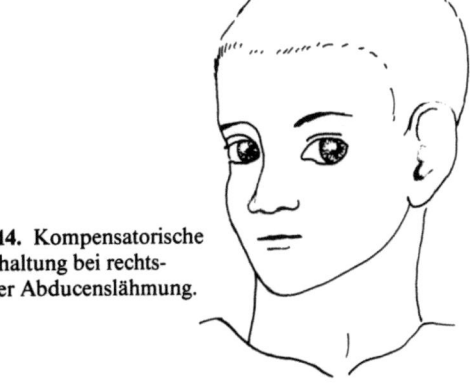

Abb. 14. Kompensatorische Kopfhaltung bei rechtsseitiger Abducenslähmung.

V. Nervus trigeminus

Der Nervus trigeminus und sein Ganglion Gasseri im Cavum Meckeli gehen eine enge topographische Beziehung zum Felsenbein ein. Dadurch sind Störungen des N. statoacusticus und N. facialis nicht selten mit Störungen des N. trigeminus vergesellschaftet, ganz besonders bei raumfordernden Prozessen im Kleinhirnbrückenwinkel. Enge topographische Beziehungen des N. trigeminus bestehen auch zu den Augenmuskelnerven, die medial und oberhalb des Nerven durch das Cavum Meckeli ziehen.

Empfohlene orientierende Untersuchungen des N. trigeminus:

1. Sensibler Anteil

Mit spitzem Instrument zart an der Haut streichen
a) an der Stirn ca. 3 cm seitlich der Mittellinie zur Untersuchung des Nervus supraorbitalis.
b) an der Wange zur Untersuchung des Nervus infraorbitalis.
c) am Unterkiefer zur Untersuchung des Nervus mandibularis.
d) auf der Zunge zur Untersuchung des Nervus lingualis.
e) mit einem angespitzten Wattebausch die Cornea berühren. Es entsteht eine Zuckung des Musculus orbicularis oculi (Kornealreflex). Der Patient sollte dabei zur Seite blicken, von der anderen Seite wird ohne die Wimpern zu berühren mit der Watte leicht die Cornea berührt.
Bei Kleinhirnbrückenwinkeltumoren ist die Abschwächung bzw. das Fehlen des Kornealreflexes auf der erkrankten Seite ein führendes und früh erscheinendes Zeichen dafür, daß der Tumor den Nervus trigeminus berührt.

2. Motorischer Anteil

Die motorischen Anteile des N. trigeminus ziehen mit seinem 3. Ast. Sie versorgen die gesamte Kaumuskulatur. Die Funktion der Mundöffner ist leichter zu prüfen als die Funktion der Mundschließer.
a) Beim Öffnen des Mundes weicht der Unterkiefer nach der kranken Seite ab, weil der Musculus pterygoideus medialis der gesunden Seite den Unterkiefer zur kranken Seite zieht. Mahlbewegungen zur gesunden Seite können nicht mehr ausgeführt werden.
b) Eine schon länger bestehende Parese des motorischen Trigeminusanteils erkennt man an der Skelettierung des Gesichtes durch die Atrophie des M. masseter und M. temporalis.

VII. Nervus facialis

Der VII. Hirnnerv (Abb. 15) führt überwiegend motorische Fasern. Seine sensiblen, sensorischen und autonomen Anteile werden auf Grund ihres Verlaufs zwischen den motorischen Fasern des N. facialis und dem N. statoacusticus als N. intermedius bezeichnet.

1. Motorischer Anteil

(Von zentral nach peripher entsprechend dem Abgang der einzelnen Nerven geordnet):
a) N. stapedius zum M. stapedius.
b) N. retroauricularis zum M. occipitalis und den Muskeln der Ohrmuschel.
c) Kaudaler, nicht benannter Ast zum M. styloideus und zum hinteren Bauch des M. biventer.
d) Rr. temporofrontales.
e) R. zygomaticus.
f) Rr. buccinatorii.   } zur mimischen Muskulatur
g) R. marginalis mandibulae.
h) Rr. colli.

2. Sensibler Anteil

Sensible afferente Fasern sollen den Propriorezeptoren der mimischen Muskulatur entstammen (SCHALTENBRAND). Außerdem stammen Fasern aus einem kleinen sensiblen Hautbezirk im äußeren Gehörgang.

3. Sensorischer Anteil

Sie entstammen den Geschmackspapillen aus den vorderen zwei Dritteln der Zunge und werden in der Chorda tympani geleitet.

Die empfohlene Untersuchung der Fazialisfunktion kann anhand folgender Nerven erfolgen

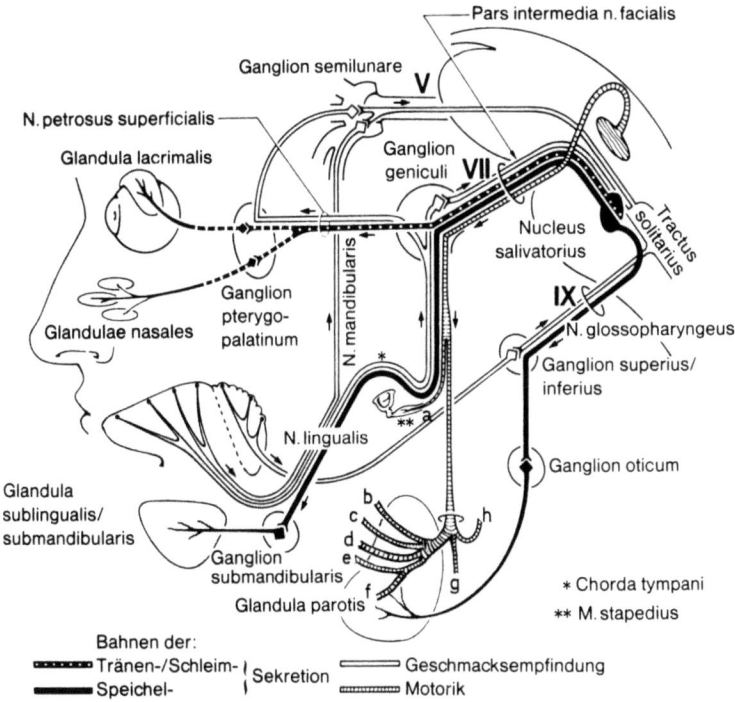

Abb. 15. Der Nervus facialis VII und seine Beziehungen zu den Nerven Trigeminus V und Glossopharyngeus IX. Motorische Fasern *a–h*: Bezeichnung im Text. (Nach MUMENTHALER 1982)

4. Autonomer Anteil

– Nervus petrosus superficialis major zur Glandula lacrimalis.
– Chorda tympani zur Glandula submandibularis und Glandula submentalis.

Die empfohlene Untersuchung der Fazialisfunktion kann anhand folgender Nerven erfolgen

1. Motorisch

Stirnast: Stirnrunzeln oder besser öffnen des vom Untersucher mit dem Finger fixierten Oberlides (Abb. 16). Dabei kommt es zu einer maximalen Innervation des M. frontalis.

Augenast: Schließen der Augenlider, oder besser: der Untersucher öffnet die festgeschlossenen Augen, indem er mit dem Daumen die Oberlider nach oben zieht (Abb. 17). Dabei werden bereits geringe Tonusdifferenzen zwischen rechts und links deutlich.

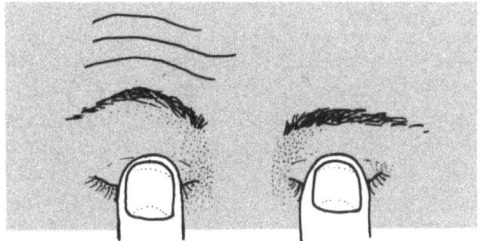

Abb. 16. Untersuchung der Stirnastfunktion bei linksseitiger Fazialisparese.

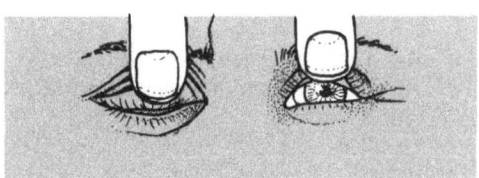

Abb. 17. Untersuchung der Augenastfunktion bei linksseitiger Fazialisparese.

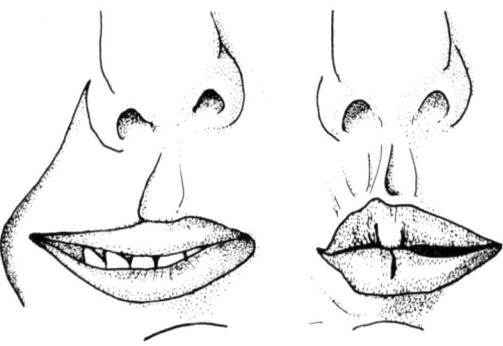

Abb. 18. Untersuchung der Mundastfunktion durch Zähnezeigen; Fazialisparese links.

Abb. 19. Untersuchung der Mundastfunktion durch Mundspitzen; Fazialisparese links.

Mundast: Zähnezeigen: Beurteilt wird die Seitendifferenz der sichtbaren Zähne am Oberkiefer (Abb. 18).
Mundspitzen (Abb. 19): Beurteilt wird die Verkürzung des Abstandes vom Philtrum zum Mundwinkel (STENNERT).
N. stapedius: Stapediusreflexmessung mit einem Impedanzgerät.

2. Sensibel

Mit spitzem Instrument, z. B. Nadel, oder feinem, unbewehrtem Watteträger werden die Vorderwand des äußeren Gehörganges und der Traguswulst abgetastet. Die Empfindung der kranken Seite wird mit derjenigen der gesunden Seite verglichen. Das von HITSELSBERGER angegebene Zeichen einer Verminderung der Sensibilität der Gehörgangsvorderwand ist häufig bei Tumoren im inneren Gehörgang und im Kleinhirnbrückenwinkel positiv, noch bevor die motorische Funktion des N. facialis beeinträchtigt wird. Grund: sensible Fasern sind empfindlicher gegen Kompression als motorische. Dieser Test zeigt häufiger positive Resultate, wenn die Untersuchung bei 60–70 dB weißem Rauschen im freien Schallfeld durchgeführt wird. Berührungsgeräusche können dann nicht gehört werden.

3. Sensorisch

Prüfung der Geschmacksfunktion am Seitenrand der Zungenspitze:

a) Mit Filterpapierblättchen $0,5 \times 1$ cm oder mit Wattedriller, die in Zuckerlösung getaucht werden.
Konzentrationsstufen: 4%, 10% und 40%.
b) Mit einem Elektrogustometer. Dabei wird mit einer elektrischen Sonde zuerst ein überschwelliger Reiz von 50–100 µA Gleichstrom zum Erkennen des metallisch sauren Geschmacks angeboten. Die Stromstärke wird dann stufenweise reduziert bis zur Reizschwelle. Die Sonde soll bei den jeweiligen Reizstufen die Zunge nicht länger als 5 Sekunden berühren, um eine Schwellenabwanderung zu verhindern.
Die normale Schwelle im Bereich der Zungenspitze liegt bei 5–20 µA. Entscheidend ist eine Differenz zwischen rechter und linker Zungenseite. Diese wird nicht auf der absoluten µA-Skala sondern auf einer logarithmischen Skala (Tabelle 1) bestimmt (ROLLIN). Eine Seitendifferenz von mehr als 4–5 dB gilt als pathologisch.
Eine komplette Ageusie des jeweiligen Areals liegt vor, wenn bis zu einer Stromstärke von 300 µA keine Geschmacksempfindung angegeben wird. Bei Stromstärken von mehr als 350 µA werden bereits sensible Nervenendigungen des Nervus trigeminus in der Zunge gereizt.

Tabelle 1

dB	0	4	8	12	16	20	24	28	32
µA	8	13	20	32	50	80	127	201	318

4. Autonom

Bestimmung der Tränensekretion mit dem Schirmertest (Abb. 20).
Methode: 2 Streifen Filterpapier 0,1 mm stark,

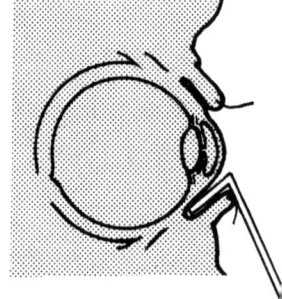

Abb. 20. Plazierung des Filterpapierstreifens im Konjunktivalsack.

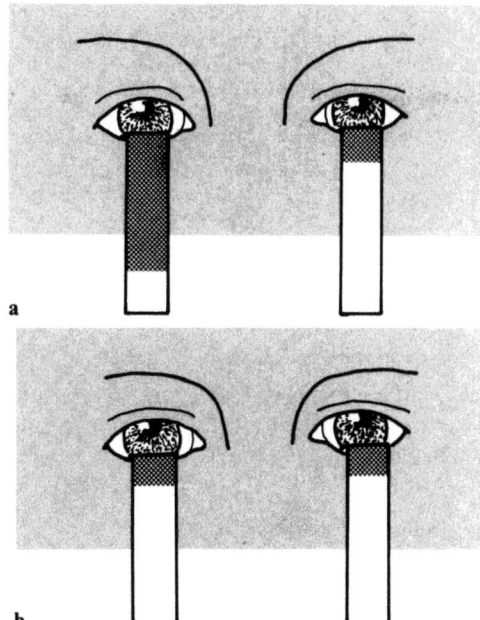

Abb. 21. a, b. Schirmertest
a Bild einer linksseitigen Parese des N. petr. sup. major. Wegstreckendifferenz $Z = \frac{x-y}{x+y} \cdot 100$ Pathologischer Bereich: $Z > 30\%$. **b** Bild einer beidseitigen Herabsetzung der Tränensekretion (z. B. Sjoegrensyndrom). Pathologischer Bereich: $x + y < 25$ mm.

5 cm lang, 5 mm breit werden mit einem umgeknickten Ende (5 mm) in den Konjunktivalsack eingehängt (Abb. 20). Bei Lagophthalmus muß die Tränenflüssigkeit vorher ausgetupft werden. Nach 5 Minuten kann an den Streifen die Länge der benetzten Fläche abgelesen werden. Der Schirmertest ist pathologisch (MIELKE), wenn

1. der Unterschied zwischen der Tränensekretion beider Augen 30% der totalen beidseitigen Sekretion übersteigt (Abb. 21 a)
2. wenn die Summe der Sekretion beider Augen unter 25 mm liegt (Abb. 21 b).

VIII. N. stato-acusticus – Pars acustica

Die Kontrolle des Hörvermögens gehört zu jeder orientierenden Untersuchung der Hirnnerven. Über das Hörvermögen kann man sich am schnellsten orientieren mit einer Stimmgabel A 1 (435 Hz).

Stimmgabelversuch nach WEBER

Die Untersuchung beginnt mit dem Versuch nach Weber. Die angeschlagene Stimmgabel wird auf den Scheitel oder den Oberrand der Stirnmitte aufgesetzt (Abb. 22).
a) Bei normalem Hörvermögen wird der Ton in Kopfmitte wahrgenommen (Abb. 22 a).
b) Bei einer sensoneuralen Schwerhörigkeit, ausgehend von einer Schädigung des Innenohrs oder weiter zentral wird der Ton auf der Seite des gesunden Ohres wahrgenommen (Abb. 22 c).
c) Bei einer Schalleitungsschwerhörigkeit wird der Ton auf der Seite des kranken Ohres wahrgenommen (Abb. 22 b).
Beachte: Bei einer symmetrischen Schwerhörigkeit derselben Genese ist die Wahrnehmung des Stimmgabeltons nicht lateralisiert, wird also wie beim Gesunden in der Mitte gehört.

Stimmgabelversuch nach RINNE

Die weitere Differenzierung einer Schwerhörigkeit erfolgt mit dem Stimmgabelversuch

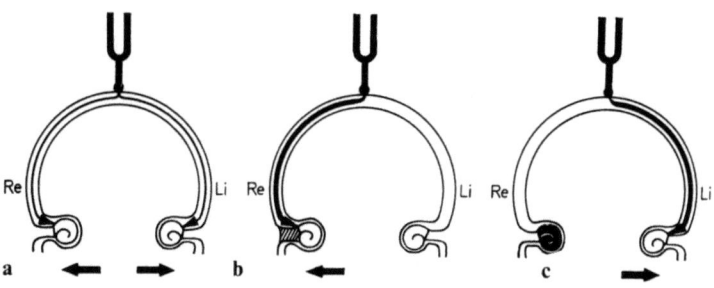

Abb. 22 a–c. Stimmgabelversuch nach WEBER. **a** normales Hörvermögen; **b** Schalleitungsschwerhörigkeit rechts; **c** sensoneurale Schwerhörigkeit rechts. (Aus BOENNINGHAUS, HNO-Heilkunde, Springer-Verlag 1980)

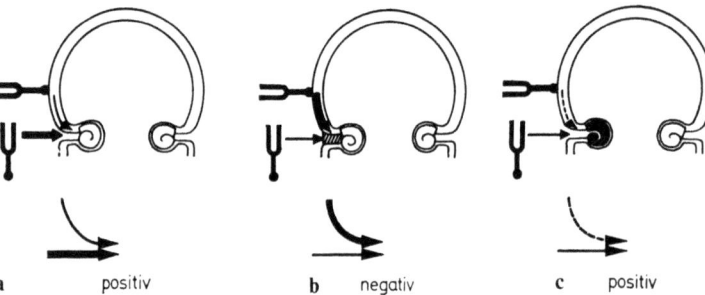

Abb. 23 a–c. Stimmgabelversuch nach RINNE. a normales Hörvermögen; b Schalleitungsschwerhörigkeit rechts; c sensoneurale Schwerhörigkeit rechts. (Aus BOENNINGHAUS, HNO-Heilkunde, Springer-Verlag 1980)

a positiv   b negativ   c positiv

nach RINNE. Es wird dabei die Lautstärke des Stimmgabeltons verglichen
a) wenn die Stimmgabel vor das äußere Ohr gehalten wird, ohne es zu berühren (Abb. 23), so daß der Ton über Luftleitung gehört wird.
b) wenn die Stimmgabel auf das Mastoid aufgestellt wird, so daß der Ton über Knochenleitung gehört wird.
Bei der Untersuchung können folgende Befunde auftreten:

a) Normales Hörvermögen (Abb. 23 a)

Der Ton wird über Luftleitung länger und lauter gehört als über Knochenleitung, weil der Ton von der Schalleitungskette etwa 22-fach verstärkt wird.
Bezeichnung: Rinne positiv.

b) Schalleitungsschwerhörigkeit (Abb. 23 b)

Der Ton wird über Knochenleitung lauter und länger gehört als über Luftleitung, die durch einen pathologischen Prozeß im Gehörgang oder im Mittelohr behindert ist.
Bezeichnung: Rinne negativ.

c) Sensoneurale Schwerhörigkeit (Abb. 23 c)

Der Stimmgabelton wird über Luftleitung gar nicht, über Knochenleitung durch Fortleitung zur kontralateralen Seite am gesunden Ohr wahrgenommen.
Die Stimmgabelprüfungen sind nicht oder nur bedingt aussagekräftig
– bei einer kombinierten Schalleitungs- und sensoneuralen Schwerhörigkeit. Hier mischen sich die Stimmgabelbefunde.
– Bei einer isolierten Schwerhörigkeit im Hochtonbereich.

– Bei Kindern. Sie machen bis zum 8.–10. Lebensjahr so schwankende Angaben, daß selten eindeutige Schlüsse aus den Befunden gezogen werden können.

IX. Nervus glossopharyngeus

Er führt wie der N. facialis motorische, sensible, sensorische und autonome Fasern.

1. Motorischer Anteil

Die motorischen Fasern kommen zusammen mit den motorischen Fasern des Nervus vagus aus dem Nucleus ambiguus. Nach getrenntem Verlauf in unterschiedlicher Verteilung bilden die motorischen Fasern beider Nerven den Plexus pharyngeus. Von ihm werden die Muskelfasern des weichen Gaumens und der M. constrictor pharyngis versorgt. Bei einer Lähmung kann daher der weiche Gaumen nicht angehoben werden. Bei einer einseitigen Lähmung weicht die Uvula zur gesunden Seite ab, wenn man den Buchstaben A intonieren läßt (Abb. 24). Außerdem verschieben sich die Gaumenbögen ungleichmäßig (Kulissenphäno-

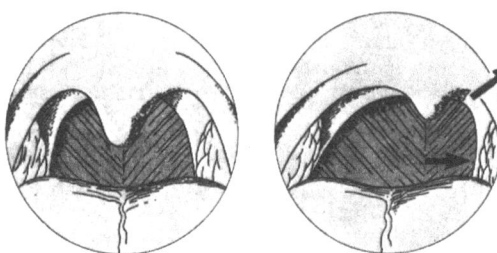

Abb. 24. Lähmung des Plexus pharyngeus rechts mit Verziehung der Uvula zur gelähmten Seite und mit Kulissenphänomen. (Aus MUMENTHALER 1982)

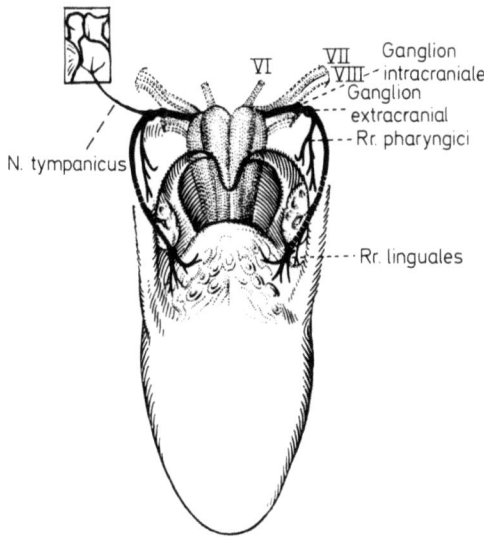

Abb. 25. Das sensible Versorgungsgebiet des N. glossopharyngeus. (Nach BENNINGHOFF 1940)

men). Wegen der Atonie des Schlundschnürers ist der Schluckakt schwer gestört. Beim Röntgenbreischluck bleibt das Kontrastmittel im Sinus piriformis der gelähmten Seite hängen.

2. Sensibler Anteil

Die afferenten sensiblen Fasern kommen von Schleimhautarealen des Rachens, des Zungengrundes und des weichen Gaumens (Abb. 25). Sensible Fasern von der Paukenhöhlenschleimhaut werden über den N. tympanicus zum N. glossopharyngeus geleitet. Die Funktion des sensiblen Anteils wird am besten geprüft, indem man die Rachenhinterwand am Übergang zur Seitenwand mit einem nicht zu spitzen Gegenstand, z. B. mit einem unbewehrten Watteträger berührt und so den Würgreflex auslöst. Bei einseitiger Lähmung läßt sich der Würgreflex nur von der gesunden Seite auslösen.

3. Sensorischer Anteil

Afferente sensorische Fasern von den Geschmackspapillen des Zungengrundes laufen mit dem N. glossopharyngeus zum Hirnstamm und bilden zusammen mit sensorischen Fasern vom N. facialis den Nucleus tractus solitarii.

Die Untersuchung der Geschmacksfunktion des N. glossopharyngeus ist technisch identisch mit der Untersuchung der Geschmacksfunktion der Zungenspitze, allerdings werden am Zungengrund alle vier Geschmacksqualitäten geprüft. Dazu verwendet man unterschiedlich konzentrierte Lösungen folgender Substanzen:

Glucose (süß): 4%, 10%, 40%
Kochsalz (salzig): 2,5%, 7,5%, 15%
Essigsäure (sauer): 1%, 5%, 10%
Chinin (bitter): 0,075, 0,5, 1%

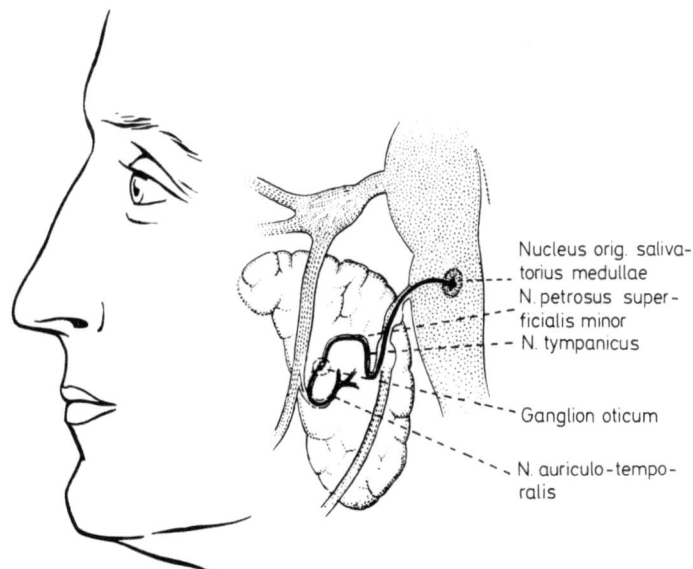

Abb. 26 Versorgung der Parotisdrüse mit sekretorischen Fasern aus dem N. glossopharyngeus. (Aus BENNINGHOFF 1940)

4. Autonomer Anteil

Diese Fasern versorgen die Glandula parotis sekretorisch. Sie verlaufen mit dem N. tympanicus zum Plexus tympanicus in der Schleimhaut der medialen Paukenhöhlenwand (Abb. 26). Von dort ziehen sie weiter mit dem N. petrosus superficialis minor zum Ganglion oticum unterhalb des Foramen ovale (JAKOBSONsche Anastomose). Nach Umschaltung gelangen sie mit dem N. auriculotemporalis aus V 3 zur Parotisdrüse.
Eine Kurzuntersuchung dieses Anteils des N. IX ist nicht möglich. Erst nach Sondierung und Drainage des Ausführungsganges der Drüse kann die Sekretion gemessen werden.

X. Nervus vagus

Von den verschiedenen Fasersystemen des N. vagus sind im Kopf-Halsbereich vor allem die motorischen Fasern für die quergestreifte Muskulatur des Pharynx und der Speiseröhre sowie die motorischen und sensiblen Fasern für den Kehlkopf wichtig. Von der Haut des äußeren Gehörganges empfängt der N. vagus sensible Fasern über den R. auricularis nervi vagi. Diese Fasern sind entwicklungsgeschichtlich der Rest eines größeren Astes, der das Seitenlinienorgan bei Fischen und Amphibien versorgt (BENNINGHOFF).

1. Motorischer Anteil

Im Bereich des Rachens und weichen Gaumens besteht eine so starke Vernetzung von motorischen Fasern des N. vagus mit motorischen Fasern des N. glossopharyngeus, daß die Funktion nur eines der beiden Nerven nicht geprüft werden kann. Nur im Kehlkopf läßt sich an der Stimmlippenbeweglichkeit mittels indirekter Laryngoskopie die Funktion des N. laryngicus caudalis = N. recurrens als Teil des N. vagus betrachten.
Die motorische Funktion des N. laryngicus cranialis, der den äußeren Kehlkopfmuskel M. cricothyreoideus versorgt, kann nur elektromyographisch geprüft werden.

2. Sensibler Anteil

Sensible afferente Fasern gelangen von den Schleimhäuten des Kehlkopfs oberhalb der Stimmritze, von der Epiglottis und von Teilen des Hypopharynx mit dem Ramus laryngeus cranialis des N. vagus zum Zentralnervensystem. Die Grenzen zum Versorgungsgebiet des N. glossopharyngeus sind fließend. Das Areal ist einer Untersuchung schwer zugänglich, so daß im Rahmen einer Routineuntersuchung der sensible Anteil des N. laryngicus cranialis nicht geprüft werden kann. Allerdings liefert die Anamnese gewisse Hinweise:
Patienten mit gelähmter Schlundmuskulatur (N. IX) verschlucken sich leicht beim Trinken. Ist die Sensibilität des Kehlkopfeinganges (N. laryngicus cranialis zum N. vagus) intakt, kommt es schon im Anfang des Schluckaktes zum Husten, weil der Hustenreflex vom Kehlkopfeingang ausgelöst wird. Ist die Sensibilität des Kehlkopfinneren (N. X) aber auch ausgefallen, dann wird der Hustenreiz erst spät im Verlauf des Schluckaktes ausgelöst, nämlich erst beim Eindringen von Flüssigkeit in die Luftröhre. Hier ist die Gefahr einer Pneumonie besonders groß.

XI. Nervus accessorius

Der rein motorische Hirnnerv XI versorgt den M. sternocleidomastoideus und den M. trapezius. Bei einer Lähmung kann der Arm nicht über die Horizontale gehoben werden. Die Funktion läßt sich demnach gut prüfen, indem der Patient den Arm gegen Widerstand (Festhalten durch den Untersucher) über die Horizontale heben soll.
Die Funktion des M. sternocleidomastoideus kann man prüfen, indem man die Hand an die Frontotemporalregion der Gegenseite legt und den Patienten gegen diesen Widerstand den Kopf drehen läßt.

XII. Nervus hypoglossus

Dieser wiederum rein motorische Hirnnerv innerviert die Zungenmuskulatur. Bei einer einseitigen kompletten Lähmung wird die Zunge auf der gelähmten Seite hochgradig atrophisch.

Die Schleimhaut senkt sich zu tiefen Falten ein. Im Verlauf sind fibrilläre Zuckungen der Zungenmuskulatur zu beobachten. Beim Vorstrecken der Zunge weicht die Zungenspitze zur gelähmten Seite ab. Subtotale Paresen lassen dieses Phänomen nur schwer erkennen. Es ist deshalb diagnostisch aufschlußreicher, die Patienten ihre Zunge innen gegen die Wange drücken zu lassen und als Untersucher einen Gegendruck von außen auszuüben (MUMENTHALER).
Die Sprache kann kloßig werden. Bei doppelseitiger Lähmung ist der Schluckakt hochgradig gestört.

Diagnostische Schritte bei der orientierenden Untersuchung der Hirnnerven

1. Schritt: Grobe Prüfung des Riechvermögens durch Schnüffeln an einem allgemein bekannten Geruchsstoff, z. B. Kaffee, Schwefelwasserstoff, Pfefferminz.

2. Schritt: Grobe Prüfung des Sehvermögens getrennt für jedes Auge mit einer Sehtafel, Prüfung des Gesichtsfeldes durch einen von außen zur Mitte geführten Finger des Untersuchers.

3. Schritt: Prüfung der Augenmotilität (Hirnnerven III, IV, VI). Der Patient verfolgt mit den Augen den in ca. 50 cm Entfernung geführten Finger des Untersuchers, der mehrmals in einem Bogen horizontal, vertikal und diagonal bewegt wird. Der Patient soll angeben, ob er Doppelbilder hat. Bei dieser Prüfung wird darauf geachtet, ob ein Fixationsnystagmus besteht!

4. Schritt
a) Prüfung der Sensibilität der Gesichtshaut im Versorgungsgebiet der drei Äste des N. trigeminus durch Überstreichen der Haut mit einem unbewehrten Wattedriller oder einer Nadel

– lateral an der Stirn
– an der Wange
– am horizontalen Ast des Unterkiefers.

b) Prüfung des Kornealreflexes mit einem zugespitzten Wattebausch. Der Patient blickt zur Seite. Von der anderen Seite wird mit der Watte die Kornea berührt.

c) Prüfung der motorischen Funktion des N. trigeminus
– durch maximales Öffnen des Mundes (Abweichung des Unterkiefers zur gelähmten Seite)
– durch Mahlbewegung des Unterkiefers (kann zur gesunden Seite nicht abweichen).

5. Schritt: Prüfung der motorischen Funktion des N. facialis
– Stirnast: Stirne runzeln lassen oder willkürliches Öffnen des geschlossenen Auges gegen Widerstand
– Augenast: gleichzeitiges Öffnen der mit maximaler Kraft geschlossenen Oberlider durch die Daumen des Untersuchers
– Mundast: Zähnezeigen: Seitenvergleich der dann sichtbaren Zähne des Oberkiefers
– Mundspitzen: Seitenvergleich des Abstandes Philtrum – Mundwinkel.

6. Schritt: Prüfung der sensiblen Zone des N. facialis an der Gehörgangsvorderwand mit einem spitzen Instrument (HITSELSBERGERsches Zeichen bei Tumoren der hinteren Schädelgrube).

7. Schritt: Stimmgabelprüfung zur Untersuchung des Hörvermögens
– Versuch nach WEBER
– Versuch nach RINNE.

8. Schritt: Prüfung der motorischen Funktion des N. glossopharyngeus durch Beobachtung des weichen Gaumens bei wiederholter Phonation des Buchstaben A. Bei Lähmung weicht das Zäpfchen zur gesunden Seite ab, und es entsteht eine unsymmetrische Verschiebung der Gaumenbögen (Kulissenphänomen).

9. Schritt: Prüfung der sensiblen Funktion des N. glossopharyngeus durch Auslösung des Würgreflexes an der lateralen Rachenhinterwand.

10. Schritt: Prüfung der motorischen Funktion des N. vagus durch Beobachtung der Stimmlippenbeweglichkeit bei indirekter Laryngoskopie.

11. Schritt: Prüfung der motorischen Funktion des N. accessorius

– durch Heben der Arme seitwärts über die Horizontale hinaus gegen Widerstand (M. trapecius)
– durch Drehung des Kopfes gegen den Widerstand der Hand des Untersuchers, die an der kontralateralen Temporofrontalregion liegt (M. sternocleidomastoideus).

12. Schritt: Prüfung der Funktion des N. hypoglossus

– durch Anpressen der Zunge an die Wange. Kontrolle des Anpreßdruckes durch Gegendruck von außen durch den Untersucher (auch bei Teilparesen deutlich)
– durch Herausstrecken der Zunge. Die Zungenspitze weicht zur gelähmten Seite ab (nur bei kompletten Paresen).

Kapitel III

Gleichgewichtsuntersuchungen am vestibulospinalen System

Untersucht werden komplexe sensomotorische Funktionen, wie z. B. das Stehen, das Gehen oder die Fähigkeit, die Arme koordiniert zu bewegen. Man sucht dabei die Auswirkungen von peripher- und zentral-vestibulären sowie von zerebellären Störungen, die vestibuläre und die zerebelläre Ataxie.

Physiologie

Grundlage für das aufrechte Stehen ist der Ruhetonus vorwiegend der Streckmuskulatur, der auf segmentaler Ebene über Muskeldehnungsreflexe aufrechterhalten wird. Diese Reflexe erfahren ständig eine willkürliche und unwillkürliche Modulation von supraspinal. *Willkürlich* läuft diese übergeordnete Kontrolle der Spinalmotorik über den kortikospinalen Trakt (Pyramidenbahn) ab, *unwillkürlich* über den vestibulospinalen und den rubrospinalen Trakt sowie über retikulospinale Systeme. Der *vestibulospinale Trakt* entstammt dem Nucleus vestibularis lateralis (DEITER) und führt zu den motorischen Vorderhornzellen vorwiegend der Streckmuskulatur. Der Deitersche Kern enthält Zuflüsse vom Vestibularorgan und Zuflüsse vom somatosensorischen System über das Kleinhirn. Dadurch hat er zentrale Bedeutung für die Steuerung des Gleichgewichts und des Muskeltonus. Vom optischen und optokinetischen System, die ebenfalls an der Orientierung im Raum beteiligt sind, kommen indirekte Zuflüsse.

Wenn man die einzelnen Zuflüsse zum Deiterschen Kern experimentell ganz oder teilweise ausschaltet, erhält man Hinweise darauf, wie jedes System am „Gleichgewicht" mitarbeitet. In einer Grafik (Abb. 27) wird dies am Ergebnis des Rombergtestes veranschaulicht. Registriert wurde die Schwankungsintensität des Körpers

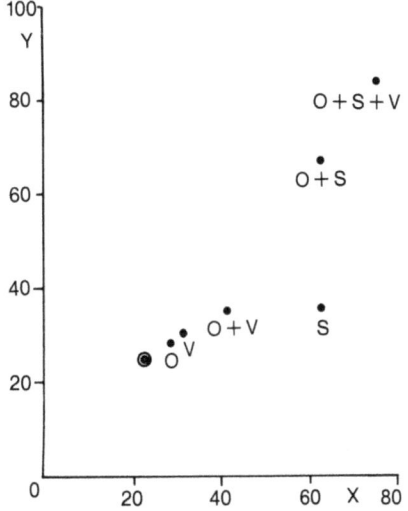

Abb. 27. Experimenteller Nachweis des Zusammenwirkens mehrerer Sinnessysteme am aufrechten Stand (Erklärung im Text).

in der X-Achse (Körperschwankung zur Seite) und in der Y-Achse (Körperschwankung nach vorne und hinten). Im Folgenden wurden die am aufrechten Stehen mitwirkenden Sinnessysteme einzeln und kombiniert in ihrer Aktivität reduziert, und zwar das optische System O durch Lidschluß, das vestibuläre System V durch Einblasen von gekühlter Luft von 10 °C in beide äußere Gehörgänge und das somatosensorische System S durch Abkühlung beider Fußsohlen durch Stehen auf einer Metallplatte von 4 °C. Die Zunahme der Schwankungsintensität bei Wegfall der am Gleichgewicht mitwirkenden Systeme ist deutlich sichtbar.

Wie aus den Erläuterungen zur Physiologie des vestibulospinalen Systems hervorgeht, werden hier die komplexen Funktionen eines komplexen Systems untersucht. Daraus ergibt sich, daß auch Störungen vielfältige Ursachen haben und nur wenige Untersuchungsergebnisse einer umschriebenen Ursache zugeordnet werden können. Auf dieses Dilemma für den Untersucher haben schon JONGKEES und PFALTZ ausdrücklich hingewiesen. Am Krankheitsbild des akuten einseitigen Vestibularisausfalls läßt es sich am besten verdeutlichen. Der Untersucher findet eine klar sichtbare, diagnostisch verwertbare Fallneigung zur erkrankten Seite; allerdings nur am Anfang, denn rasch setzen zentrale Kompensationsvorgänge ein, die die gerichtete Fallneigung in eine diagnostisch nicht mehr verwertbare Unsicherheit übergehen lassen. Im Romberg-Test wird die Unsicherheit an einem verstärkten ungerichteten Schwanken deutlich. In dieser Situation kann den Untersucher nur noch eine exakte Anamnese zum ursprünglichen Symptom der gerichteten Fallneigung zurückführen.

Im Begutachtungsfall muß überdies mit einer willkürlichen Beeinflussung der Symptomatik gerechnet werden.

> Vestibulospinale Untersuchungsergebnisse können am leichtesten durch Simulation und Aggravation beeinflußt werden.

Statische Untersuchungen

Romberg-Test

Beurteilt werden die Schwankungen des Körpers beim freien Stehen mit geschlossenen Augen, d.h. unter Ausschluß der visuellen Kontrollmöglichkeit.

Methode

Der Patient steht aufrecht mit geschlossenen, nicht aneinander gepreßten Beinen. Er hält seine Arme horizontal nach vorne und dreht die Handflächen nach oben. Zunächst steht er ca. 60 Sekunden mit geöffneten Augen und soll dabei einen Punkt fixieren. Nach kurzer Pause zur Erholung der Schulter-Armmuskulatur steht er 60 Sekunden mit geschlossenen Augen. Jetzt muß darauf geachtet werden, daß weder eine Geräuschquelle noch eine Lichtquelle im Raum dem Patienten eine Orientierung ermöglichen. Es darf also auch nicht gesprochen werden. Die Beleuchtung des Raumes soll in einer diffusen, gedämpften Lichtquelle oberhalb oder besser im Rücken des Patienten bestehen. Der Untersucher steht neben dem Patienten, um ihn auffangen zu können, falls er fällt. Eine Berührung während der Untersuchung muß vermieden werden, weil sie Orientierungshilfe wäre.

Die Frage, ob beim Romberg-Test Schuhe getragen werden dürfen oder nicht, wird häufig diskutiert. Aus hygienischen Gründen werden die Schuhe meist anbehalten. Die Schuhe wirken aber als Stütze und sind für eine vergleichende Untersuchung zu unterschiedlich gebaut. Korrekt ist es, den Test ohne Schuhe auszuführen. Ein guter Kompromiß sind Einmalschuhe aus Kunststoff, wie sie im Operationssaal verwendet werden.

Bei Verdacht auf Simulation oder Aggravation müssen die Patienten mit dem Jendrassikschen Handgriff abgelenkt werden. Sie müssen, wie aus Abb. 28 ersichtlich, die Hände mit gebeugten Fingern ineinander verhaken und kräftig auseinanderziehen. Der Ablenkeffekt ist sehr gut, allerdings wird angenommen, daß es durch die Anspannung der Schulter- und Nackenmuskulatur über die spino-vestibulären und spino-zerebellären Bahnen zu einer Veränderung des Tonus im Gleichgewichtssystem und damit zu einer Veränderung der Körperhaltung kommt.

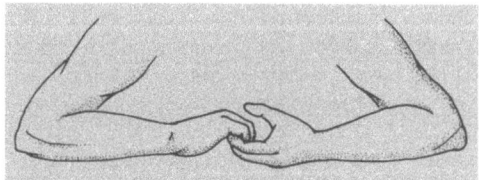

Abb. 28. Jendrassikscher Handgriff zur Ablenkung eines Patienten beim Romberg-Test.

Bewertung des Romberg-Testes

Untersucht man ohne elektronische Hilfsmittel, dann werden Stärke (Amplitude) und Richtung der Schwankung lediglich beobachtet und notiert. Ein Gesunder schwankt mit geöffneten

Augen sowohl was die Amplitude der Schwankung, als auch was die Geschwindigkeit der Schwankbewegung anbelangt geringer als bei geschlossenen Augen. Die Schwankung nach vorne und nach hinten (um die X-Achse) ist etwa gleich groß wie die Schwankungen zur Seite (um die Y-Achse) (HOLTMANN u. SCHERER; STOLL). Die Geschwindigkeit der Schwankbewegung ist klein mit Ausnahme von kurzen, raschen Ausgleichsbewegungen. Größe, Gewicht und Alter haben keine Auswirkung auf das Schwankverhalten.

Fallneigung in eine bestimmte Richtung läßt sich am besten beobachten, wenn der Patient vor einer senkrechten Linie steht (ROMBERG de fil a plomb). Hierzu kann ein Türpfosten oder die Senkrechte eines Schrankes herangezogen werden (Abb. 29).

Bei elektronischer Registrierung – man nennt sie Posturographie (engl. posture) – steht der Patient auf einer schweren Metallplatte, unter deren vier Ecken Druckmeßgeräte (Piezo-Kristalle oder Dehnungsmeßstreifen) angebracht sind. Nach elektronischer Verstärkung und Voranalyse mit einem Summierverstärker erhält man die Komponenten X und Y eines Punktes, der die Schwankungsbewegung des Körpers im Verlauf des Romberg-Testes auf der Stehfläche nachzeichnet. Dieser Punkt entspricht nicht dem Körperschwerpunkt. Bewe-

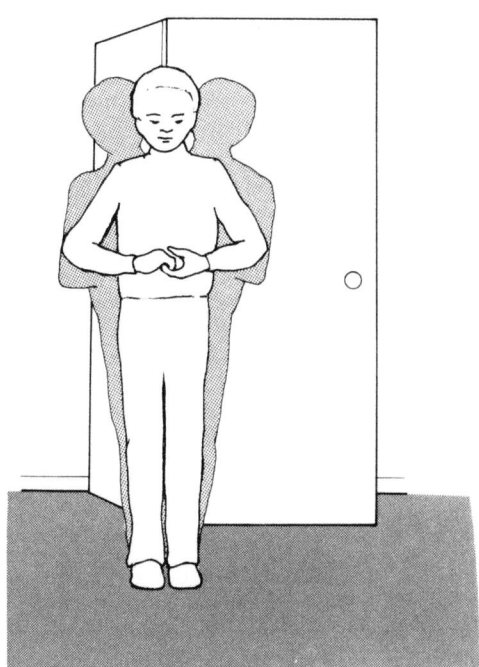

Abb. 29. Rombergtest de fil a plomb
Es wird eine Referenzlinie (Schrankkante) benutzt, um Schwankungen besser ablesen zu können.

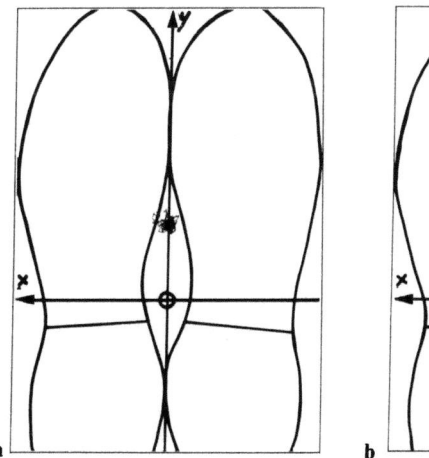 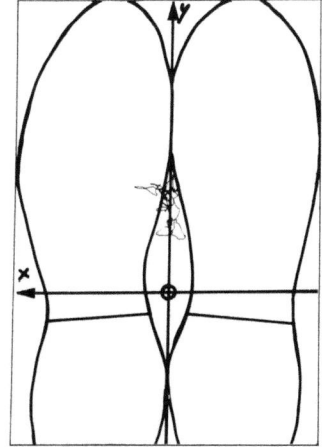

Abb. 30 a, b. Grafische Registrierung des Schwerpunktes beim Romberg-Test. a Augen offen; b Augen geschlossen.

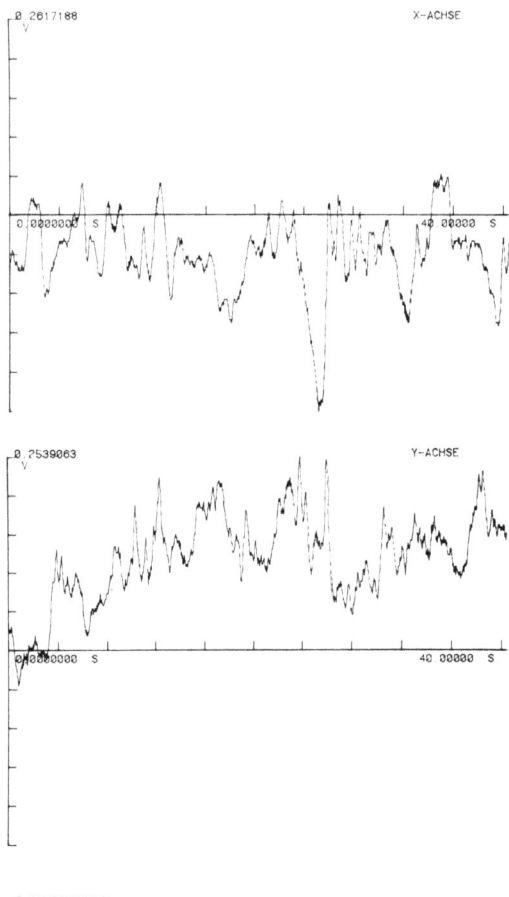

gungen des Punktes entstehen nicht nur durch Verlagerung des Körperschwerpunktes, sondern auch durch Scherkräfte. Eine gute Benennung gibt es für diesen Punkt nicht, er wird im allgemeinen als „Kraftschwerpunkt" bezeichnet. Seine Vektoren werden auf einem X – Y – Schreiber aufgezeichnet (Abb. 30).

Zur elektronischen Analyse wird die Veränderung jedes Vektors einzeln im Zeitverlauf dargestellt (Abb. 31). Der mathematische Mittelwert jeder Komponente ergibt die Koordinate für das *Zentrum der Schwankung*. Die Standardabweichung der Schwankbewegung um den mathematischen Mittelwert ergibt einen Anhalt für die *Amplitude* der Schwankung.

Durch Kombination der beiden Komponenten entsprechend der Formel $R = \sqrt{\frac{(x^2 \times y^2)}{2}}$ erhält man den *Radius*, den der Kraftschwerpunkt im Verlauf der Schwankung beschreibt. Für die Bestimmung der *Schwankungsintensität* gibt es keine mathematische Definition. Weder die Länge der zurückgelegten Schwankspur noch die Amplitude können allein die Intensität der Schwankung hinreichend genau beschreiben. Aufschluß über die Schwankungsintensität gibt die grafische Darstellung des Verhältnisses von Schwankspurlänge (Strecke) *zur* Amplitude (Abb. 32).

Die Einzelkomponenten sowie der Radius der Schwankung können weiter analysiert werden. Dabei erfolgt eine Frequenzanalyse der im Romberg-Test vorkommenden Bewegungen (Abb. 31). Beim Gesunden bestehen die Schwankungen im wesentlichen aus sehr tiefen Frequenzen unter 1 Hz. Höhere Frequenzen, besonders bei 3 Hz treten gehäuft bei Kleinhirnkranken auf (KAPTEYN; DICHGANS).

Dynamische Untersuchungen

Im Gegensatz zu den statischen Untersuchungen muß der Patient bei den dynamischen Untersuchungen des vestibulospinalen Systems bestimmte Bewegungen, wie z. B. „auf der Stelle treten", „auf einer Linie gehen" oder „schreiben", ständig wiederholen. Durch die Wiederholung addieren sich schwache pathologische Befunde, so daß sie erkennbar werden. Allerdings addieren sich auch Störeinflüsse, wie z. B.

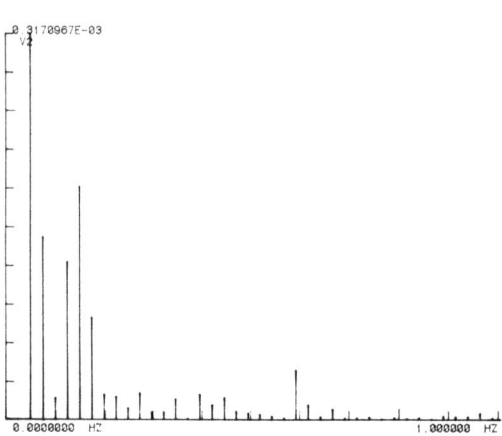

Abb. 31. Elektronische Auswertung des Rombergtests. Verlauf der Schwankung nach vorne und hinten *(X-Achse)* oberes Bild, sowie nach rechts und links *(Y-Achse)* mittleres Bild. Das untere Bild gibt das Frequenzspektrum der Bewegung in der x-Achse im Bereich 0–1 Hz wieder.

A. Der Unterbergersche Tretversuch

Der Patient tritt mit horizontal nach vorne gestreckten Armen 50 Schritte auf der Stelle, wobei auch die Oberschenkel jeweils bis zur Horizontalen angehoben werden. Während der Untersuchung sind visuelle, akustische und taktile Orientierungsmöglichkeiten auszuschalten, d. h. der Patient schließt die Augen, es darf nicht gesprochen werden, Geräusche sind zu vermeiden, und der Patient darf nicht berührt werden. Es wird ein Kreis mit 1 m Radius und Gradeinteilung auf den Boden gemalt (Abb. 33). Klebebänder sind ungünstig, da man sie mit weichen Schuhen fühlen kann. Der Patient soll bequeme Schuhe tragen. Bei der Einbestellung zur Untersuchung (s. S. 172) muß darauf hingewiesen werden.

Bei einer Tonusdifferenz im vestibulären System kommt es zu einer allmählichen Drehung des Patienten zur Seite des geringeren Tonus, z. B. zur Seite eines Labyrinthausfalls bzw. in

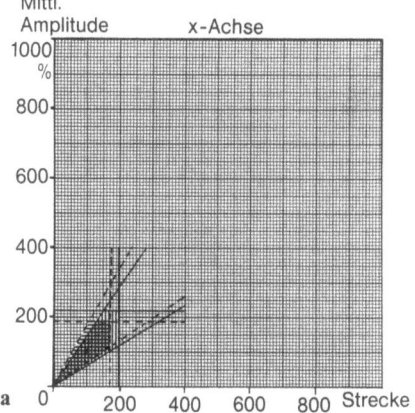

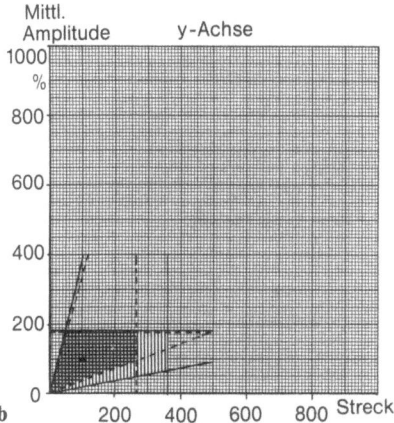

Abb. 32 a, b. Grafische Darstellung der mittleren Amplitude und Schwankspurstrecke im Romberg-Test und die 94. Perzentilen der Reaktion Gesunder.
— und ▨ = 94% Bereich bei offenen Augen
---- und ▤ = 94% Bereich bei geschlossenen Augen
• = Mittelwert aller Gesunden

unterschiedliche Beinlänge, fehlerhafte Untersuchungsbedingungen usw. Außerdem werden andere Regelsysteme zugeschaltet. Wie bei den statischen Untersuchungen gilt, daß ein pathologischer Befund wegen der fortschreitenden kompensatorischen Vorgänge nur in der Anfangszeit einer Erkrankung auf ihre Lokalisation hinweist.

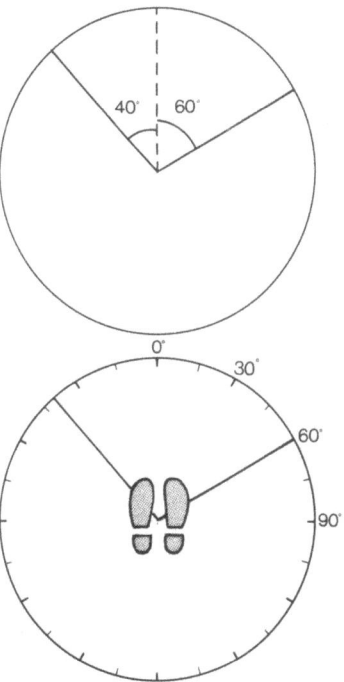

Abb. 33. Kreis und Normbereiche für den Unterbergerschen Tretversuch.

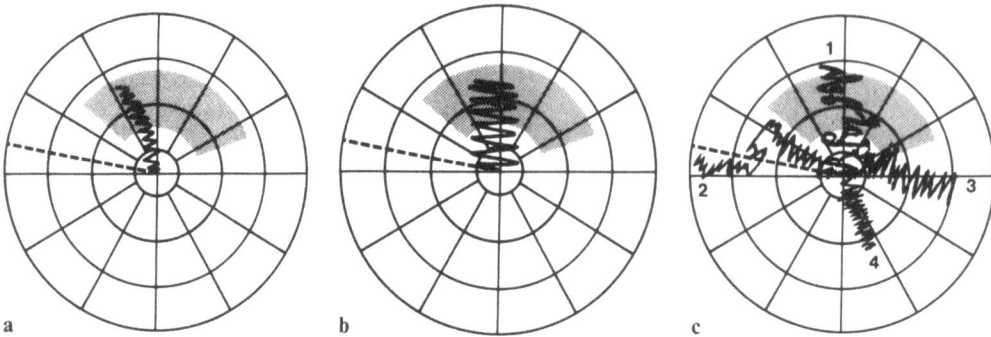

Abb. 34 a–c. Cranio-Corpo-Grafie. a Normales Bewegungsmuster; b verbreiterte Lateralschwankung bei zentraler Gleichgewichtsstörung; c fehlende Reproduktion bei Simulation. (Aus C. F. CLAUSSEN 1975)

Richtung der langsamen Phase eines Nystagmus. Das Ergebnis wird als pathologisch gewertet, wenn die Drehbewegung einen Winkel von 60° nach rechts oder 40° nach links übersteigt. Im Gegensatz zum Romberg-Test kann das Ergebnis des Unterbergerschen Tretversuches direkt am Boden in Winkelgraden abgelesen werden, was die Beliebtheit der Untersuchung erklärt.

Auch bei gesunden Probanden kommt es in der Regel zu einer langsamen Bewegung nach vorne, die nicht bewertet wird, solange sie nicht mehr als 1 m beträgt, der Patient also innerhalb des Kreises bleibt (UEMURA). Jede Bewegung nach hinten ist pathologisch (Kleinhirnsymptom).

Neben dem Ausmaß und der Richtung der Abweichung ist die Qualität der Schritte zu beurteilen.

Der Unterbergersche Test kann fotografisch aufgezeichnet werden (Cranio-Corpo-Grafie nach CLAUSSEN). Dabei werden von einer Sofortbildkamera die Leuchtspuren von Lämpchen, die auf den Schultern und auf einem Helm befestigt sind, aufgezeichnet (Abb. 34a). Eine Abweichung nach links von 45° und nach rechts von 60° wird hier als pathologisch angesehen. Eine Schwankungsbreite von mehr als 17,5 cm während eines einzelnen Schrittes wurde bei zentral vestibulären Störungen gefunden (Abb. 34b). Ein besonderer Vorteil dieser Methode liegt in ihrer Reproduzierbarkeit. Es können mehrere Untersuchungen auf ein Bild belichtet werden. Eine Simulation wird damit rasch offenkundig, denn es ist einem Gesunden nicht möglich, mehrfach dasselbe pathologische Schwankungsbild darzubieten (Abb. 34c).

B. Der Blind- oder Seiltänzergang

Der Patient folgt einer auf den Boden gemalten, 4 m langen Linie Schritt vor Schritt mit geschlossenen Augen. Dieser gebräuchliche Test ist jedoch nicht zu empfehlen, weil

1. selten ein geeigneter geräuscharmer Raum von 4 m Länge zur Verfügung steht,
2. ein einmaliger falscher Schritt, wie er auch beim Gesunden vorkommt, den Patienten in eine ganz andere Richtung bringt (Abb. 35a).

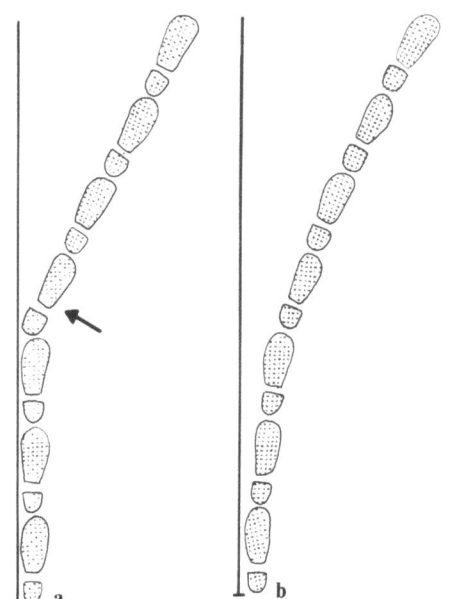

Abb. 35 a, b. Blind- oder Seiltänzergang. a Abweichung eines Gesunden von der geraden Linie nach einem einzelnen falschen Schritt; b Abweichung eines Kranken 4 Tage nach Labyrinthausfall rechts.

Das Ergebnis, nämlich die Abweichung von der Linie, steht dann in keinem Verhältnis zum normalen Ergebnis der übrigen Gleichgewichtsuntersuchungen.
Eine pathologische Tonusdifferenz führt zu einer *bogenförmigen* Abweichung der Gehlinie (Abb. 35b).

C. Der Sterngang nach BABINSKI und WEIL

Bei diesem Test muß der Patient abwechselnd zwei bis drei Schritte vorwärts und rückwärts gehen. Auf engem Raum summieren sich kleine Winkelabweichungen zu einer Rotation (Abb. 36). Der Test ist aussagekräftiger als der Seiltänzergang, jedoch erübrigt auch er sich bei sorgfältiger Ausführung des Unterbergerschen Tretversuches.

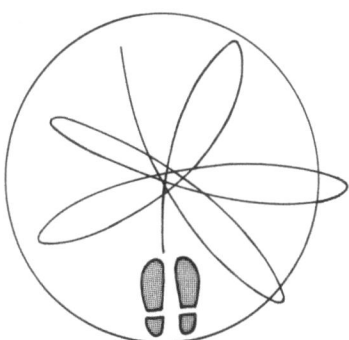

Abb. 36. Sterngang nach BABINSKI und WEIL bei einem Patienten 4 Tage nach einem Labyrinthausfall rechts.

D. Der Zeichentest nach FUKUDA

Von FUKUDA wurde 1959 ein vertikaler Zeichentest entwickelt, der die Beeinflussung der Schulter-Armmuskulatur durch das vestibuläre System untersucht. Es werden Zeichen in vertikaler Anordnung geschrieben. Kommt es beim Schreiben mit geschlossenen Augen zu einer Entartung der Zeichen oder zu einer Seitabweichung der Vertikalreihe, so liegen pathologische Verhältnisse vor.
Dieser Test geht besonders auf die Fertigkeit der Japaner im Malen vertikaler Zeichen ein, ist also nicht ohne weiteres auf unsere Verhältnisse zu übertragen. Von STOLL wurden Normwerte für die deutsche Bevölkerung ermittelt. Er empfiehlt, 5 mal 10 vertikal angeordnete Kreuzchen zügig von oben nach unten zu malen (Abb. 37 a u. b). Die bleistifthaltende Hand und der Arm dürfen dabei den Tisch nicht berühren. Der Test wird zuerst mit geöffneten und dann mit geschlossenen Augen ausgeführt. Bei pathologischem Befund sollte der Test wiederholt werden, um die Reproduzierbarkeit sicherzustellen.

Auswertung: Ausgehend vom ersten Kreuz wird in jede Reihe die Gerade gelegt, die jedem der nachfolgenden Kreuze am nächsten kommt. Nun wird der Abweichwinkel dieser Linie von der Senkrechten bestimmt. Abb. 38 zeigt den Mittelwert des Abweichwinkels jeder Reihe zusammen mit der 10. und 90. Perzentile.

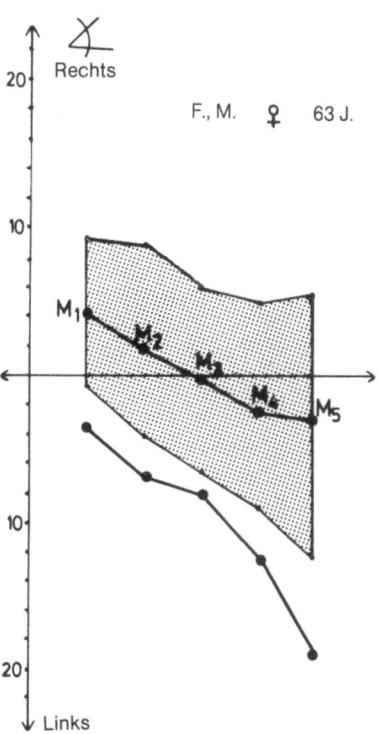

Abb. 38. Auswertung des vertikalen Zeichentests nach STOLL. Mittelwerte M1–M5, die 10. und 90. Perzentile umschließen den gerasteten Bezirk, in dem die Befunde von 80% der Gesunden liegen. Die Werte eines Patienten mit Mènièrescher Erkrankung links liegen außerhalb des Bereichs.

Abb. 37 a–d. Zeichentest nach FUKUDA, modifiziert nach STOLL. **a** mit geöffneten Augen; **b** mit geschlossenen Augen; **c** Ataxie; **d** Ménière links.

Bei einer vestibulären Störung kommt es zu einer Abweichung der korrekt gezeichneten Kreuze von der Vertikalen (Abb. 37 d), bei einer zerebellären Ataxie dagegen können die Kreuze nicht korrekt gezeichnet werden (Abb. 37 c). Die Händigkeit wirkt sich bei diesem Test aus. Ein Patient mit einer linksseitigen zerebellären Läsion kann z. B. den Test mit der rechten Hand nahezu normal ausführen. Es wird deshalb empfohlen, den Test nicht nur mit der rechten, sondern auch mit der linken Hand auszuführen (UEMURA).

Spezielle Literatur:
Granit und Pompejano 1979; Kornhuber 1974; Uemura, Suzuki, Hozawa, Highstein 1977; Stoll 1981.

Kapitel IV

Der Nystagmus und seine Registrierung

Vorbemerkung

Die *speziellen* Gleichgewichtsuntersuchungen wenden sich an einzelne Funktionen des komplexen Systems zur Erhaltung des Gleichgewichtes. Verschiedene *Sinneseingänge* (Afferenzen) dieses Systems werden herangezogen, um auf physiologische oder unphysiologische Weise zu reizen (Abb. 39). Wir benützen die Fähigkeit des Gleichgewichtsorgans, Beschleunigungen sowie Veränderungen der Schwerkraft wahrzunehmen, die Fähigkeit des Auges, Bewegungen der Umwelt zu registrieren und die somatische Sensibilität, also Meldungen, die vom Integument und vom Bewegungsapparat herkommen.

An den *Sinnesausgängen* (Efferenzen) kann die Reizantwort als Änderung des stabilen Körpergleichgewichtes gemessen und damit die Funktionstüchtigkeit des Gleichgewichtssystems kontrolliert werden (Abb. 40). Messungen sind möglich an den vestibulospinalen Efferenzen in Form einer Veränderung der Körperhaltung sowie am okulomotorischen System in Form von kompensierenden, synchronen Augenbewegungen, dem *Nystagmus*.

Ungünstigerweise unterliegen die zu messenden Veränderungen am Gleichgewicht jedoch noch weiteren Einflüssen (Abb. 41). So kann die vom Großhirn gesteuerte Willküraktivität des Körpers die unbewußt ablaufende, reflektorische Aktivität des Gleichgewichtszentrums beeinflussen und sogar überspielen. Müdigkeit und zahlreiche Medikamente dämpfen die Aktivität im Gleichgewichtskerngebiet, toxische Einflüsse, z. B. Alkohol und Nikotin, bewirken unkontrollierbare Veränderungen im Regelsystem.

Bei jeder Gleichgewichtsuntersuchung ist auf Störfaktoren zu achten. Soweit als möglich müssen sie eliminiert werden.

Objektive Prüfmethoden mittels evozierter Potentiale, wie wir sie aus der Audiometrie, vom optischen und vom somatischen System kennen, sind am Gleichgewichtssystem nicht einsetzbar, weil es keine häufig wiederholbaren Rechteckreize gibt, und weil die Störpotentiale größer sind als die gesuchten Potentiale (SCHMIDT).

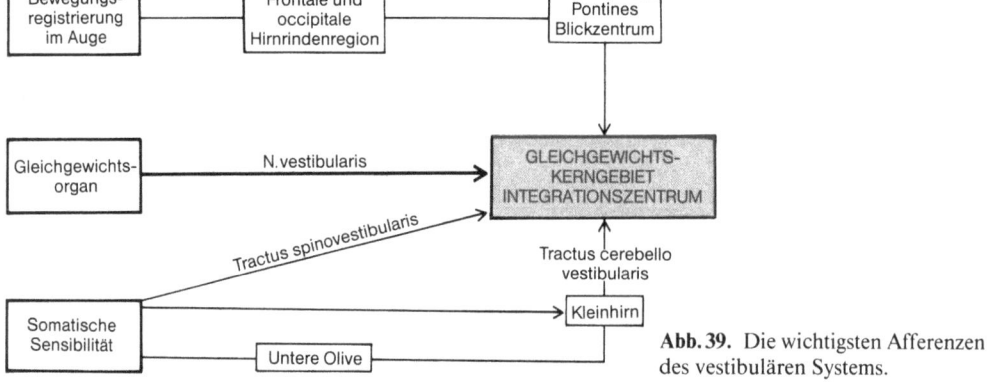

Abb. 39. Die wichtigsten Afferenzen des vestibulären Systems.

Entstehung eines vestibulären Nystagmus

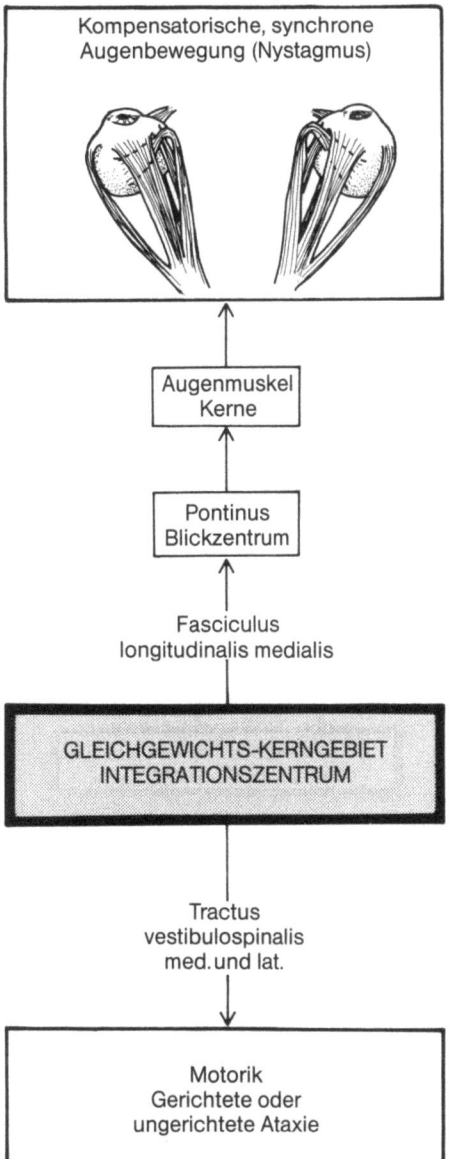

Abb. 40. Die wichtigsten Efferenzen des vestibulären Systems.

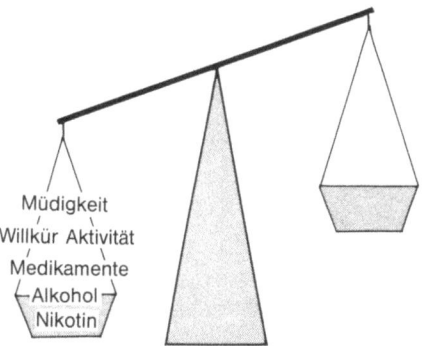

Abb. 41. Faktoren, welche die Regelfunktion des vestibulären Systems beeinflussen.

kompensiert werden. Dieser Mechanismus kommt bei allen Lebewesen mit beweglichen Augen vor. Er ist ein *vestibulo-okulärer Reflex (VOR)*.

Entstehung eines vestibulären Nystagmus

Wenn man sich dreht, dann kommt es bei *nicht bewegten* Augen zu einer Verschiebung des Umweltbildes auf der Netzhaut und damit zu einer unerwünschten *Unschärfe* (Beispiel: unscharfes Bild bei Bewegung einer Kamera mit geöffnetem Objektiv). Dem versucht das Zentralnervensystem entgegenzuwirken, indem es die Augen *während der Bewegung gegenbewegt*. Das Bild auf der Netzhaut wird stabil bzw. scharf bleiben, wenn die Geschwindigkeit der Augengegenbewegung der der Körperbewegung entspricht (Blickkonstanz). Dies gelingt bei den meisten, im täglichen Leben vorkommenden Bewegungen. Der Sinn dieses kompensatorischen Mechanismus liegt im Bestreben der Natur, das Lebewesen auch *während einer Bewegung* orientiert und handlungsfähig zu halten. Mit einem unscharfen optischen Bild wäre das nicht gewährleistet.

Das Signal für die kompensatorische Gegenbewegung stammt vom Gleichgewichtsorgan, das die Kopfbewegung mißt und die Information nach Umschaltung im Gleichgewichtskerngebiet an die Augenmuskelkerne weitergibt. *Deshalb kann man durch eine Reizung des Gleichgewichtsorgans auch kompensatorische Augenbewegungen auslösen und messen.*

Definition des Nystagmus als Meßgröße

Ein Nystagmus ist der sichtbare Ausdruck eines physiologischen Regelmechanismus des Körpers, durch den *Drehbewegungen des Kopfes durch gegengerichtete Augenbewegungen*

Der Nystagmus und seine Registrierung

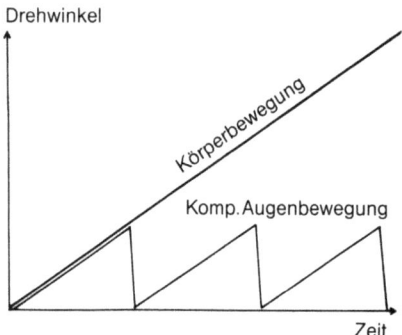

Abb. 42. Verlauf kompensatorischer Augenbewegungen bei einer Körperbewegung.

Ist die Kopfdrehung größer als die Drehfähigkeit der Augen, dann werden die Augen mit einer sehr schnellen reflektorischen *Ruckbewegung* zurückgestellt (Abb. 42). Diese Ruckbewegung ist nicht wahrnehmbar und oft in einem Lidschlag versteckt. Die ursprüngliche Gegenbewegung kann dann erneut einsetzen. So entsteht die typische Bewegungsform der Augen bei Drehbewegung des Körpers, die sich zusammensetzt aus:
– einer *langsamen,* von der Kopfbewegung ausgelösten und ihr im Tempo entsprechenden, ihr aber entgegengerichteten Komponente (Geschwindigkeit bis ca. 100°/s)
– einer *schnellen,* der Kopfbewegung gleichgerichteten, reflektorischen Rückstellbewegung (Geschwindigkeit bis zu 700°/s).
Dieser Typ der Augenbewegung wird *Nystagmus* genannt. Ein Nystagmus entsteht also durch einen reflektorischen Vorgang. Er ist *unwillkürlich*.
Die Richtung des Nystagmus wird definitionsgemäß mit der Richtung seiner *schnellen* Komponente angegeben.

Ein Nystagmus, der durch Kopfbewegungen, durch experimentelle Reize am Gleichgewichtsorgan oder durch Erkrankungen im Gleichgewichtssystem ausgelöst wird, heißt *vestibulärer Nystagmus.*

Die Richtung des Nystagmus stimmt überein mit der Ebene der Drehbewegungen. Am häufigsten kommen im täglichen Leben horizontale, in zweiter Linie vertikale, selten diagonale Drehbewegungen vor. Der horizontale Nystagmus wird in der Regel zur experimentellen Gleichgewichtsprüfung verwendet. Diagonale Drehbewegungen kommen selten vor.

Anmerkung: Das Gleichgewichtsorgan kann nur Beschleunigungen oder die Änderung einer Beschleunigung messen. Bewegungen mit konstanter Geschwindigkeit können nicht registriert werden. Bei natürlichen Bewegungen im täglichen Leben kommen aber nur Beschleunigungen vor, so daß man in diesem Fall *Bewegungen und Beschleunigungen* als Ursache eines vestibulären Nystagmus gleichsetzen kann.

Differentialdiagnose des vestibulären Nystagmus

Neben dem vestibulären Nystagmus, der Drehbewegungen des Kopfes kompensiert, gibt es noch weitere Arten von Nystagmus bzw. nystagmusähnlichen Augenbewegungen.

I. Physiologische Nystagmusformen

A. Der optokinetische Nystagmus

Dieser Nystagmus entsteht, *wenn sich die Umwelt dreht.* Physiologischerweise kommt dies nicht vor. Als *Umweltbewegung* imponiert lediglich, wenn sich bei einer Kopfbewegung das Bild der Umwelt auf der Netzhaut in entgegengesetzter Richtung bewegt. Die dabei entstehende Sehunschärfe muß wie beim vestibulären Nystagmus durch einen kompensatorischen Vorgang behoben werden. Diese scheinbare Bewegung der Umwelt wird vom *kinetischen* Teil des optischen System erfaßt. Reflektorisch wird eine Gegenbewegung des Auges veranlaßt. Ihre Geschwindigkeit und Stärke entspricht weitgehend der dem Vorgang zugrundeliegenden Kopfbewegung.

Optokinetische Gegenbewegung und vestibuläre Gegenbewegung arbeiten gemeinsam an der Bildkonstanz.

Unterschied: Das vestibuläre System kann auf Grund der physikalischen Eigenschaften des Vestibularorgans nur *Beschleunigungen* erfassen. Es adaptiert an länger dauernde Reize und es habituiert an sich ständig wiederholende Reize (s. Bd. 2).

Das optokinetische System reagiert auf alle Bewegungen, also auch auf Bewegungen mit konstanter Geschwindigkeit, die vom vestibulären System nicht erfaßt werden. Es adaptiert und habituiert nicht.

Wie beim vestibulären Nystagmus wird die kompensatorische optokinetische *Gegenbewegung* durch eine schnelle reflektorische Rückstellung des Bulbus unterbrochen. Es entsteht ein reflektorisch ausgelöster, d. h. unwillkürlicher optokinetischer Nystagmus. Das Signal für die optokinetische Gegenbewegung, d. h. für die langsame Phase des optokinetischen Nystagmus, stammt von der Netzhautperipherie. Die Sinneszellen dieses Netzhautareals reagieren besonders empfindlich auf Helligkeitsänderungen und damit auf bewegte Reize.

Die optokinetische Gegenbewegung erreicht Geschwindigkeiten bis zu 100°/s. Die rasche Rückstellbewegung, die vom raschen okulomotorischen Einstellsystem (sakkadisches System) geregelt wird, erreicht Geschwindigkeiten bis zu 700°/s.

Durch Zuhilfenahme der Technik, z. B. im Kino, ist der Mensch in der Lage, eine bewegte Umwelt zu erleben, ohne daß ihr eine Körperbewegung zugrundeliegt. Oder der Mensch *wird bewegt* mit konstanter Geschwindigkeit, bei der das Gleichgewichtsorgan nicht reagiert, z. B. in der Eisenbahn. Blickt er aus dem Zugfenster, so tritt ein optokinetischer Nystagmus auf, und zwar ohne Unterstützung durch einen vestibulären Nystagmus. Er ist gut zu beobachten und wird *Eisenbahnnystagmus* genannt. Gegenstände, die schneller am Auge vorbeiziehen, als sie vom optischen Folgesystem erfaßt werden können, wie z. B. Bäume und Telegrafenstangen, die nahe am Bahndamm stehen, erscheinen verwischt (Abb. 43).

Neben diesem *unwillkürlichen*, retinal ausgelösten Nystagmus gibt es aber noch eine nystagmusähnliche Form der Augenbewegungen, die fälschlicherweise ebenfalls als optokinetischer Nystagmus bezeichnet wird. Sie entsteht beim *willkürlichen Betrachten bewegter Gegenstände in einer nicht bewegten Umwelt*, z. B. beim Betrachten von Radfahrern in einer Landschaft oder beim Betrachten bewegter Punkte (Abb. 44 a). Jeder Radfahrer wird von der *Fovea des Auges*, der Zone des schärfsten Sehens, erfaßt. Das optische Folgesystem steuert die Augenbewegung so, daß der Radfahrer in der Fovea abgebildet bleibt. Nach einer bestimmten, individuell verschieden weit ausgeführten Drehbewegung folgt das Auge nicht weiter. Es muß nun entweder eine Drehbewegung des Kopfes folgen – wenn man den ersten Radfahrer im Auge behalten will, oder es erfolgt eine rasche Rückholbewegung des Auges, entsprechend der schnellen Phase eines Nystagmus – wenn man den zweiten Radfahrer ins Auge fassen will. Dieser Vorgang wird von manchen Autoren als *foveolärer optokinetischer Nystagmus* bezeichnet. Die Bezeichnung Nystagmus ist nicht korrekt, denn es handelt sich um eine *willkürliche Folgebewegung der Augen*, die nur dann die Form eines Nystagmus mit langsamer und schneller Phase hat, wenn mehrere bewegte Gegenstände nacheinander fixiert werden. Wird z. B. ein schwingendes Pendel verfolgt, dann entsteht ein sinusförmiges Bild. Ein *echter* Nystagmus ist aber reflektorisch und damit unwillkürlich.

Abb. 43. Entstehung eines retinalen optokinetischen Nystagmus bei Beobachtung einer bewegten Umwelt.

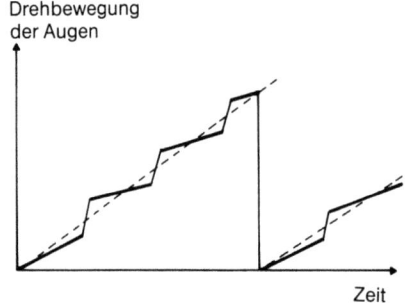

Abb. 44a, b. Entstehung eines „foveolären optokinetischen Nystagmus" bei Beobachtung bewegter Gegenstände. a bei langsamer Bewegung; b bei schneller Bewegung.

Die maximale Geschwindigkeit der langsamen Folgebewegung ist mit 30 bis 40°/s relativ niedrig. Überschreitet die Geschwindigkeit der Objekte die maximale Geschwindigkeit der Folgebewegung, dann muß über ein *rasches Einstellsystem,* das *sakkadische System,* das Auge nachgestellt werden. Das aus der Fovea entwichene Abbild des bewegten Gegenstandes wird mit dem sakkadischen System in die Fovea zurückgeholt (Abb. 44b). Es setzt nun erneut die vom langsamen Blickfolgesystem gesteuerte Augenbewegung ein. Die Folgebewegung der Augen ist dann aus physiologischen Gründen mit sogenannten Aufholsakkaden (engl.: catch-up sakkades) durchsetzt. Diese Bewegungsform wird im Englischen auch als „jerky pursuit" bezeichnet (Abb. 44).

Findet man diese Sakkaden bereits beim Fixieren sehr langsam bewegter Gegenstände, z. B. eines langsam schwingenden Pendels, dann muß eine Erkrankung im langsamen Blickfolgesystem vorliegen (s. S. 89).

Das rasche Einstellsystem (sakkadisches System) macht am Auge
– *Nachstellbewegungen,* wenn die Geschwindigkeit des beobachteten Objektes größer ist als die maximale Geschwindigkeit der vom langsamen Blickfolgesystem gesteuerten Augenbewegungen
– *Rückstellbewegungen,* um das Auge wieder in die Ausgangslage zurückzuholen (schnelle Phase eines Nystagmus).
– Der *retinale optokinetische Nystagmus* wird gesteuert vom optokinetischen System. Er ist unwillkürlich, unerschöpflich und kann nicht unterdrückt werden. Pharmakologisch ist er beeinflußbar. Die langsame Phase des Nystagmus kann Geschwindigkeiten von 100°/s erreichen.
– Der *sogenannte foveoläre optokinetische Nystagmus,* der beim Fixieren bewegter Gegenstände auftritt, wird gesteuert vom langsamen optischen Folgesystem. Es arbeitet willkürlich, kann also unterdrückt werden. Die langsame Phase ist höchstens 30 bis 40°/s schnell. Bei schnelleren Objektbewegungen werden Sakkaden dazwischengeschaltet. Sakkaden bei langsamen Folgebewegungen unter 30°/s sind pathologisch.

B. Der Endstellnystagmus

Es handelt sich um einen Nystagmus, der physiologisch bei *starkem Blick* zur Seite auftritt (Abb. 45). Er tritt nach KORNHUBER ab einem Blickwinkel von 20° auf, wird mit zunehmendem Seitblick stärker und besteht so lange, wie der Seitblick anhält, ist aber oft unregelmäßig.

C. Der physiologische Spontannystagmus

Bei über 50% aller gesunden Personen konnte von MULCH/LEWITZKI und MULCH/TRINKER ein Nystagmus auch ohne Reizung eine Afferenz, also *spontan* nachgewiesen werden. Er

Abb. 45.
Physiologischer Endstellnystagmus bei starkem Seitblick.

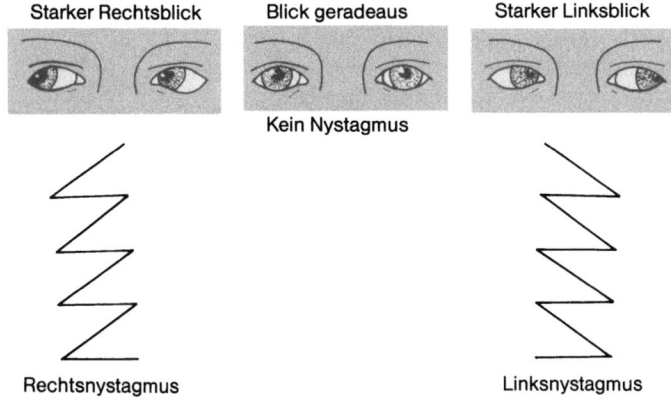

wird nur sichtbar bei elektronystagmografischer Registrierung in vollständiger Dunkelheit, *nicht aber bei den üblichen Untersuchungen mit einer Leuchtbrille* (s. S. 39). Damit unterscheidet er sich eindeutig von einem pathologischen Spontannystagmus (MULCH). Die Ursache dieses physiologischen Spontannystagmus ist nicht bekannt. Diskutiert werden frühe Traumen, Zustände nach entzündlichen Veränderungen am Ohr, aber auch belanglose Seitendifferenzen im Regelkreis.

Ein Spontannystagmus bei einem Gesunden, der nur bei elektronystagmografischer Registrierung vorhanden ist, gilt als physiologisch.

Jeder Spontannystagmus, der bei der Untersuchung mit der Frenzelbrille gefunden wird, gilt als pathologisch.

Ein Spontannystagmus, der zwar nur bei elektronystagmografischer Registrierung, jedoch bei einem Patienten mit Schwindel und/oder einer zum Spontannystagmus passenden Seitendifferenz der vestibulären Erregbarkeit beobachtet wird, ist pathologisch.

II. Pathologische Nystagmusformen

A. Nystagmus bei Erkrankungen im vestibulären System

Bei Drehbewegungen des Kopfes kommt das neurophysiologische Signal für die kompensatorischen Augenbewegungen (vestibulärer Nystagmus) vom Gleichgewichtsorgan. Um

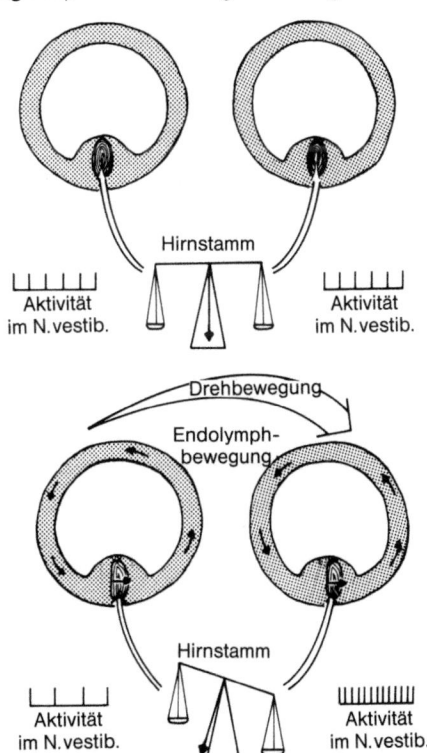

Abb. 46. Physiologische Grundlagen der Entstehung eines vestibulären Nystagmus.

die Entstehung eines *pathologischen* vestibulären Nystagmus verstehen zu können, muß zunächst besprochen werden, wie das Gleichgewichtsorgan eine Kopfbewegung mißt.

Bei einer Drehbewegung bleibt während der Beschleunigungsphase die Endolymphe in den Bogengängen wegen ihrer Trägheit zurück. Die Cupulae werden dadurch aus ihrer Ruhelage ausgelenkt (Abb. 46). Im Bogengang der *einen* Seite wird die Cupula nach medial (utriculopetal), im Bogengang der *anderen* Seite nach lateral (utriculofugal) gedrängt. Die Sinneshaare der Nervenzellen, die in die Cupula hineinragen, werden – und das ist wesentlich – *richtungsspezifisch* erregt. In dem Gleichgewichtsnerven, der von der utriculopetal ausgelenkten Cupula kommt, entsteht eine Erhöhung des Ruhepotentials durch Depolarisation am Rezeptor, im anderen kommt es zu einer *Erniedrigung* des Ruhepotentials durch Hyperpolarisation. Eine Änderung der Cupulastellung wird also vom Nervus vestibularis als richtungsspezifische *Änderung der Aktionspotential-Frequenz* zum Gleichgewichtskerngebiet gemeldet. Dieses physiologische Prinzip der „Frequenz-Modulation" wird in der Tonbandtechnik zur Übertragung langsamer Vorgänge unter 20 Hz benützt.

Das Gleichgewichtszentrum im Hirnstamm erhält von beiden Seiten unterschiedlich starke Meldungen und wird auf diese Weise unterschiedlich stark aktiviert.

Merke. Das neurophysiologische Korrelat einer Drehbewegung ist eine *Seitendifferenz* der Aktionspotentiale im Gleichgewichtsnerven und damit eine Seitendifferenz im Erregungsmuster der beiden Gleichgewichtskerngebiete, d. h. *es entsteht eine zweckmäßige Unordnung im vestibulären System.*

Daraus folgt: Die Ursache für die bei einer Drehung entstehende, langsame vestibuläre Phase des Nystagmus ist eine *Seitendifferenz* des Erregungsmusters im Gleichgewichtskerngebiet.

Daraus folgt: Jede auf pathologischem Weg entstehende Seitendifferenz im Erregungsmuster der Gleichgewichtskerngebiete führt zu einem vestibulären Nystagmus, ohne daß eine Drehbewegung des Kopfes stattfindet.

Entstehung des Drehschwindels: Wenn akut ein pathologischer vestibulärer Nystagmus entsteht, dann drehen sich die Augen, ohne daß eine Drehbewegung des Kopfes zugrunde liegt. Bei der Augendrehung verschiebt sich das Bild der Umwelt auf der Netzhaut. Man bekommt dann das Gefühl, als drehe sich die Umwelt, was aber mit der Realität nicht in Einklang zu bringen ist. So entsteht die Empfindung eines *Drehschwindels.*

B. Nystagmus bei Erkrankungen im optischen System

Der kongenitale Fixationsnystagmus

Diese auch „*okulärer Nystagmus*" genannten Augenbewegungen entstehen wahrscheinlich auf Grund einer angeborenen Störung im zentralen optischen System. Die Erkrankung unterliegt einem X-chromosomal- rezessiven oder gelegentlich auch dominanten Erbgang. Sie tritt bereits im Säuglingsalter in Erscheinung und ist häufig begleitet von primären Sehdefekten. Hervorgerufen wird der kongenitale Fixationsnystagmus durch eine oszillierende Instabilität des Blickfolgesystems, aktiviert durch einen Fixationsimpuls (BRANDT).

Kennzeichen
– Der Nystagmus ist *beim Blick geradeaus pendelförmig, sinusartig oder dreieckig* (Abb. 47 a). Er läßt sich also typischerweise nicht in eine schnelle und eine langsame Phase zerlegen.
– *Beim Blick nach rechts oder links* bekommt er jeweils in Richtung des Blickes eine *schnelle Komponente* von hoher Amplitude, die aber doch langsamer ist als die schnelle Phase eines vestibulären Nystagmus (Abb. 47 b).
– Je weiter der Blick zur Seite geht, umso schneller wird die schnelle Komponente, und umso größer wird die Amplitude.
– In Abhängigkeit von der Augenstellung kann man ein *Maximum* und *ein Minimum* des Fixationsnystagmus entdecken. Die Augenstellung bei minimalem und maximalem Nystagmus ist von Patient zu Patient verschieden. Der

Abb. 47a, b.
Verlauf eines kongenitalen
Fixationsnystagmus. **a** Beim
Blick geradeaus; **b** beim
Blick zur Seite.

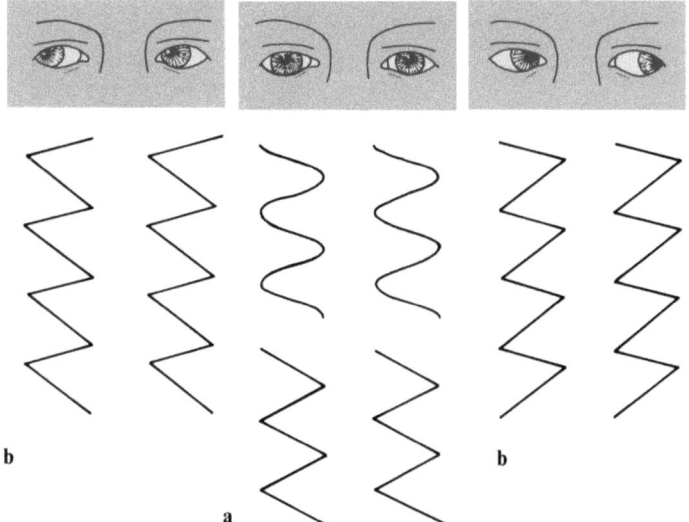

Punkt des minimalen Nystagmus liegt meist nicht beim Geradeausblick, sondern etwas lateral davon.
– *Der Fixationsnystagmus wird durch Fixation verstärkt* (Abb. 48). Mit dieser Eigenschaft unterscheidet er sich eindeutig vom *vestibulären Nystagmus,* der bei Fixation verschwindet.
– Der optokinetische Nystagmus ist häufig *invers.* Bei 46% seines Krankengutes fand KORNHUBER einen Linksnystagmus bei Bewegung des Reizmusters nach links (statt eines Rechts-

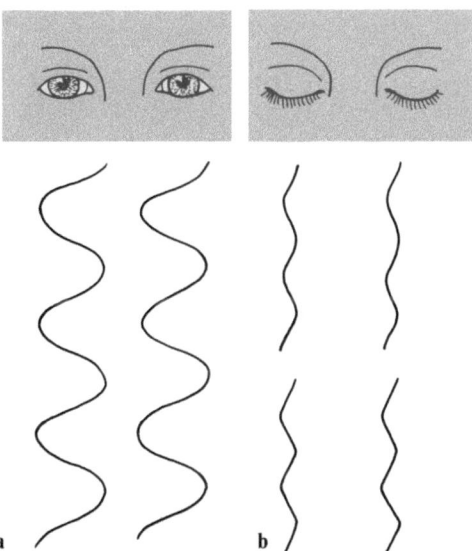

Abb. 48a, b. Stärke des Fixationsnystagmus. **a** Bei Ausschluß der Fixation mit einer Leuchtbrille; **b** bei Fixation

nystagmus) und einen Rechtsnystagmus bei Bewegung des Reizmusters nach rechts (statt eines Linksnystagmus).
– Bei Lidschluß wird der Fixationsnystagmus stark gehemmt und ändert manchmal seine Richtung und sein Schlagbild (Abb. 49). Dieser Befund ist nur im ENG sichtbar.
– Es besteht kein Schwindel.

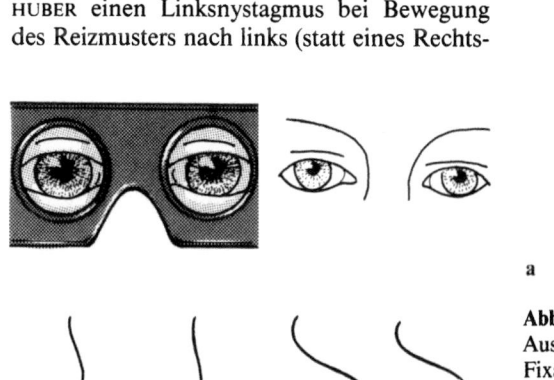

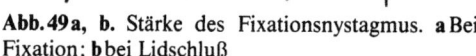

Abb. 49a, b. Stärke des Fixationsnystagmus. **a** Bei Fixation; **b** bei Lidschluß

Abb. 50. Gesenkte Kopfhaltung und Einstellung der Augen in die Richtung in der der kongenitale Fixationsnystagmus am schwächsten ist.

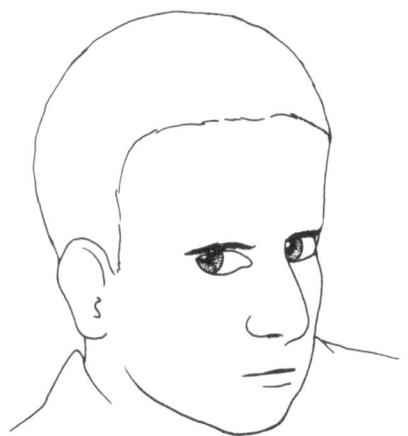

Abb. 51. Charakteristische Kopfsenkung und -drehung bei kongenitalem Fixationsnystagmus, so daß die Augen mit minimalem Nystagmus nach vorne zeigen

Merke. Findet man einen angeborenen Fixationsnystagmus, dann erübrigt sich in der Regel eine weiterführende Diagnostik. Deshalb muß jeder Gleichgewichtsuntersuchung eine Fixationsprüfung vorangestellt werden, denn nicht selten wird die in Sekunden feststellbare Diagnose erst nach Stunden mühevoller Untersuchung gefunden.

Woran erkennt man Patienten mit einem kongenitalen Fixationsnystagmus?
- Diese Personen wissen, daß sie Augenbewegungen haben, die durch Fixation verstärkt werden. Sie bemühen sich deshalb, ihren Gesprächspartner nicht anzusehen. *Sie halten in der Regel den Kopf gesenkt,* sie wirken deshalb scheu (Abb. 50).
- Die Patienten stellen ihre Augen in die Richtung ein, in welcher der Nystagmus die geringste Stärke hat (Minimumstellung). Dann drehen sie den Kopf so, daß die Augen in dieser Stellung nach vorne gerichtet sind (Abb. 51). Dies ergibt eine charakteristische Kopfhaltung, die man auch auf allen Fotos des Patienten wieder erkennen kann.

Differentialdiagnostisch müssen vom angeborenen Fixationsnystagmus abgegrenzt werden:

1. Der erworbene Fixationsnystagmus

Schädigungen im Bereich des Hirnstamms und des Zerebellums infolge Hypoxie, Schädel-Hirntraumen, multipler Sklerose usw. erzeugen meist einen zentral-vestibulären Nystagmus. Jedoch kann selten auch ein Fixationsnystagmus entstehen. Bei der Begutachtung von Unfallfolgen kann die Abgrenzung von einem angeborenen Fixationsnystagmus sehr schwer sein. Neurologische und audiologische Begleitsymptome, die bei der angeborenen Form nicht vorkommen, helfen dann, die Unfallgenese zu untermauern.

2. Der Blindennystagmus
(engl.: sensory deprivation nystagmus)

Dieser Nystagmus entsteht, wenn eine afferente Sehstörung vorliegt, aber nicht nur bei vollständiger Erblindung, wie die deutsche Bezeichnung vermuten läßt. Es fehlt die Fähigkeit des Blickfolgesystems, ein Ziel exakt auf der Fovea zu halten sowie die Fähigkeit zu Korrektursakkaden. Beim Blick geradeaus entstehen regelmäßige, zum Teil aber auch völlig unregelmäßige Pendelbewegungen, die beim Blick nach rechts und links jeweils in einen Rechts- bzw. Linksnystagmus übergehen (Abb. 52). In der Regel nimmt die Stärke der Augenbewegungen, aber auch ihre Unregelmäßigkeit mit dem Ausmaß der Sehstörung zu. Häufig sind kompensatorische Kopfpendelbewegungen in entgegengesetzter Richtung vorhanden, besonders wenn mit dem geschwäch-

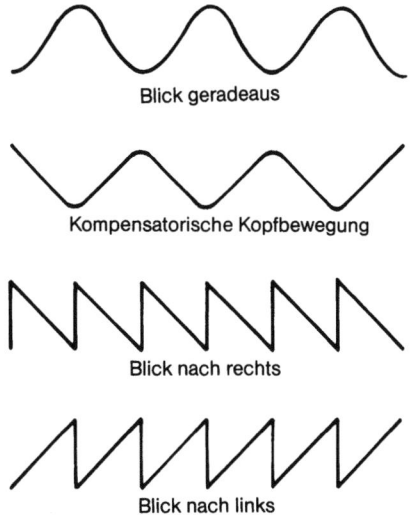

Abb. 52. Charakteristische Augenbewegungen und kompensatorische Kopfbewegungen bei afferenten Sehstörungen (Blindennystagmus).

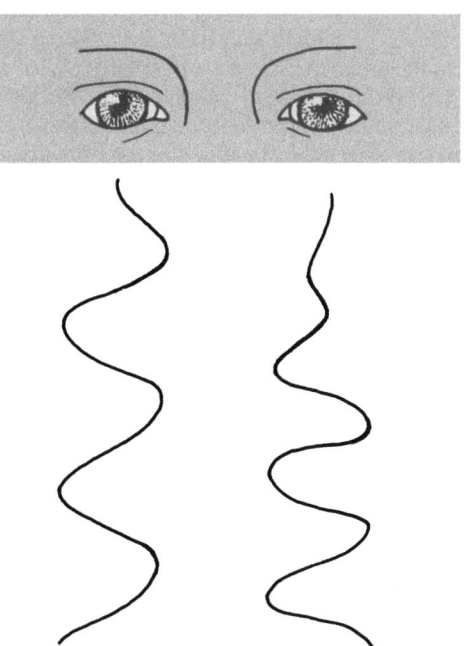

Abb. 53. Unsymmetrischer und unregelmäßiger Nystagmus der Bergarbeiter

ten optischen System versucht wird, etwas zu lesen (COGAN, METZ, GAY, KORNHUBER). Als Ursache kommen neben Schäden an der Netzhaut kongenitale Katarakte, Optikusatrophie, Achromatopsie (Farbenblindheit) und Albinismus in Frage.

In die Gruppe der Nystagmusbilder bei Sehstörungen gehören noch zwei weitere Krankheitsbilder.

a) Der latente Schielnystagmus

Dieser Nystagmus findet sich bei etwa 20% der Patienten mit einem angeborenen Strabismus (3% der Gesamtbevölkerung). Er tritt nur auf, wenn ein Auge abgedeckt wird. Die rasche Phase schlägt dann zum nicht abgedeckten Auge.

b) Der Bergarbeiternystagmus

Er wurde am Anfang dieses Jahrhunderts hauptsächlich in England bei Arbeitern im Steinkohlebergbau beobachtet und wurde auf

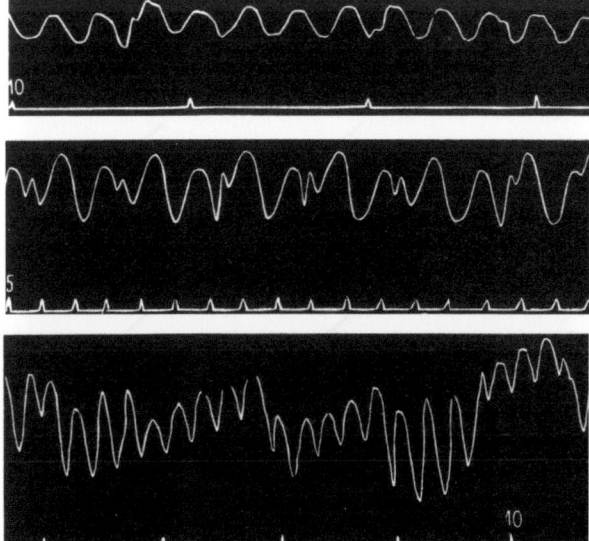

Abb. 54. Verschiedene Arten eines Bergarbeiternystagmus registriert mit der Hebelnystagmografie nach OHM.

die schlechte Beleuchtung unter Tage zurückgeführt. Er bildete sich nach Beendigung der Dunkelarbeit meist in etwa zwei Jahren zurück. Der Nystagmus war – ähnlich dem Blindennystagmus – oft pendelförmig, im Vergleich zu diesem aber unregelmäßig und unsymmetrisch (Abb. 53).
Ein Bergarbeiternystagmus trat in der Regel erst nach 25 Arbeitsjahren unter Tage auf. Er ist bei der verbesserten Beleuchtung heute nicht mehr anzutreffen. Originalableitungen mit der Hebelnystagmografie findet man bei OHM (1943; Abb. 54).

3. Der blickparetische Nystagmus

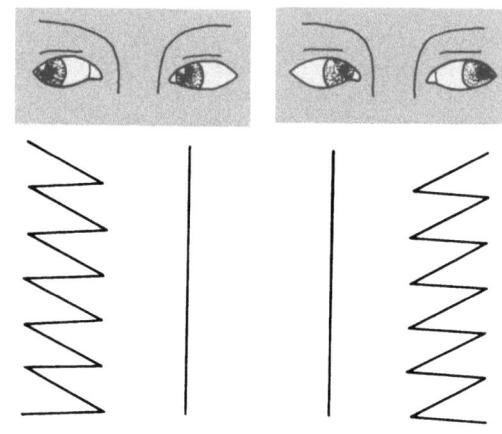

Abb. 56. Dissoziierter Blickrichtungsnystagmus.

Ein blickparetischer Nystagmus entsteht bei Läsionen in den Gebieten des optischen Systems, die für konjugierte Augenbewegungen verantwortlich sind. Eine bestimmte Blickrichtung ist eingeschränkt (Abb. 55). Der Nystagmus ist grobschlägig und niederfrequent. Die rasche Phase schlägt in Richtung der eingeschränkten Bulbusbewegung. Bei einer einseitigen Störung im Bereich der Augenmuskelkerne tritt der Nystagmus nur am betroffenen Auge auf. Bei supranukleären Störungen mit beidseitiger Blickparese findet sich der Nystagmus auf beiden Augen.

4. Der dissoziierte Blickrichtungsnystagmus (internukleäre Ophthalmoplegie oder Syndrom des medialen Längsbündels)

Dieses Phänomen ist nur feststellbar beim Blick zur Seite. Dabei zeigt das abduzierte Auge deutlich einen Nystagmus in Blickrichtung (Abb. 56). Bei experimenteller Reizung des Gleichgewichtsorganes beobachtet man an dem Auge, das auf der Seite der schnellen Phase liegt, deutlich stärkere Amplituden. Die Schädigung liegt im Hirnstamm kontralateral zum abduzierten Auge. Bei bilateraler Störung besteht häufig eine multiple Sklerose, die das mediale Längsbündel befallen hat. Bei einseitiger Störung findet man meist eine vaskuläre Störung im Bereich des Hirnstamms.
Ein dissoziierter Blickrichtungsnystagmus ist ein sicheres und frühes Zeichen für eine multiple Sklerose.

5. Seltene pathologische Augenbewegungen

a) Der Schaukel- oder See-saw-Nystagmus

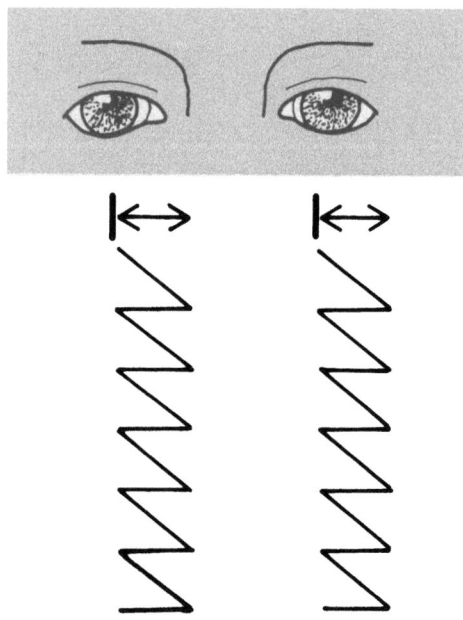

Abb. 55. Blickparetischer Nystagmus nach rechts bei Blickintention nach rechts

Bei diesem Phänomen besteht ebenfalls eine Dissoziation der Augenbewegungen. Dabei sinkt ein Auge ab, und das andere Auge steigt nach oben. Gleichzeitig bestehen zum Teil Drehbewegungen der Augen in entgegengesetzter Richtung. Die Erscheinung beruht auf einer Läsion im vorderen Anteil des 3. Ventrikels oder im Bereich des rostralen Mittelhirns (BRANDT, SANO). Sie kommt aber auch vor bei sellären und parasellären großen Tumoren, die eine bitemporale Hemianopsie herbeiführen.

b) Periodisch alternierende Blickdeviationen

Es handelt sich um eine seltene, erst in letzter Zeit beobachtete Störung der Augenmotilität, wobei spontane, rechteckförmige, laterale Augenbewegungen mit einer Periodendauer von jeweils 1-2 Sekunden auftreten. Im Verlauf der Deviationsbewegung kann es zu langsamen Lidkontraktionen kommen. Als Ursache werden vaskuläre, zum Teil schwere Läsionen im Bereich der Mittelhirnhaube, besonders des Nucleus interstitialis Cajal und des Nucleus Darcchevich, über die eine deszendierende Kontrolle der Vestibulariskerne erfolgt, angesehen. Aber auch Schäden im Vestibulocerebellum können dieses Phänomen auslösen (CRAMON).

c) Langsame pendelförmige Augenbewegungen (roving eye movements)

Sie treten in oberflächlichen Komastadien und bei Narkoseein- und -ausleitung auf, aber auch beim Gesunden im Schlafstadium I-III. Sie haben meist horizontale Richtung, eine sehr niedrige Frequenz und eine große Amplitude. Diese Augenbewegungen können willkürlich nicht ausgeführt werden.

d) Hüpfende Augenbewegungen (ocular bobbing)

Es kommt dabei zu konjugierten, raschen Abwärtsbewegungen der Bulbi, die sofort oder nach einem Intervall langsam zur Primärposition zurückdriften. Diese Augenbewegungen kommen im tiefen Koma vor und sind häufig nur präterminal vorhanden.

Übersichtsarbeiten: Brandt und Büchele 1983; Gay et al. 1974; Kornhuber 1966 und 1974; Schmidt und Löhe 1980

Voraussetzungen und Methoden zur Beobachtung und Registrierung eines Nystagmus

Zunächst muß die Grundtatsache erneut betont werden, daß der unwillkürlich und unbewußt ablaufende Kompensationsreflex, der Nystagmus, der bei Körperbewegungen ständig für ein stabiles Abbild der Umwelt auf der Netzhaut sorgt, durch eine willkürliche Augenbewegung, wie z. B. das Fixieren, außer Kraft gesetzt wird.

Man kann dies an sich selbst beobachten: Dreht man den Kopf mit mittlerer Geschwindigkeit hin und her, dann bleibt das Bild der Umwelt scharf. Fixiert man einen Finger, der in ca. 30 cm Abstand mit dem Kopf bewegt wird, dann ist das Bild der Umwelt während der Bewegung verwischt, da durch die Fixation der Kompensationsreflex ausgehoben ist.

Der Kompensationsreflex (Nystagmus) ist der Fixation untergeordnet. Um einen vestibulären Nystagmus sehen zu können, muß daher zuerst die optische Fixation ausgeschaltet werden. Dies läßt sich einerseits durch eine Brille mit Lupengläsern, andererseits in vollständiger Dunkelheit verwirklichen.

Lupengläser verhindern das Scharfsehen. Im abgedunkelten Raum wird außerdem die Fixation unmöglich. Der Untersucher kann durch die vergrößernden Lupengläser die Augenbewegungen gut beobachten.

Herrscht absolute Dunkelheit im Untersuchungsraum, oder werden die Augen abgedeckt, so ist die Fixation eines Gegenstandes auch ohne Lupenbrille schon ausgeschlossen. Allerdings können die Augenbewegungen jetzt nicht mehr direkt beobachtet werden. Sie werden entweder elektrisch (Elektronystagmographie), fotoelektrisch (Foto-Elektronystagmographie) oder optisch über Fernsehkameras und andere Verfahren aufgezeichnet.

Die aufgeführten Verfahren werden nun im einzelnen besprochen.

Die Beobachtung des Nystagmus mit der Leuchtbrille nach FRENZEL

1925 wurde auf der Sitzung des Medizinischen Vereins Greifswald von H. FRENZEL (Abb. 57) eine Zelluloid-Autobrille zur Beobachtung von Augenbewegungen vorgestellt, deren Gläser gegen Lupen mit +20 Dioptrien ausgetauscht worden waren (Abb. 58). Zwei Taschenlampenbirnchen, die seitlich im Inneren der Brille angebracht waren, ermöglichten die Beobachtung der Augenbewegungen im Dunkelraum. Die Beleuchtung der Brille verhinderte überdies die Fixation, da es unmöglich ist, zu fixieren, wenn man vom Hellen ins Dunkle blickt. Damit war die bereits vor dieser Zeit bekannte Lupenbrille nach BARTELS, die keine Beleuchtung hatte, entscheidend verbessert worden.

Mit der Leuchtbrille nach FRENZEL war es möglich geworden, auch ohne die aufwendigen bisher bekannten mechanischen und optischen Hilfsmittel einen Nystagmus zu erkennen und Gleichgewichtsstörungen zu diagnostizieren. Es kam zu einer bedeutenden Intensivierung der vestibulären Forschungstätigkeit.

Die Frenzelbrille ist auch heute noch ein unentbehrliches Hilfsmittel bei jeder Gleichgewichtsprüfung. Einige wichtige Nystagmusformen, wie z. B. der rein rotierende und der Lage- und Lagerungsnystagmus können sogar nur mit der Leuchtbrille entdeckt werden.

Abb. 57. HERMANN FRENZEL 1895–1967

> Eine vollständige Gleichgewichtsprüfung beinhaltet immer die Untersuchung mit der Leuchtbrille.

Verschiedene Leuchtbrillenmodelle sind auf dem Markt.

1. Einfache Leuchtbrille (Abb. 59): Die Stromversorgung der Leuchtbirnen erfolgt über ein Kabel von einem Transformator.
Vorteil: Gleichmäßige Helligkeit, geringes Gewicht, unerheblicher Stromverbrauch.
Nachteil: Kabel verwindet sich und stört bei der Lagerungsprüfung.
2. Leuchtbrille mit Batteriehandgriff (Abb. 60):
Vorteil: Bewegungsfreiheit bei der Lage- und Lagerungsprüfung.
Nachteil: – wechselnde Helligkeit bei Beleuchtung. Frisch geladene Batterien geben zu helles, schwache Batterien zu wenig Licht.
– hoher Batterienverbrauch – (zu verbessern bei Verwendung wiederaufladbarer Akkus).
3. Leuchtbrille mit aufklappbaren Gläsern:
Vorteil: man kann die Augenbewegungen in raschem

Abb. 58. Die von FRENZEL für die Nystagmusbeobachtung umgebaute Autobrille.

Abb. 59.
Leuchtbrille nach FRENZEL.
Stromversorgung durch
Transformator.

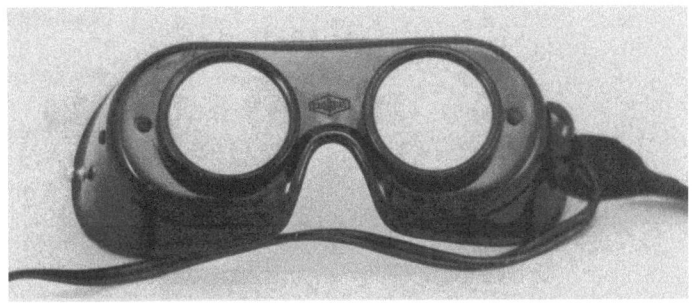

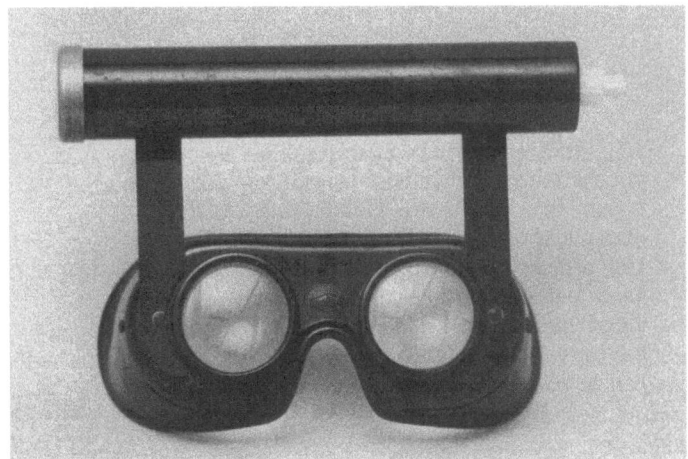

Abb. 60.
Leuchtbrille nach FRENZEL
mit Batteriehandgriff.

Wechsel mit und ohne Fixationsmöglichkeit betrachten. In Untersuchungspausen kann die Brille aufgeklappt bleiben.
Nachteil: Die mit einem Gummiband am Kopf befestigte Brille wird bei längeren Untersuchungen durch ihr Gewicht unangenehm.
Dieses Modell ist entbehrlich. Man kann das einfache Modell, statt es mit einem Gummiband am Kopf zu befestigen, dem Patienten vorhalten bzw. abnehmen, wenn der Untersuchte fixieren soll.

Praktische Hinweise für die Benützung der Leuchtbrille

Der Untersuchungsraum muß stark abgedunkelt sein, sonst können besonders helle Gegenstände wie Arztkittel usw. schemenhaft erkannt und fixiert werden.
In der Leuchtbrille befinden sich die beiden Lichtquellen an den Seiten (Abb. 61), damit sie nicht fixiert werden können. Zu große Helligkeit führt zu Blendeffekten mit gehäuftem Blinzeln; das erschwert die Beobachtung.
Ein schwacher Nystagmus wird durch zu helles Licht unterdrückt. Die Helligkeit ist richtig, wenn der Leuchtfaden der Birnchen gerade weiß glüht.
Bei Transformatorbetrieb und 6 V-Birnchen ist die optimale Helligkeit bei einer Betriebsspannung von 2 V gegeben. Bei Batteriebetrieb sollte man die Frenzelbrille nach dem Einsetzen

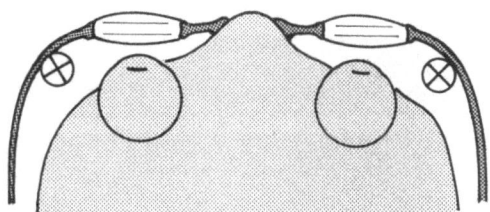

Abb. 61. Horizontalschnitt durch eine Frenzelbrille.

42 Der Nystagmus und seine Registrierung

Abb. 62. Nystagmusbeobachtung mit einer Ohrlupe.

Die Registrierung von Augenbewegungen

1. Geschichtlicher Überblick

a) Mechanische Methoden

Die ersten Versuche, Augenbewegungen mechanisch zu untersuchen, wurden in der 2. Hälfte des 19. Jahrhunderts gemacht. Die einfachste Methode bestand

Abb. 63. JOHANNES OHM 1880–1961

neuer Batterien 5 Minuten lang brennen lassen, um die immer vorhandene Überladung abzubauen. Bei Akkubetrieb kommt eine Überladung nicht vor.

Hat man keine Frenzelbrille zur Hand, dann kann man einen starken Nystagmus auch mit einer Ohrlupe feststellen (Abb. 62). Der Raum muß so weit abgedunkelt sein, daß man die Augen gerade noch erkennen kann.

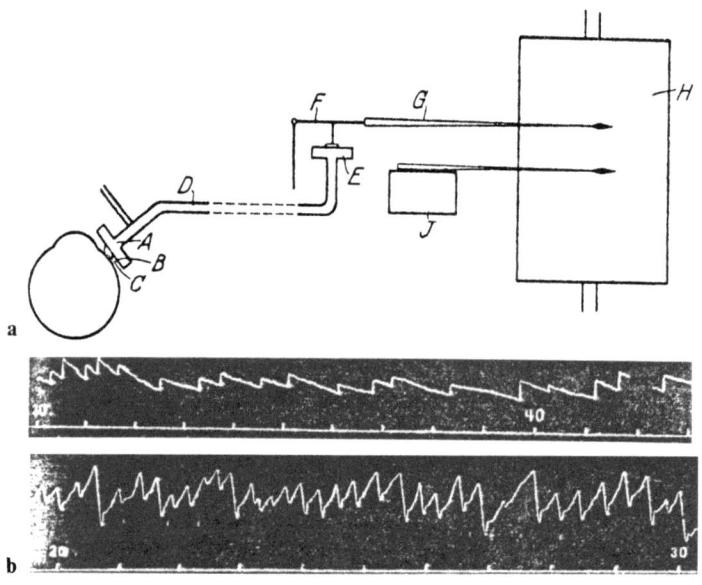

Abb. 64 a, b.
Ohmscher Hebelnystagmograf mit Zeitmarkierung.
a das Hebelsystem setzt am anästhesierten Auge an. Es überträgt die Augenbewegungen am Punkt E auf eine extrem leichte, ausbalancierte Feder (F + G). Sie ritzt zusammen mit einer Feder I für die Zeitmarkierung die Augenbewegung auf eine sich drehende gerußte Trommel H. **b** Zugehörige Nystagmusregistrierung.

darin, den Zeigefinger auf das geschlossene Oberlid zu legen. Man konnte damit die Bewegungen der Hornhaut erfühlen (MACH 1873). Diese Methode wurde später verfeinert durch Auflegen einer luftgefüllten Blase auf das Augenlid. Gemessen wurde die Volumen- und Druckänderung der Luft innerhalb der Blase (BUYS 1909). Registriert wurde auch durch Auflegen einer kleinen Gummimembran auf den Bulbus und durch Hebelübertragungen (WITMER 1917). Direkte Bewegungsübertragungen über leichte Stäbe, die am anästhesierten Auge befestigt waren, wurden von BERLIN 1891, DELABARREE (1898) und von CORDS (1927) verwendet. Der Augenarzt JOHANNES OHM aus Bottrop (Abb. 63) führte 1928 mit seinem Hebelnystagmografen (Abb. 64) zum ersten Mal Reihenuntersuchungen an Bergarbeitern durch und klärte den Bergarbeiternystagmus auf (s. S. 37).

b) *Fotografische Methoden*

Eine direkte fotografische Aufnahme der Augenbewegungen wurde erstmals 1899 von DODGE angefertigt (Abb. 65). Das Bild des Auges wurde dabei auf eine vertikale fotografische Platte fokussiert, die durch die viskösen Kräfte eines Ölbades, oder später (1901) durch Luftdruck gebremst, mit konstanter Geschwindigkeit nach unten fiel. Dadurch konnte die Verlagerung der Hell-Dunkel-Grenzen des Auges auf der Platte direkt abgelesen werden. Diese Methode wurde durch die Entwicklung der Filmkamera verfeinert (DODGE 1907, JUDD 1905, TOTTEN 1926). DODGE und CLINE benutzten 1901 eine raffinierte stroboskopische Aufnahmetechnik, die in Abb. 66 erläutert wird.

Heute gewinnt die direkte Aufzeichnung der Augenbewegungen mit Video-Kameras zunehmend an Bedeutung (LLEWELLYN-THOMAS 1960, YOUNG 1963). Eine weitere, elektronisch allerdings sehr aufwendige Methode registriert die Augenbewegungen mit CCD-Kameras (Charged Coupled Device). Dabei werden die Helligkeitswerte des Auges und deren Veränderungen mit einem facettenartigen Detektor von 244- × 190 Fotosensoren abgetastet. Die gemessenen Werte werden digitalisiert. Ein nachgeschalteter Computer berechnet die Stellung und Bewegung des Augapfels.

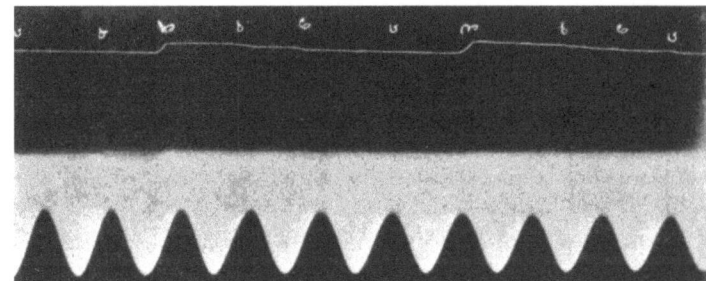

Abb. 65.
Direkte fotografische Augenbewegungsregistrierung aus dem Jahr 1899 (DODGE).

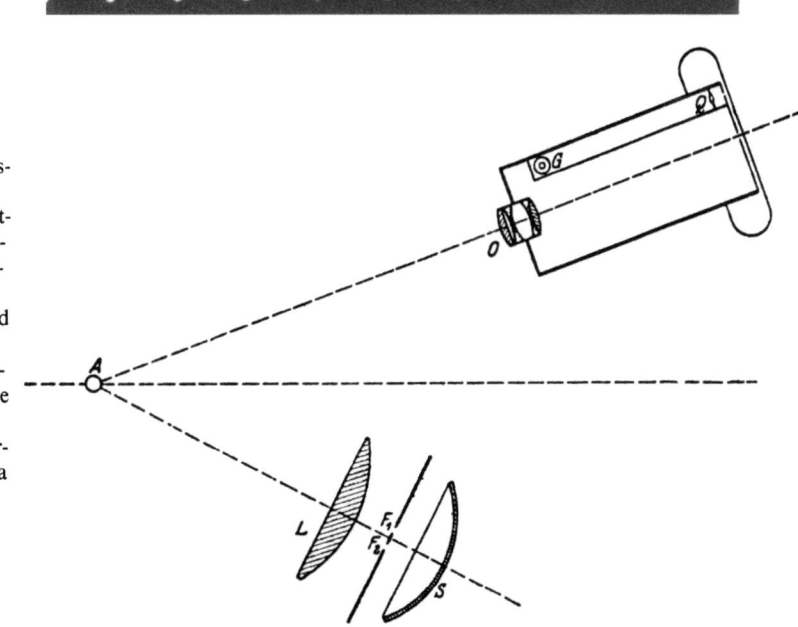

Abb. 66.
Stroboskopische Nystagmusregistrierung nach DODGE und CLINE (1901). Der Lichtblitz wurde mit einem Lichtbogen zwischen den Metallfäden $F1$ und $F2$ erzeugt und über ein Spiegel-*(S)* und Linsen *(L)*-System auf das Auge *(A)* fokussiert. Die Reflektion des Lichtes am Auge A wurde mit einer Kamera aufgenommen. Zur Zeitmarkierung besaß diese Kamera ein eigenes kleines Stroboskop *(G)*.

44 Der Nystagmus und seine Registrierung

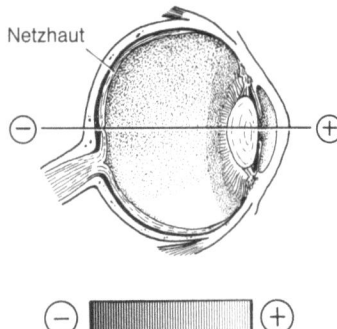

Abb. 67. Das korneoretinale Potential zwischen Netzhaut und Hornhaut *(oben)* bildet physikalisch einen beweglichen elektrischen Dipol *(unten)*.

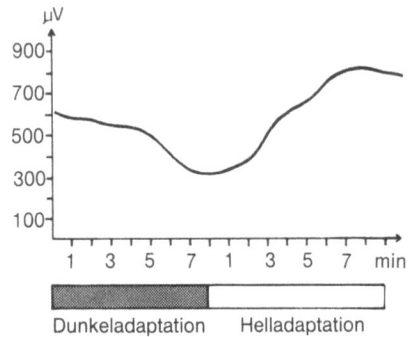

Abb. 68. Veränderung des korneoretinalen Potentials bei Abdunklung und Beleuchtung des Auges. (Nach SACHSENWEGER).

2. Die Elektronystagmografie

a) Elektrische und elektrophysiologische Grundlagen

Im Augapfel besteht eine elektrische Spannung zwischen der positiv geladenen Hornhaut (vorderer Augenpol) und der negativ geladenen Netzhaut (hinter Augenpol). Die Spannung wird als korneoretinales Potential bezeichnet (Abb. 67). Dieses Potential läßt um das Auge herum ein elektrisches Feld entstehen, dessen Richtung sich bei Augenbewegungen in charakteristischer Weise verschiebt. Das Auge stellt also einen beweglichen elektrischen Dipol dar.

Zwei Mechanismen bauen das korneoretinale Potential auf:

1. Ein vom Lichteinfall unabhängiger Anteil kommt wahrscheinlich durch das Donnan-Gleichgewicht zwischen intraokulärer Flüssigkeit und Blut zustande, die verschiedene elektrische Eigenschaften haben.
2. Ein vom Lichteinfall abhängiger Anteil entsteht in den Sinneszellen der Netzhaut. Bei Abdunkelung verkleinert sich das Potential in Form einer gedämpften Schwingung (Abb. 68). Ein sogenanntes Dunkeltal wird nach 8–10 min erreicht. Bei Belichtung des Auges wächst das Potential wieder an. Der „Lichtgipfel" ist nach ca. 10–12 min erreicht (SACHSENWEGER).

Wenn Augenbewegungen mit Hilfe des korneoretinalen Potentials sehr genau gemessen werden sollen, wie dies bei wissenschaftlichen elektronystagmografischen Untersuchungen erforderlich ist, dann muß nach Abdunkelung bis zur Einstellung des konstanten Ruhepotentials mindestens 15 Minuten gewartet werden.

b) Ableitung des korneoretinalen Potentials

Dreht sich der Augapfel, dann dreht sich das elektrische Feld mit ihm. Wenn Elektroden temporal befestigt werden, dann sind sie stationär gegenüber dem sich drehenden elektrischen Feld. Man kann bei Augendrehungen dann die Änderung des Potentials abgreifen und an einem Meßgerät sichtbar machen. Da die Stärke des Zeigerausschlages am Meßgerät der Amplitude der Augenbewegungen bis etwa 30° proportional ist, kann die Stärke der Augenbewegung in diesem Bereich am Zeigerausschlag direkt abgelesen werden.
Bei fortlaufender Registrierung der Potentialänderungen mit einem Schreiber entsteht ein Elektrookulogramm (EOG). Wird es zur Registrierung eines Nystagmus verwendet, wird der Begriff Elektronystagmogramm (ENG) gebraucht.

c) Entstehung des Elektrookulogramms

Beim Blick geradeaus (Abb. 69) verläuft die Bipolachse des Auges senkrecht zur Elektrodenachse. Es wird das Ruhepotential abgeleitet. Der Zeiger am Meßgerät wird auf Null gestellt. Beim Blick nach links (Abb. 70) ist die Netz-

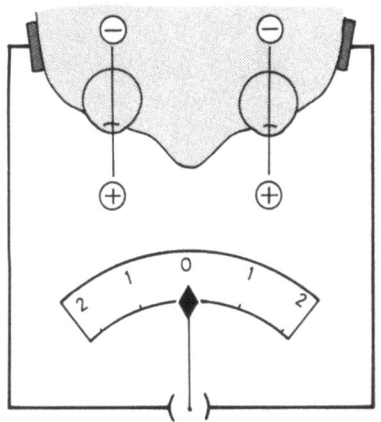

Abb. 69. Elektrische Grundlagen bei der Ableitung eines Elektrookulogramms. Ruhestellung beim Blick geradeaus.

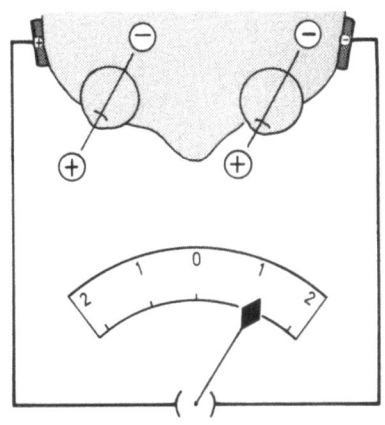

Abb. 70. Veränderung des Ruhepotentials beim Blick nach links.

haut des rechten Auges der rechten Elektrode näher, die ein negatives Potential abgreift. Die Netzhaut des linken Auges hat sich von der linken Elektrode entfernt, die positive Hornhaut dagegen hat sich ihr angenähert. Die linke Elektrode greift deshalb ein positives (oder besser: ein weniger negatives) Potential ab. Die Potentialänderung an den Elektroden erzeugt am Meßgerät einen Zeigerauschlag.

Beim Blick nach rechts (Abb. 71) wird entsprechend von der linken Elektrode ein negatives und von der rechten Elektrode ein positives Potential abegriffen.

Übersichtsarbeit: Mackensen und Kommerell 1977

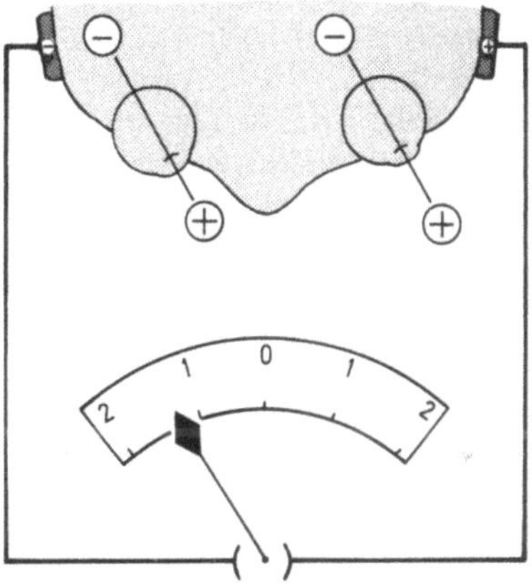

d) Technik der Ableitung

Das korneoretinale Potential wird mit Hautelektroden aufgenommen. Je nach den klinischen Erfordernissen kann das Potential von jedem Auge getrennt (monokulär) oder von beiden Augen gemeinsam (binokulär) abgeleitet werden. Die binokuläre Ableitung ist möglich, weil sich beim Gesunden beide Augen synchron bewegen.

Bei *monokulärer* Ableitung (Abb. 72 und 73) liegt eine Elektrode (1) temporal am lateralen Augenwinkel, die zweite Elektrode (2) liegt am Nasenabhang in Höhe des medialen Augenwinkels. Am anderen Auge wird mit den Elek-

Abb. 71. Veränderung des Ruhepotentials beim Blick nach rechts.

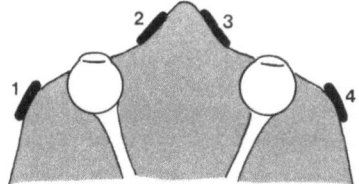

Abb. 72. Elektrodenposition bei monokulärer *(1 + 2)* und *(3 + 4)* sowie binokulärer *(1 + 4)* Ableitung.

troden (3) und (4) entsprechend abgeleitet. Bei *binokulärer* Ableitung (Abb. 72 und 74) liegen die beiden Elektroden 1 und 4 an den äußeren Augenwinkeln.

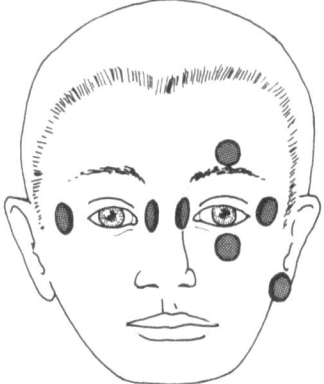 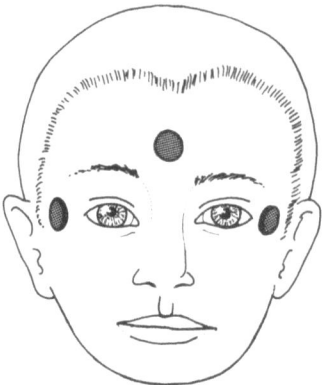

Abb. 73. Elektrodenposition bei monokulärer horizontaler und vertikaler Ableitung.

Abb. 74. Elektrodenposition bei binokulärer Ableitung.

Die Potentialänderungen pro Winkelgrad Augenbewegung betragen bei monokulärer Ableitung 4–12 µV (entspricht 0,000004 V) und bei binokulärer Ableitung 5–18 µV (CLAUSSEN). Zum Vergleich: Beim EKG beträgt die Änderung des elektrischen Feldes ca. 1000 µV pro Herzaktion. Beim EEG kann man Spannungsamplituden bis zu 500 µV messen.

Mit der bisher beschriebenen Elektrodenanordnung können nur *horizontale* Augenbewegungen erfaßt werden, die im täglichen Leben am häufigsten vorkommen. *Vertikale* Augenbewegungen werden mit zwei weiteren Elektroden an der Wange und an der Stirn abgeleitet (Abb. 73). In der Regel begnügt man sich mit der vertikalen Ableitung an einem Auge.

Zusätzlich zu den beiden aktiven Elektroden muß noch eine sogenannte *Null-Elektrode* am Körper vorhanden sein. Diese Elektrode verbindet den Körper mit dem Nullpunkt des Verstärkers. Die Null-Elektrode wird entweder in Stirnmitte oder am Ohrläppchen befestigt.

Die elektronystagmographische Registrierung kann Augendrehungen von 1–2 Winkel-Grad noch auflösen. Die dabei auftretenden winzigen Potentialschwankungen müssen ca. einmillionfach verstärkt werden. Artefizielle Störungen bei der Ableitung und beim Transport des Signals werden entsprechend mitverstärkt. Sie können dabei so groß werden, daß sie die Änderung des elektrischen Feldes der Augenbewegung vollständig überdecken. Dies macht deutlich, wie wichtig eine in allen Einzelheiten sorgfältige Ableittechnik für eine wirklich einwandfreie Nystagmusregistrierung ist.

e) Vorbereitung der Haut

Vor dem Aufbringen der Elektroden muß die Haut gründlich mit Alkohol entfettet und gereinigt werden, denn Fette stören den elektrischen Haut-Elektrodenkontakt. Die gebräuchlichsten Elektroden werden mit Doppelkleberingen befestigt. Diese haften auf fettfreier Haut besser.

f) Elektrodentechnik

Auf dem Markt befinden sich unterschiedlich gebaute Elektroden, die nicht alle zur Ableitung dieses Potentials verwendet werden können:

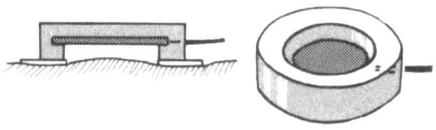

Abb. 75. Napfförmige Elektrode in Kunststoffausführung.

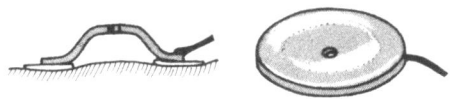

Abb. 76. Napfförmige Elektroden in Ganzmetallausführung.

Abb. 77. Z-förmig gebogene Plattenelektrode.

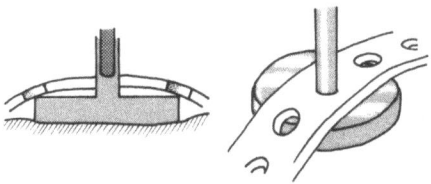

Abb. 78. Stempelförmige Elektroden.

– napfförmige Elektroden: sie bestehen entweder aus einem Kunststoffkörper mit einer Metallplatte am Napfboden (Abb. 75) oder sind ganz in Metall ausgeführt (Abb. 76). Beide Modelle werden mit Doppelkleberingen an der Haut befestigt. Der Napf wird mit einer elektrisch leitenden Elektrodenpaste oder -gel gefüllt (s. S. 48). Ganzmetallelektroden haben z. T. eine kleine Öffnung am Napfboden. Hier kann beim Aufkleben überschüssige Elektrodenpaste entweichen, oder es kann mit einer abgeschliffenen stumpfen Kanüle Elektrodenpaste nachgefüllt werden. Bei Untersuchungen, die mehrere Stunden dauern, ist es günstiger, die Elektroden zuerst anzukleben und erst dann Elektrodenpaste mit der Kanüle über diese Öffnung einzufüllen. Es wird dabei vermieden, daß Paste zwischen Doppelklebering und Haut gerät und damit das Haften der Elektrode beeinträchtigt.
– Gerade- oder Z-förmig gebogene Metallplatten: sie werden auf die Haut gelegt und dann mit Pflaster angeklebt (Abb. 77). Diese Elektroden haben den Nachteil, daß die Schicht von Elektrodenpaste zwischen Haut und Metallplatte nur dünn und mengenmäßig nicht definiert ist. Für Langzeituntersuchungen ist diese Elektrode weniger geeignet, da der dünne Pastenfilm von der Haut resorbiert werden kann.
– Stempelförmige Elektroden: es handelt sich um pilzförmige Elektroden, die auf die Haut gestellt und mit Gummilochbändern fixiert werden (Abb. 78). Sie sind bei elektroenzephalographischen Ableitungen gebräuchlich. Solche Elektroden sind für eine elektronystagmografische Untersuchung nicht geeignet, da sie weder am lateralen noch am medialen Augenwinkel adäquat befestigt werden können.

ENG-Elektroden bestehen aus Silber. Durch den Salzgehalt des Schweißes bildet sich mit der Zeit eine Schicht von Silberchlorid aus, die die Elektrode auf der Kontaktseite matt und schwarz werden läßt. Dieser Silberchloridbelag ist erwünscht, weil er als Puffer einer Polarisierung der Elektrode entgegenwirkt.

Unter *Polarisierung* versteht man die Änderung des Ruhepotentials zwischen zwei Elektroden bei ungleicher Schweißabsonderung. Der Salzgehalt und die Feuchtigkeit des Schweißes erzeugen bei ihrem Kontakt mit dem Metall der Elektrode eine sogenannte Kontaktspannung. Ist die Schweißabsonderung unter den Elektroden unterschiedlich stark, dann entsteht ein elektrisches Element mit zwei Spannungspolen. Es wird zusätzlich zum erwünschten Signal eine Gleichspannung abgegriffen, die zu einem erheblichen, langsamen Zeigerausschlag am Meß- oder Registriergerät führen kann (Drift).

Eine Silberelektrode wird durch einen Silberchloridbelag „schwer polarisierbar". Man bezeichnet sie etwas übertrieben als „unpolarisierbare Elektrode".

> Der Silberchloridbelag darf beim Reinigen der Elektrode nicht entfernt werden!

Industriell gefertigte Elektroden sind z. T. bereits chloriert. Sie gewährleisten über Jahre eine einwandfreie Ableitung. Bei Störungen und besonders vor wissenschaftlichen Langzeituntersuchungen muß bei Silberelektroden auf gute Chlorierung geachtet werden. Sie kann gefördert werden:

– *langsam:* wenn die Elektrode ständig in Salzlösung aufbewahrt wird.
– *schnell:* durch elektrische Chlorierung: Die Elektrode wird an den positiven Pol einer Gleichspannungsquelle (z. B. Taschenlampenbatterie 4,5 V) angeschlossen und wird ca. 5 Minuten in eine gesättigte Kochsalzlösung getaucht, die mit dem negativen Pol der Spannungsquelle verbunden ist. Es bildet sich dann an der Silberelektrode ein Belag von Silberchlorid.

Eine Silber-Silberchlorid-Elektrode hat auch Nachteile. Der Übergangswiderstand zwischen Haut und Elektrode ist größer. Dadurch werden an dieser Stelle vermehrt Störsignale aufgenommen (Rauschen, Brummen).

Unter *Rauschen* oder *Brummen* versteht man die Entstehung störender Potentiale an der Elektrode oder eine Einstreuung von störenden, meist sinusförmigen Potentialen auf induktivem oder elektrostatischem Weg in die Übertragungsstrecke zwischen Hautelektrode und Ableitgerät.

Widerstandsrauschen: An der Elektrode entsteht ein Widerstandsrauschen durch Wärmebewegung der Ladungsträger. Es handelt sich um ein weißes Rauschen, d. h. alle Frequenzanteile sind gleichmäßig vertreten. Die Stärke des Rauschens ist abhängig von der Höhe des Widerstandes. Widerstandsrauschen tritt auch an defekten Kabeln auf, besonders wenn oxydative Prozesse den Defekt mitverursacht haben. Der normalerweise sehr niedrige Widerstand eines Kabels steigt dann sehr stark an.

> Rauschen, das innerhalb von Tagen auftritt, ohne daß die Ableittechnik geändert worden ist, weist auf ein defektes Ableitkabel hin (brüchig, kalte Lötstellen am Stecker usw.).

Elektromagnetisches Rauschen: Eine elektromagnetische Einstreuung entsteht, wenn ein Ableitkabel durch das elektrische Wechselfeld eines benachbarten 220 V, 50 Hz Netzkabels geführt wird. Um diese sehr unangenehme Einstreuung zu vermeiden, sollte ein Ableitkabel *nie* in der Nähe eines Netzkabels verlegt werden. Besonders hoch ist die Einstreuung, wenn Netz- und Ableitkabel parallel verlaufen. Dasselbe passiert wenn das Ableitkabel durch das umgebende Magnetfeld eines Transformators geführt wird. Transformatoren finden sich in allen Geräten, meist an deren Rückseite. Die Drossel einer Neonröhre erzeugt ebenfalls ein störendes Magnetfeld. Es kann vermieden werden, wenn die Drossel außerhalb des Ableitraumes installiert wird. Wenn dies nicht möglich ist, dann sollte Neonbeleuchtung unbedingt vermieden werden.

Übersprechen: Eine Einstreuung durch Übersprechen liegt vor, wenn in einem mehradrigen Kabel neben der Übertragung eines schwachen Körpersignals (z. B. Nystagmus) ein starkes Signal, z. B. zur Steuerung eines Gerätes, geleitet wird. Die beiden parallel sehr nahe aneinanderverlaufenden Kabel wirken dann wie die parallelen Platten eines Kondensators, wobei das starke Steuersignal eine Potentialänderung auf das Ableitkabel überträgt (Übersprechen). In einem solchen Fall müssen die Kabel einzeln abgeschirmt oder getrennt verlegt werden.

Hochfrequenzstörung: Eine Einstreuung von hochfrequenten Radiofrequenzen besteht nahezu immer. Diese Frequenzen sind aber so hoch, daß sie bei der Elektronystagmographie nicht stören (s. Filtertechnik S. 53).

g) Elektrodenpaste, Elektrodengelee

Um den elektrischen Übergang zwischen Elektroden und Haut zu optimieren, wurden elektrolythaltige Pasten bzw. Gelees entwickelt, die eine sehr gute elektrische Leitfähigkeit besitzen. Sie enthalten zusätzlich Puffer, die einen Teil der im Schweiß vorhandenen Elektrolyte binden. Klinikapotheken neigen dazu, diese Substanzen aus Kostengründen selbst herzustellen. Dies ist bei Kurzzeitableitungen und bei der Ableitung größerer elektrischer Felder wie beim EKG möglich. Bei längerdauernden neurophysiologischen Ableitungen, besonders mit kleinen Elektroden, haben sich aber diese Substanzen nicht bewährt.

> Substanzen zur Übertragung des Ultraschalls sind für die Elektronystagmographie nicht geeignet, weil die Trägersubstanzen von der Haut resorbiert werden und die Elektroden dann austrocknen.

h) Technik der Potentialübertragung

Der Transport des Potentials mit abgeschirmten Kabeln von den Elektroden bis zum Registriergerät ist über eine Distanz von 2–3 m problemlos. Bei längeren Übertragungsstrecken und elektromagnetisch überlagerten Untersuchungsräumen (stark verkabelte Wände, Neonbeleuchtung) kann jedoch Rauschen bei der Registrierung auftreten. Um dies zu verhindern, muß das Potential möglichst nahe am Ableitort für den Transport in ein niederohmiges Potential umgewandelt werden, das weniger störanfällig ist.

Der Widerstand ist am Haut-Elektroden-Kontaktpunkt hoch, nämlich 2000–10000 Ohm. Damit nimmt das Potential leicht Störungen auf. Um den Widerstand auf das für den Transport geeignete Maß von 50–100 Ohm senken zu können, macht man sich die Eigenschaft eines jeden Verstärkers zunutze, unabhängig von der Verstärkung eines Potentials auch seinen Widerstand zu senken. Die hierzu verwendeten Geräte werden Vorverstärker oder Impedanzwandler (Impedanz = Widerstand) genannt. Üblicherweise ist die Verstärkerleistung nur gering, z. B. 10fach. Der technische Aufbau solcher Geräte ist mit den modernen integrierten Schaltkreisen einfach, Eigenbau ist möglich.

i) Technik der Verstärkung

Ein Großteil handelsüblicher Registriergeräte (Schreiber) haben einen genormten +/−1 V Eingang, d. h. ein Potential muß eine Spannung von 2 V aufweisen, um am Registriergerät einen Vollausschlag hervorzurufen. Zur Bewegung der Schreibvorrichtung in den Registriergeräten ist zudem eine gewisse Leistung nötig. Das korneoretinale Potential hat weder die geforderte Spannung noch die notwendige Leistung. Neben dem bereits erwähnten *Vorverstärker,* der zur Impedanzwandlung benützt wird, braucht man deshalb einen *Zwischen- oder Signalverstärker,* der die Spannung auf das geforderte Niveau von +/−1 V bringt, und einen *End- oder Leistungsverstärker,* der die Stromstärke erhöht. Letzterer hängt ab vom Strombedarf der Schreibsysteme und ist deshalb immer im Schreiber integriert.

Der Zwischenverstärker muß folgende Bedingungen erfüllen:

– Der Eingangswiderstand des Verstärkers muß wesentlich höher sein als der Widerstand des abgegriffenen Potentials, in der Regel über 1 M Ohm.
– Der Verstärker muß ein Differenzverstärker sein, d. h. das Potential von jeder Elektrode muß getrennt gegen die Null-Elektrode verstärkt werden.
– Der Verstärker muß Signale um das Einmillionfache verstärken können. EEG-Verstärker haben diesen Leistungsbereich, EKG-Verstärker in der Regel nicht. Sie verstärken nur ca. zehntausendfach.
– Der Verstärker muß in der Lage sein, einer Abwanderung des Signals durch Drift entgegenzuwirken. Dies geschieht technisch auf sehr unterschiedliche Weise.

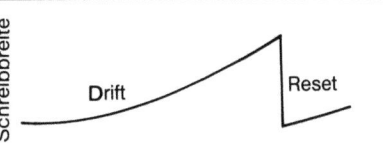

Abb. 79. Abwanderung eines Signals *(Drift)* und Rücksetzvorgang *(Reset).*

a) Das abgewanderte Signal wird durch manuelle oder automatische Zuschaltung einer gegengerichteten Spannung ruckartig zur Null-Linie zurückgesetzt (Abb. 79). Dieser Vorgang wird als „Reset" bezeichnet.
b) Das Signal durchläuft einen Widerstand (R) und einen in Reihe geschalteten Kondensator (C) (Abb. 80).

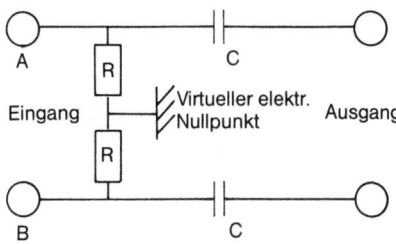

Abb. 80. Elektronische Widerstands-Kondensator-Kombination (R-C Glied) zur fortlaufenden Signalrückführung. *R* = Widerstand; *C* = Kondensator

Dieses sogenannte R-C Glied (Widerstand-Kondensator-Kombination) führt ein abgewandertes Signal von den Elektroden A und B exponentiell zur Null-Linie zurück. Die Geschwindigkeit, mit der die Null-Stellung erreicht wird, ist abhängig vom Produkt aus dem Widerstand und dem Kondensator. Es hat die Dimension einer Zeit.

$$R \cdot C = \frac{V}{A} \cdot \frac{A \cdot s}{V} = s$$

Es wird als die Zeitkonstante τ (Tau) des R·C-Gliedes bezeichnet. $\tau = \frac{1}{R \cdot C}$. Die Zeitkonstante τ ist die Zeit in Sekunden, in der ein um eine Spannung *n* abgewandertes Signal auf den Wert *n: e* zurückgeführt wird; *e* ist dabei die Basis des natürlichen Logarithmus; *e* = 2,7183.

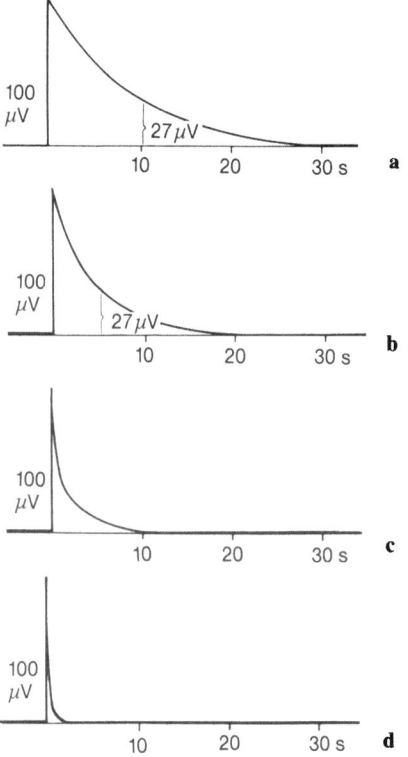

Abb. 81 a–d. Wechselspannungsableitung: Auswirkung verschiedener Zeitkonstanten (τ) auf ein rechteckförmig abgewandertes Signal. a $\tau = 10$ s, b $\tau = 5$ s, c $\tau = 1$ s, d $\tau = 0{,}1$ s

In der Zeit τ wird damit die Abwanderung auf etwa ⅓ reduziert.
Diese Ableitart wird als *Wechselspannungsableitung oder als AC-Ableitung* (von „Alternating Current") bezeichnet.

Beispiele:
– Eine Zeitkonstante von 10 s reduziert ein um 100 μV abgewandertes Signal in 10 s auf 27,183 μV (Abb. 81 a).
– Eine Zeitkonstante von 5 s reduziert das Signal in 5 s auf 27 μV (Abb. 81 b).
– Eine Zeitkonstante von 1 s reduziert das Signal in 1 s auf 27 μV (Abb. 81 c).

– Noch kleinere Zeitkonstanten machen das Signal nadelförmig (Abb. 81 d). Diese Form kann für andere diagnostische Vorhaben verwendet werden (s. S. 51).

Eine unendlich hohe Zeitkonstante reduziert das abgewanderte Signal nicht. Die Ableitung

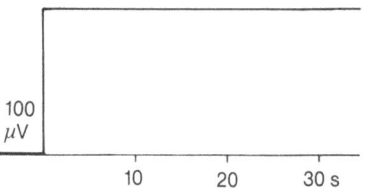

Abb. 82. Gleichspannungsableitung. Das abgewanderte Signal wird nicht zur Nullinie zurückgeführt.

bleibt unverändert (Abb. 82). Diese Ableitart wird als *Gleichspannungsableitung oder DC-Ableitung* (Direct Current) bezeichnet.

1. Die Gleichspannungsableitung. Bei dieser Technik durchläuft das Signal kein R-C-Glied. Die registrierte Kurve gibt dann die tatsächlichen Verhältnisse am Ableitort wieder. Nachdem die Kurve nicht an einer Grundlinie gehalten wird, sondern z. B. durch Drift abwandern kann, ist eine Schreibbreite von mindestens 8 cm Voraussetzung für die Gleichspannungsregistrierung.

Die Gleichspannungsableitung muß angewandt werden, wenn zusätzlich zum Nystagmus auch andere Vorgänge gemessen werden sollen, z. B. eine *Verlagerung des Schlagfeldes* des Auges.

Unter *Schlagfeldverlagerung* versteht man eine Positionsänderung des Augapfels in der Orbita während eines vestibulär oder optisch ausgelösten Nystagmus. Beim vestibulären Nystagmus wandert der Bulbus langsam in Richtung der langsamen Phase, das Auge „schlägt" dann nicht mehr im Bereich des Geradeausblickes, sondern beim Linksnystagmus in der rechten Hälfte der Augenhöhle, beim Rechtsnystagmus in der linken Hälfte. Bei einem optisch ausgelösten Nystagmus wandert das Auge in Richtung der schnellen Nystagmusphase, es läuft dem Reiz entge-

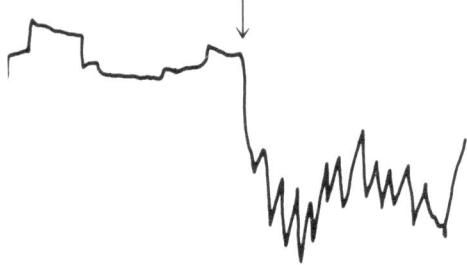

Abb. 83. Schlagfeldverlagerung in Richtung der schnellen Nystagmuskomponente bei einem optokinetischen Reiz ↓ = Reizbeginn.

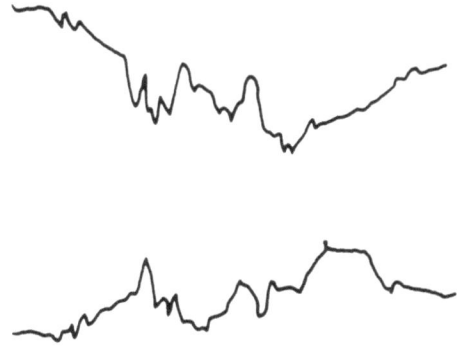

Abb. 84. Schlagfeldverlagerung bei Konvergenzbewegung beider Augen (monokuläre Ableitung).

gen (Abb. 83). Eine übermäßig starke Schlagfeldverlagerung ist ein Zeichen für Müdigkeit, aber auch für ausgedehnte Läsionen im Bereich des Hirnstammes (BLEGVAD; HENRIKSSON; NATHANSON).

Ein latentes Schielen, das bei vollständiger Dunkelheit oder im Verlauf einer Gleichgewichtsuntersuchung manifest werden kann, dämpft einen Nystagmus. Nur die Gleichspannungsableitung läßt diesen Befund an einer Konvergenz- oder Divergenzbewegung der Grundlinien erkennen (Abb. 84).

2. *Die Wechselspannungsableitung.* Je kleiner die Zeitkonstante, um so besser wird die Kurve an der Grundlinie gehalten, um so größer ist aber die Gefahr, daß sie verformt wird. Dies ist zuerst an einem steilen Abfall der Nystagmusspitzen zu erkennen, die bei einer Zeitkonstante von τ unter 1,5 s auftritt (Abb. 85). Sehr langsame Vorgänge, wie die langsamen Bulbusdeviationen des kindlichen Nystagmus oder ein schwacher Spontannystagmus können bereits bei Zeitkonstanten von $\tau = 2$ s verformt sein. Eine Ableitung mit einer Zeitkonstante von $\tau = 5$ s und mehr kommt der Qualität einer Gleichstromableitung nahe, ohne deren Nachteile aufzuweisen. Es ist dann aber entsprechend der Gleichstromableitung eine große Schreibbreite erforderlich.

Eine Zeitkonstante von 1 s erlaubt die Verwendung kleiner Schreibbreiten und damit billiger Schreiber. Langsame Vorgänge wie
– schwacher Spontannystagmus – Bulbusdeviationen bei Hirnstammprozessen –
Schlagfeldverlagerungen – langsame kindliche Nystagmusformen – und andere, werden mit dieser Ableittechnik *nicht* erfaßt.

Von PFALTZ wurde in einer Empfehlung zur Standardisierung von Gleichgewichtsprüfungen vorgeschlagen, Zeitkonstanten nicht unter 3 s zu verwenden (HENRIKSSON: 2–5 s). Dies bedeutet jedoch, daß eine Darstellungsbreite von 4 cm, wie sie in vielen handelsüblichen Schreibergeräten verwendet wird, zur Aufzeichnung *nicht* mehr ausreicht.

3. *Wechselspannungs-Ableitungen mit sehr kurzer Zeitkonstante.* Bei sehr kurzer Zeitkonstante wird das Signal nadelförmig, da es schon nach sehr kurzer Zeit zur Null-Linie zurückgeführt wird. Je schneller sich das Auge bewegt, um so höher kann der Zeiger ausschlagen bis er zur Grundlinie zurückgeholt wird (Abb. 86). Die Höhe des Nadelimpulses ist damit ein Maß für die Geschwindigkeit, mit der sich das Auge bewegt.

Abb. 85. Verformung der langsamen Phase des Nystagmus **a** bei zu geringer Zeitkonstante **b**

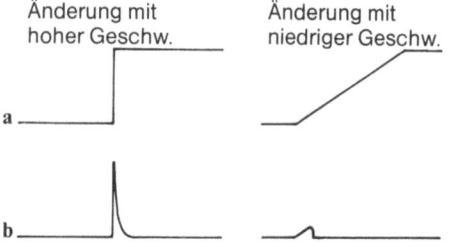

Abb. 86 a, b. Auswirkung einer sehr kurzen Zeitkonstante ($<0,1$ s) auf ein abwanderndes Signal. **a** Veränderung des Signals (Gleichstromableitung); **b** bei Wechselspannungsableitung ($\tau < 0,1$ s) bestimmt die Geschwindigkeit der Signalveränderung in **a** die Höhe des Impulses in **b**.

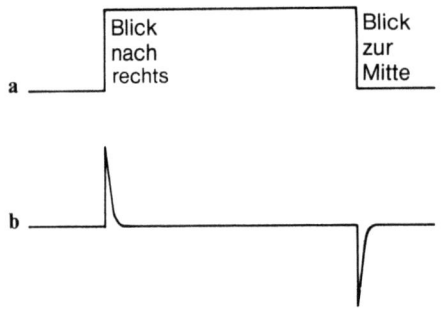

Abb. 87 a, b. Darstellung der Blickbewegungsrichtung bei Ableitung mit sehr kurzer Zeitkonstante. a Gleichstromableitung; b Wechselstromableitung ($\tau < 0,1$ s).

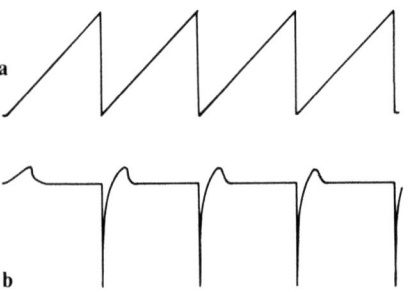

Abb. 88 a, b. Differenzierung eines Nystagmussignals. a Gleichspannungsableitung; b Wechselstromableitung ($\tau < 0,1$ s).

Die Richtung des Nadelimpulses gibt die Richtung an, in die sich das Auge bewegt hat (Abb. 87). Es ist zu beachten, daß der Nadelimpuls immer nur am Anfang jeder Bewegung auftritt. Im Verlauf der weiteren Bewegung mit gleicher Geschwindigkeit bleibt die Kurve dann auf der Grundlinie.

Diese von HENRIKSSON als *Derivationstechnik* bezeichnete Ableitart ist identisch mit einer Methode, die in der Technik als *Differenzierung* eines Signals bezeichnet wird.

Bei der Differenzierung eines Nystagmussignals (Abb. 88) wird die schnelle Phase wegen ihrer großen Geschwindigkeit besonders sichtbar. Diese Technik wird häufig benützt, um Ort und Richtung der schnellen Phase für eine spätere, computergestützte Auswertung zu definieren. Die Methode kann auch verwendet werden zur automatischen Bestimmung der Nystagmusfrequenz. Dabei werden Ausschläge ab einer bestimmten Höhe jeweils als eine schnelle Nystagmusphase gezählt. Es ist aber zu beachten, daß jede schnelle Willkürbewegung des Auges und auch Lidschläge als vermeintliche Nystagmusschläge mitgezählt werden. Der Fehler kann dadurch so bedeutsam werden, daß ein Vergleich mit der Originalkurve notwendig ist.

Bei sehr langsamer Papiergeschwindigkeit läßt sich mit dieser Ableittechnik annäherungsweise ein Überblick über den Verlauf einer vestibulären Reaktion gewinnen (Abb. 89). Eine korrekte Bewertung der Reaktionsstärke ist damit aber nicht möglich.

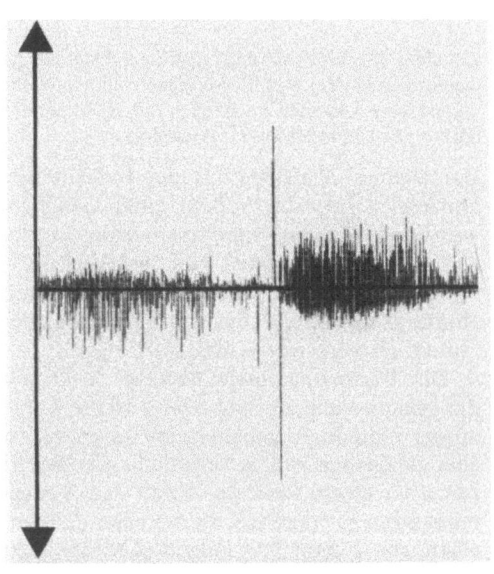

Abb. 89. Differenzierung eines thermischen Nystagmus und Darstellung mit sehr langsamer Papiergeschwindigkeit. *Linker Bildteil:* 44° links; langsame Phase oben, schnelle Phase unten. *Rechter Bildteil:* 44° rechts; langsame Phase unten, schnelle Phase oben. Deutlich sichtbar ist eine Seitendifferenz der Reizantwort.

Die Nystagmusdifferenzierung gibt annäherungsweise auch einen Überblick über den Verlauf der langsamen Phase des Nystagmus. Wegen der starken Artefaktüberlagerung gerade der langsamen Phase, kann eine analytische Aussage aber nicht gemacht werden. Analysegeräte, die auf dieser Technik basieren, sind wertlos.

k) Filtertechnik

Filter dienen dazu, Störpotentiale aus dem gewünschten Signal zu eliminieren.
Unregelmäßig auftretende Artefakte, wie Lidschläge und schnelle willkürliche Augenbewegungen sind einer schnellen Nystagmusphase so ähnlich, daß eine Trennung nicht möglich ist. Dagegen können hochfrequente regelmäßige Sinusschwingungen, wie z.B. das Widerstandsrauschen, durch die Wahl geeigneter Filter unterdrückt werden.
Filterqualitäten werden durch die Begriffe *Grenzfrequenz, Flankensteilheit* und *Gleichtaktunterdrückung* beschrieben.

Unter *Grenzfrequenz* versteht man die Frequenz, oberhalb oder unterhalb der die Frequenzen eines Signals unterdrückt werden. Zwischen der oberen und der unteren Grenzfrequenz liegt der Übertragungsbereich (Abb. 90).
Ein *Tiefpaßfilter* läßt tiefe Frequenzen passieren, es unterdrückt hohe Frequenzen oberhalb der oberen Grenzfrequenz. Ein *Hochpaßfilter* läßt hohe Frequenzen passieren und unterdrückt tiefe Frequenzen unterhalb der unteren Grenzfrequenz.

Die untere Grenzfrequenz ist im Fall der Wechselspannungsableitung durch die Zeitkonstante bestimmt nach der Formel:

$$Fg = \frac{1}{2\pi \cdot \tau}$$

Sie liegt bei einer Zeitkonstante von
$\tau = 0,1$ s bei 1,6 Hz.
$\tau = 1$ s bei 0,16 Hz
$\tau = 3$ s bei 0,06 Hz,

d.h. bei einer Zeitkonstante von 1 s werden Vorgänge unterdrückt, die langsamer als eine Sinusschwingung von 7,5 s Dauer ablaufen.
Bei einer Gleichspannungsableitung ist die untere Grenzfrequenz gleich Null, d.h. auch ganz langsam ablaufende Signale werden registriert.
Die obere Grenzfrequenz eines Filters muß, um ein Signal zuverlässig aufzeichnen zu können, weit oberhalb der maximal zu erwartenden Frequenz liegen. Die maximale Nystagmusfrequenz liegt bei etwa 7 Hz. Für die klinische Routineuntersuchung genügt eine obere Grenzfrequenz von 35 Hz. Damit werden zugleich Einstrahlungen der störenden Wechselstromfrequenz von 50 Hz vermieden.
Sollen noch raschere Vorgänge, wie z.B. Einstellsakkaden untersucht werden, dann muß die obere Grenzfrequenz des Filters noch höher, z.B. mit 70 Hz gewählt werden. Die Ausschaltung von eventuell auftretenden 50 Hz Wechselstromfrequenzen bei diesem Filtertyp gelingt durch Zuhilfenahme eines Kerbfilters (engl. notch-filter), das isoliert die 50 Hz-Frequenz blockiert (Abb. 91).

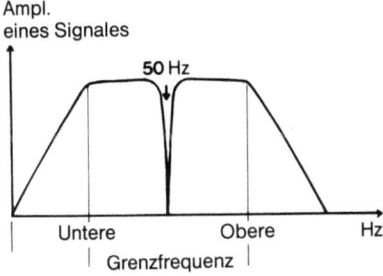

Abb. 91. Wirkungsweise eines Kerbfilters bei 50 Hz.

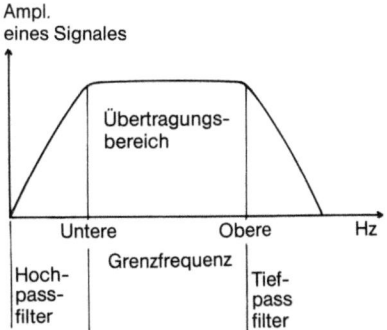

Abb. 90. Zuordnung von Grenzfrequenz, Filtern und dem Übertragungsbereich.

Unter *Flankensteilheit* eines Filters versteht man die Zeit, die vergeht, bis ein Filter in seinem speziellen Grenzbereich effektiv wird. Sie wird in dB-Abfall pro Frequenzoktave angegeben. Für die obere und untere Grenzfrequenz genügt eine Flankensteilheit von 18 dB. Ein scharfes Kerbfilter bei 50 Hz benötigt dagegen eine Flankensteilheit von ca. 40 dB.
Filter, besonders Kerbfilter, deren Flankensteilheit nicht hoch genug gewählt ist, können das Potential verformen. Man erkennt dies an einer Abrundung der Nystagmusspitzen (Abb. 92).

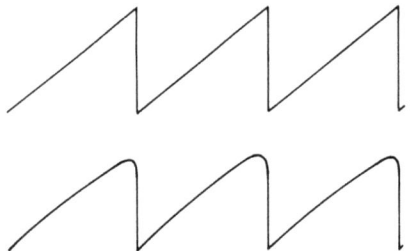

Abb. 92. Verformung eines Nystagmussignals durch ein Kerbfilter mit nicht ausreichend hoher Flankensteilheit *(untere Kurve)*

Unter *Gleichtaktunterdrückung* (engl.: Common mode rejection ratio, CMRR) versteht man die Fähigkeit eines Filters, in einem Differenzverstärker eine Grundspannung an beiden Eingängen, die von allen frei verlegten Kabeln aufgefangen werden kann, nicht in die Verstärkung eingehen zu lassen. Im ungünstigsten Fall kann eine störende Grundspannung bis zu 20 V vorliegen. Man mißt die Stärke der Unterdrückung dieser Störspannung (Gleichtaktunterdrückung) ebenfalls in dB.
Ein Beispiel soll die komplizierten Verhältnisse deutlich machen.

Es soll ein Signal von 0,1 mV verstärkt werden. Dieses Signal ist aber überlagert von einer unerwünschten Grundspannung von 10 mV.
Am Eingang A eines Differenzverstärkers messen wir 10,05 mV.
Am Eingang B eines Differenzverstärkers messen wir 10,15 mV.
Die Spannungsdifferenz des zu verstärkenden Signals beträgt 0,1 mV. Ein Differenzverstärker mit idealer Gleichtaktunterdrückung und dem Verstärkungsfaktor 1000 würde nur diese Spannungsdifferenz von 0,1 mV auf 0,1 V (1) verstärken.
Fehlt die Gleichtaktunterdrückung, dann wird die gesamte Spannung von 10,05 mV verstärkt auf 10,05 V. Die auf 0,1 V verstärkte Differenzspannung, die in unserem Beispiel eigentlich gemessen werden sollte, würde sich auf dem Registriergerät gegenüber der Grundspannung von 10,05 V kaum abheben.
Eine Gleichtaktunterdrückung von z. B. 100 dB, dies entspricht dem Faktor 1:100000, reduziert die Verstärkung der Grundspannung auf 0,1005 mV. Die unerwünschte Grundspannung verursacht also noch einen Fehler von ± 0,1005 mV (2).

Die erwünschte Spannung (1) und der Fehler aus der unerwünschten Grundspannung (2) werden addiert oder subtrahiert.

0,1 V + 0,0001005 V = 0,1001005 V.
0,1 V − 0,0001005 V = 0,0998995 V.

Dieses Beispiel zeigt, daß nach der Gleichtaktuntersuchung das mitverstärkte Störsignal gegenüber dem erwünschten Signal vernachlässigt werden kann.

Für die hohen Anforderungen an die Meßgenauigkeit wissenschaftlicher Untersuchungen muß die Gleichtaktunterdrückung im Bereich 90 bis 120 dB liegen (100 dB entsprechen einem Unterdrückungsverhältnis von 1:100000; 110 dB entsprechen einem Verhältnis von 1:300000).

l) Technik der Registrierung

Zur Registrierung des Nystagmus ist ein Schreiber erforderlich. Der Typ des Schreibers und damit seine Kosten richten sich nach den jeweiligen Erfordernissen. Es sind aber auch andere, sehr wichtige Faktoren zu berücksichtigen, wie laufende Kosten für Papier, Pflegeaufwand, Serviceleistung, Archivierung u. a. Zahlreiche Schreiber sind auf dem Markt, nur wenige entsprechen aber den Wünschen des Neurootologen.

Grundanforderungen:
– Mindestens 5 cm Schreibbreite. Für Klinikbedarf und besonders für wissenschaftliche Ansprüche 8 cm Schreibbreite und mehr.
– Lineare Aufzeichnung des Schreibers über die gesamte Schreibbreite. Ein Fehler von höchstens 2% ist zulässig.
– Papiergeschwindigkeit 10 mm/s; für Klinik zusätzlich 5 und 25 mm/s.
– Drift von Seiten des Schreibers kleiner als 5 µV/h/ °C.
– Faltpapier ist wegen der besseren Archivierbarkeit dem Rollenpapier vorzuziehen.

Es ist ratsam, einen Schreiber vor dem Kauf selbst zu bedienen. Die geübte Hand eines Firmenvertreters überspielt manches Problem, wie beispielsweise das z. T. sehr schwierige Einlegen des Schreibpapiers oder die Pflege der Schreibköpfe. Diese Punkte können im täglichen Gebrauch Anlaß zu ständigem Ärger werden.
Schreiber werden je nach ihrer Arbeitsweise unterteilt in:

1. Tintendirektschreiber. Diese Schreiber verwenden Tinte, Tusche oder Kugelschreiberpaste, die über ein Kapillarsystem oder durch Pumpendruck auf das vorbeigleitende Papier aufgetragen werden. Das Papier ist preisgünstig mit Ausnahme von Glanzpapier, das sich für fotografische Reproduktionen ganz besonders eignet. Das Schriftbild ist gut, die Schrift kann aber vor dem Trocknen der Tinte und durch Nässe verwischt werden. Schreiber mit Faltpapiereinrichtung sind auf dem Markt. Der Pflegeaufwand ist bei ständiger Benützung gering, bei seltener Benützung dagegen hoch, da die Kapillaren eintrocknen können und dann schwer zu reinigen sind.
Kurzcharakteristik: Sehr gute Schreiber; niedrige laufende Kosten; bei häufiger Benützung niedriger, bei seltener Benützung hoher Pflegeaufwand. Für gelegentliche Benützung ungeeignet.

2. Indirekte Tintenschreiber. Diese Schreiber spritzen Tinte auf das Papier, wobei der Tintenstrahl wie der Lichtstrahl eines Oszilloskopes elektromagnetisch durch das anliegende Signal abgelenkt wird (Galvanometerprinzip). Der Düsenabstand zum Registrierpapier bestimmt die Schreibbreite. Sie ist stufenweise verstellbar. Zwei nebeneinanderliegende Kanäle können sich überkreuzen. Dadurch besteht die Möglichkeit, auf relativ schmalem Faltpapier mehrere verschiedene Spuren bei trotzdem großer Schreibbreite aufzuzeichnen. Bei niedriger Papiergeschwindigkeit neigen diese Schreiber aber zum Klecksen, da die Menge der versprühten Tinte bei hoher und niedriger Geschwindigkeit gleich bleibt. Das Schriftbild kann vor dem Trocknen und durch Feuchtigkeit verwischt werden. Der Schreiber ist für die Aufzeichnung sehr schneller Signale geeignet.
Kurzcharakteristik: Sehr guter Schreiber, besonders für den Klinikbedarf und für wissenschaftliche Zwecke. Hohe Anschaffungskosten; niedrige laufende Kosten, da kleiner Papierpreis. Sehr gute Archivierbarkeit des Papiers. Für langsame Papiergeschwindigkeit (weniger als 1 cm/s) wenig geeignet. Für seltene Benützung zu teuer.

3. Schreiber nach dem Durchpausverfahren. Ein Schreibzeiger macht seine Ausschläge entlang einer Metallkante, über die gemeinsam ein Kohlepapier und ein Schreibpapier gezogen werden. Durch den Anpreßdruck des Metallstiftes wird das Signal auf das Papier gepaust. Das Schriftbild ist stets sauber und kann nicht verwischt werden. Die Schreibbreite beträgt maximal 5 cm. Der Schreiber arbeitet mit billigem Papier, gefaltet oder in Rollen. Der Pflegeaufwand ist gering. Der Schreiber ist auch für sehr schnelle Signale geeignet.
Kurzcharakteristik: Sehr gut geeignet, wenn keine große Schreibbreite benötigt wird. Minimaler Pflegeaufwand; hohe Anschaffungskosten; geringe laufende Kosten. Auch für gelegentliche Benützung geeignet.

4. Thermoelektrische Schreiber. Ein geheizter Metallstift (Schreibzeiger) verfärbt ein thermosensibles Papier. Diese Schreiber sind völlig unkompliziert und bedürfen keiner Pflege. Das Schriftbild ist sauber und verschmiert nicht. Die Schreiber sind klein und auch bei senkrechter Aufstellung zu betreiben. Diesen Vorteilen stehen Nachteile gegenüber. Das thermosensible Papier ist erheblich teurer als das Normalpapier, mit dem ein Tintenschreiber auskommt. Nicht alle thermoelektrischen Schreiber verwenden zudem das gut archivierbare Faltpapier. Die Schreibköpfe haben eine begrenzte Lebensdauer und erfordern zum Austausch den Kundendienst. Es stehen alle Schreibbreiten bis zu 30 cm zur Verfügung. Die maximale Aufzeichnungsfrequenz bei Benützung der vollen Schreibbreite ist aber wegen der begrenzten Geschwindigkeit des Schreibsystems erheblich geringer als die der Tinten- oder Direktschreiber. Für die Nystagmographie ist die Geschwindigkeit aber ausreichend. Der Schreiber ist auch sehr gut geeignet für Aufzeichnungen bei sehr niedriger Papiergeschwindigkeit. Die Anschaffungskosten sind niedriger als bei den Tintenschreibern. Ein großer Papierbedarf verursacht jedoch hohe laufende Kosten.
Kurzcharakteristik: Schreiber sehr pflegearm. Thermosensibles Papier teuer. Besonders geeignet für die Verwendung in der Praxis, da dort nur gelegentliche Benützung und geringer Papierbedarf. Gelegentlicher Austausch von Schreibzeigern erforderlich.
Eine Sonderform thermoelektrischer Schreiber, bei der es außer dem Papiervorschub kein bewegtes Bauteil mehr gibt, ist neu auf den Markt

gekommen. Bei diesem Schreiber wird das Signal über eine Leiste, auf der Metallpunkte angebracht sind, auf das Papier gebrannt (sog. Thermo-Array-Schreiber). Das analoge Signal wird von einem Mikroprozessor digitalisiert auf die Punkteleiste geleitet. Es kann in dieser aufbereiteten Form einem Rechner zur Analyse zugeleitet werden.
Vorteil: – wenig bewegte Teile, dadurch wahrscheinlich geringe Reparaturanfälligkeit.
– hohe Schreibbreite
– der Mikroprozessor ist programmierbar, dadurch besteht die Möglichkeit, das Papier automatisch zu beschriften (z. B. die durchgeführte Untersuchung).
Nachteil: Das Schriftbild ist punktförmig. Die Abbildungsgenauigkeit hängt ab von der Dichte des Rasters. Die Schreiber sind für die Nystagmografie geeignet, wenn der Rasterabstand kleiner als 0,25 mm ist, dies entspricht einer Zahl von 40 Punkten je Zentimeter.

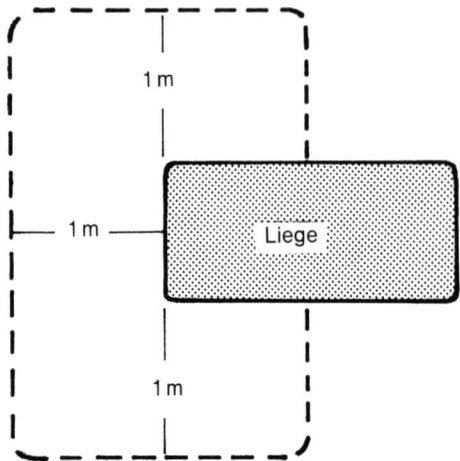

Abb. 93. Platzbedarf für die Lage- und Lagerungsprüfung.

5. Schreiber für besondere Anforderungen. Diese Schreiber benützen ultraviolettes Licht oder Laserstrahlen zur Darstellung von Signalen. Wegen hoher Investitionskosten und teurem Papier, das zudem noch fotografisch entwickelt werden muß, sind diese Schreiber für die Nystagmographie nicht zu empfehlen. Mehrkanalige Kompensationsschreiber, die über eine sehr hohe Schreibbreite verfügen, besitzen den Nachteil, daß die Kanäle zeitlich versetzt sind. Dieses Problem wird in modernen Geräten mit eingebauten Verzögerungsleitungen umgangen. Die Geschwindigkeit der Schreibzeiger ist aber sehr niedrig. Die Schreiber sind deshalb für die Nystagmographie nicht geeignet.

m) Einrichtung des Untersuchungsraums

Folgende Mindestmaße sollten bei der Planung eines Untersuchungsraumes berücksichtigt werden:

1. Liege für die thermische Untersuchung sowie für die Lage und Lagerungsprüfung: Neben dem Platz für die freistehende Liege (0,7 oder 0,8 × 2 m) wird auf allen Seiten im Kopfbereich ein Freiraum von ca. 1 m benötigt (Abb. 93).

2. Dreh- oder Pendelstuhl. Für jeden Dreh- oder Pendelstuhl wird vom Hersteller der jeweilige

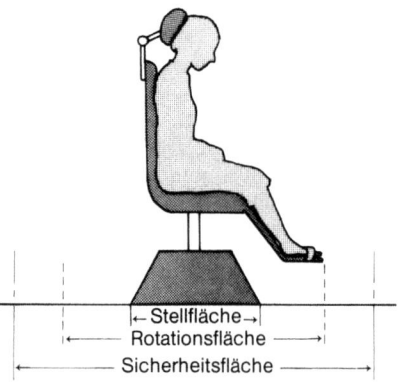

Abb. 94. Platzbedarf für einen Drehstuhl.

Platzbedarf angegeben. Er ist nicht identisch mit der Stellfläche. Zusammen mit einer *Sicherheitszone von mindestens* 30 cm ist ein kreisförmiger Bereich von ca. 2 m Durchmesser einzuplanen (Abb. 94). Bei Drehstühlen, die mittels einer Kippvorrichtung auch als Liege zur thermischen Prüfung verwendet werden können, muß zusätzlich zur Rotationszone noch der Längsraum bei Kippung und der Freiraum um den Kopf berücksichtigt werden.

3. Einrichtung für die optokinetische Untersuchung. Der Platzbedarf zur Durchführung der optokinetischen Untersuchung ist sehr unterschiedlich je nach Art der benützten Geräte. Trommeln oder Schirme, auf die das Reizmu-

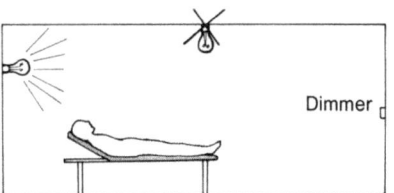

Abb. 96. Lokalisation der Beleuchtung in einem Untersuchungsraum.

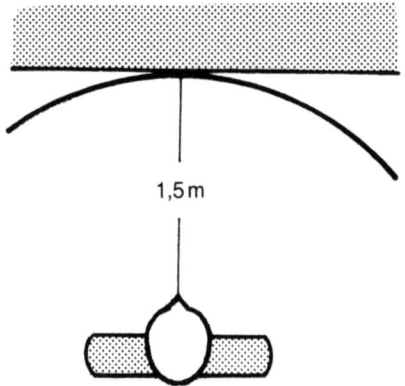

Abb. 95. Platzbedarf für die optokinetische Reizung bei Verwendung einer nicht am Drehstuhl befestigten Projektionswand.

ster projiziert wird, und die am Drehstuhl befestigt werden, benötigen keinen zusätzlichen Raum. Dies gilt auch für kreisförmige Trommeln, die von der Decke abgesenkt werden. Dagegen besteht ein erheblicher Platzbedarf bei halbkreisförmigen Wänden, die isoliert aufgestellt oder an der Wand befestigt werden. Diese großflächigen Wände brauchen einen Abstand von 1,5 m vom Kopf der untersuchten Person (Abb. 95).

4. *Elektronische Geräte.* Elektronische Steuer- und Registriergeräte benötigen einen Raum von mindestens 1 m².

5. *Vestibulospinale Untersuchungen.* Die statischen vestibulospinalen Untersuchungen benötigen keinen besonderen Freiraum. Der Rombergtest kann auf kleinster Fläche durchgeführt werden. Für die dynamischen Untersuchungen ist ein entsprechender Freiraum einzuplanen, für den Unterbergerschen Tretversuch z. B. ein kreisförmiger Raum von 1,5 m Durchmesser.

6. *Allgemeine Anforderungen an den Untersuchungsraum:*
a) Beleuchtung: Ein wichtiger Faktor bei der Planung eines neurootologischen Untersuchungsraumes ist die Beleuchtung. Folgende Regeln sind zu beachten:
– Im Blickfeld der untersuchten Personen sollten keine Beleuchtungskörper sein. Am günstigsten werden sie hinter dem Patienten angebracht (Abb. 96). Die Beleuchtung muß stufenlos verstellbar sein, da für jede Untersuchung eine andere Lichtstärke erforderlich ist.
– Die Nystagmographie wird am günstigsten in vollständiger Dunkelheit durchgeführt. Für den Untersucher ist aber eine vollständige Abdunklung nicht günstig. Am besten ist die Abschirmung der einzelnen Untersuchungsplätze, z. B. Liege und Drehstuhl getrennt mit möglichst dicht schließenden Vorhängen. Der Untersucher kann dann im abgedunkelten Raum arbeiten. Ist eine getrennte Abdunklung der Untersuchungsplätze nicht oder nur unvollständig möglich, dann können große, lichtdichte Augenklappen aus Stoff (sogenannte just relaxed Brillen) verwendet werden (Abb. 97). Feste lichtdichte Brillen, wie z. B. geschwärzte Gletscher- oder Taucherbrillen sind weniger empfehlenswert, da sie leicht an den Elektroden reiben und dabei Artefakte erzeugen.
b) Elektrostatische Abschirmung: Bei Verwendung moderner Filter ist eine elektrostatische Abschirmung im Sinne eines Faradayschen Käfigs nicht notwendig.
c) Türen: Ruhe im Untersuchungsraum ist erwünscht, da Schall eine Orientierung ermöglicht. Es hat sich als günstig erwiesen, wenn die Türen zum Untersuchungsraum von außen nur mit Schlüssel zu öffnen sind.

Abb. 97. Großflächige Augenklappen aus Stoff für die Nystagmografie bei unvollständiger Abdunkelung des Untersuchungsraumes.

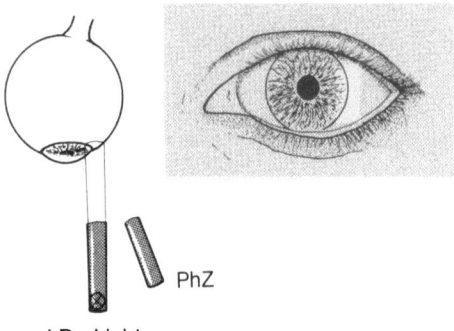

Abb. 98. Methode der Fotoelektronystagmografie nach TOROK, GUILLEMIN und BARNOTHY. *IR* = Infrarot; *PhZ* = Photozelle.

3. Die Fotoelektronystagmografie (FENG)

Die Fotoelektronystagmografie wurde beim Versuch, den Gleichgewichtsnerv elektrisch zu reizen, entwickelt. Eine elektrische Registrierung des Nystagmus war zunächst nicht möglich, weil der Reizstrom den Ableitstrom störte. Die ersten funktionstüchtigen Geräte wurden 1951 von TOROK, GUILLEMIN und BARNOTHY gebaut. Ein kleines, rechteckiges Lichtband im nicht sichtbaren Infrarotbereich wurde auf die Iris-Sklera-Grenze des Auges fokussiert (Abb. 98). Das von der hellen Sklera stark, von der dunklen Iris nur schwach reflektierte Licht wurde von einer nur im Infrarotbereich sensiblen Fotozelle gemessen.

PFALTZ und RICHTER verbesserten diese Methode, indem sie das Auge zentrisch in leicht elliptischer Form beleuchteten und die Helligkeitsänderungen mit zwei Fotozellen abgriffen (Abb. 99). Bei Bewegung des Auges in Richtung einer Fotozelle nimmt an dieser die gemessene Lichtstärke ab, weil ihr nun die dunkle Iris gegenübersteht. An der anderen Fotozelle nimmt die gemessene Lichtstärke zu, weil ihr die helle Sklera gegenübersteht. Die Gleichspannungssignale von den beiden Fotozellen werden einem Differenzverstärker zugeleitet.

Wegen der einfacheren Handhabung, insbesondere der leichteren Zentrierbarkeit des Lichtstrahles hat sich heute das Verfahren nach PFALTZ und RICHTER durchgesetzt.

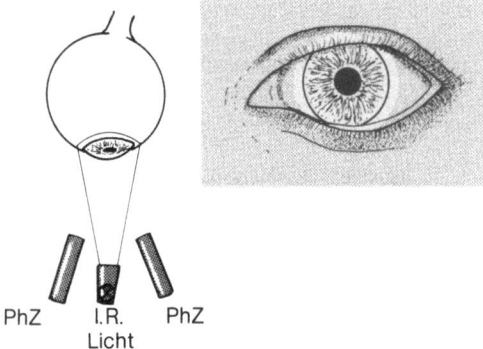

Abb. 99. Methode der Fotoelektronystagmografie nach PFALTZ u. RICHTER.

Vorteile der Fotoelektronystagmografie

a) Sie ist die einzige Methode, um einen galvanisch ausgelösten Nystagmus (s. S. 120) zu registrieren.
b) Das fotoelektrische Signal ist 20-40 mal größer als das mit Hautelektroden gemessene korneoretinale Potential. Die zur Registrierung erforderliche Verstärkung ist geringer. Hochfrequenzeinstreuungen und Verstärkerrauschen, wie sie bei elektronystagmografischer Registrierung vorkommen, sind unbekannt. Es erübrigen sich damit die Hoch- und Tiefpaßfilter.
c) Die Methode arbeitet ohne Hautkontakt. Die Kurven werden durch Veränderungen des Hautwiderstandes nicht beeinflußt. Auch Potentiale aus der Kaumuskulatur stören die Ableitung nicht.
d) Die bei der Fotoelektronystagmografie erreichte Artefaktarmut ergibt zusammen mit dem größeren Auflösungsvermögen eine höhere Genauigkeit der Nystagmusaufzeichnung. Augenbewegungen bis zu einer Größenordnung von 0,2 Winkelgraden können einwandfrei registriert werden (PFALTZ).

Nachteile der Fotoelektronystagmografie

a) Bei geschlossenen Augen ist eine Registrierung nicht möglich. Unruhige Personen mit häufigen Lidschlägen und unwillige Kinder können mit dieser Methode nicht untersucht werden. Hier ist die elektronystagmografische Registrierung vorzuziehen.

b) Die Fotozellen und die Infrarotlichtquelle sind an einem Brillengestell befestigt. Nach der Justierung der Fotozellen darf die Lage der Brille nicht mehr verändert werden. Wegen ihres Gewichtes wird sie aber vom Patienten gerne verschoben, was eine Nachjustierung notwendig macht. Für längerdauernde Untersuchungen wird deshalb die Elektronystagmografie bevorzugt.

Die Eichung von Augenbewegungen

Mit Hilfe der Elektro- und Fotoelektronystagmografie werden Augenbewegungen aufgezeichnet. Man erhält am Registriergerät Spannungsänderungen, die den Bewegungsablauf des Augapfels wiedergeben. Eine meßtechnische Bewertung ist aber noch nicht möglich, weil die absolute Höhe der Spannung, d. h. die Höhe des korneoretinalen Potentials, von Mensch zu Mensch verschieden ist. Nystagmuskurven von verschiedenen Patienten und auch Wiederholungsuntersuchungen von einem Patienten können nicht miteinander verglichen werden ohne vorangehende Eichung mit einer definierten Augenbewegung.
Der Patient blickt abwechselnd auf zwei Punkte, die von der Mitte der Sehachse einen Abstand von je 10 Winkelgraden haben (Abb. 100). Die Augen beschreiben dadurch einen Drehwinkel von insgesamt 20°, der vom Schreiber in Form eines Ausschlags registriert wird. Die Eichung dieses Ausschlags und die Berechnung der Geschwindigkeit, mit der sich das Auge bewegt hat, kann auf zwei Wegen erfolgen:

a) Die Normaleichung. Die Amplitude des Schreiberausschlags wird in Millimetern gemessen und zu den Winkelgraden der Augenbewegung in Beziehung gesetzt.

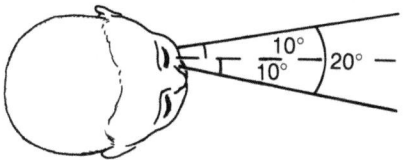

Abb. 100. Blickwinkeleichung.

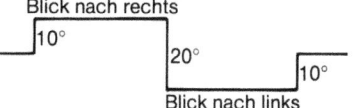

Abb. 101. Schreiberausschlag bei der Blickwinkeleichung.

Beispiel: 10 mm Schreiberausschlag = 20° Augenbewegung (Abb. 101).
Eine im Verlauf der nun folgenden Untersuchung vorkommende Augenbewegung, deren Winkel x gemessen werden soll, erzeugt einen Schreiberausschlag von 5 mm. Die Berechnung des Winkels x erfolgt mit einem Dreisatz.

10 mm Schreiberausschlag = 20° Augenbewegung.
1 mm Schreiberausschlag = 2° Augenbewegung.
5 mm Schreiberausschlag = $5 \times 2 = 10°$ Augenbewegung.
Die Augenbewegung hatte einen Winkel (Amplitude) von 10°.

Man kann auch die *Geschwindigkeit der Augenbewegung* berechnen. Dazu läßt sich die cm-Einteilung des Schreiberpapiers benützen, sofern die Papiergeschwindigkeit 1 cm/s beträgt. Gemessen wird, um wieviel mm sich das Signal in 1 Sekunde = 1 cm von der Grundlinie entfernt hat (Abb. 102). In unserem Beispiel sind es 5 mm. Dieser Weg (y) pro Sekunde muß wiederum mit einem Dreisatz in die Augengeschwindigkeit umgerechnet werden.

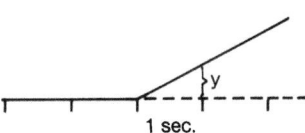

Abb. 102. Berechnung der Geschwindigkeit einer Augenbewegung.

10 mm Schreiberausschlag = 20° Augenbewegung.
1 mm Schreiberausschlag = 2° Augenbewegung.
5 mm Schreiberausschlag = 10° Augenbewegung.
Das Auge bewegte sich mit einer Winkelgeschwindigkeit von 10°/s.

b) Die sogenannte „biologische" Eichung. Im Gegensatz zur Normaleichung wird bei der

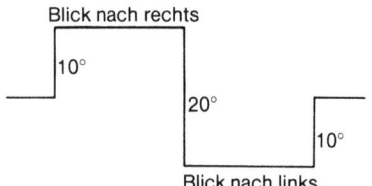

Abb. 103. „Biologische" Blickwinkeleichung. Der Schreiberausschlag in mm entspricht den Winkelgraden der Augenbewegung.

biologischen Eichung der Schreiberausschlag durch Veränderung der Verstärkerleistung so eingestellt, daß die Winkelgrade der Augenbewegung mit dem Schreiberausschlag in Millimetern übereinstimmen (Abb. 103).

Beispiel: 20° Augenbewegung = 20 mm Schreiberausschlag. Die Wegstrecke der Augenbewegung (x) kann direkt in mm bzw. in Grad Augenbewegung abgelesen werden. x = 5 mm bedeutet, das Auge hat sich um 5° bewegt.
Die Geschwindigkeit der Augenbewegung (y) errechnet sich aus:
y = 5 mm/s; das Auge hatte eine Geschwindigkeit von 5°/s.

Diese Eichmethode hat wesentliche Vorteile, denn es entfällt die Umrechnung.
Die Kurven können nun auch optisch miteinander verglichen werden, denn sie sind durch die biologische Eichung auf dasselbe Niveau gebracht. Allerdings müssen Eichung und Einstellung des Verstärkers sorgfältig vorgenommen werden. Wird z.B. für eine Augenbewegung von 20° am Verstärker nur ein Ausschlag von 18 mm eingestellt, so geht bereits ein Fehler von 10% in die Berechnung ein. Diese Fehlergröße darf keinesfalls überschritten werden. Sollte sich bei der Auswertung der Kurve herausstellen, daß der Eichwert am Schreiber niedriger als 18 mm oder höher als 22 mm liegt, so muß die Geschwindigkeit eines Nystagmusschlages mittels Normaleichung, also Dreisatz, nachbestimmt werden.
Diese sogenannte *Blickwinkeleichung* ist durch Störungen im schnellen Einstellsystem der Augen (sakkadisches System), beim Vorliegen eines okulären oder Blickrichtungs-Nystagmus und bei unwilligen Patienten erheblich erschwert. Die Höhe des Ausschlags bei der Eichung kann dann schwer ablesbar sein. Um trotzdem eine genügende Genauigkeit zu erzielen, wird die Blickwinkeleichung mindestens fünfmal wiederholt und daraus ein Mittelwert gebildet.

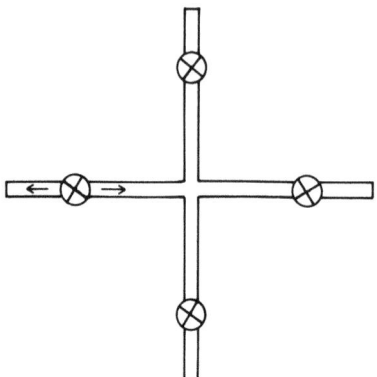

Abb. 104. Eichkreuz.

Technisch wird zur Durchführung der Blickwinkeleichung von der Industrie ein Eichkreuz angeboten, auf dem die Eichpunkte mit Lämpchen markiert werden können (Abb. 104). Ein Lämpchen befindet sich im Zentrum und je zwei auf der horizontalen und vertikalen Achse. Die Lämpchen sind verschieblich. Ihr Abstand vom Zentrum wird beim Aufbau des Untersuchungsplatzes aus dem Abstand des Eichkreuzes von der untersuchten Person eingestellt. Er errechnet sich mit der Winkelfunktion

x = tan α x y

x ist der Abstand eines Lämpchens vom Zentrum in cm (Abb. 105).
y ist der Abstand des Eichkreuzes von den Augen in cm, er sollte ca. 150 bis 200 cm betragen.
α ist der definierte Blickwinkel von 10° (tan 10 = 0,176).
Beispiel: Abstand zur Wand y = 1,5 m

x = 0,176 × 150 = 26,4 cm.

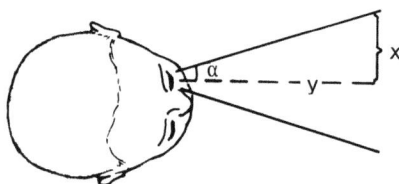

Abb. 105. Berechnung der Lage der Eichpunkte x = tan α x y.

Jedes Birnchen soll 26,4 cm vom Zentrum entfernt sein.
Statt des teuren Eichkreuzes kann man auch selbsthaftende Papierpunkte an die Wand kleben. Bei einer Untersuchung im Liegen, wie sie bei der thermischen Prüfung vorkommt, werden die Eichpunkte an die Decke geklebt.

Abb. 106. Typische Nystagmuskurve bei Müdigkeit.

Kurzsichtige müssen bei der Eichung ihre Brille tragen!

Im Verlauf einer längerdauernden Untersuchung kann sich das korneoretinale Potential ändern (s. S.44). Damit ändert sich auch die Höhe des Zeigerausschlags bei der Blickwinkeleichung, und es ergibt sich die Notwendigkeit, mehrmals nachzueichen. Grundsätzlich soll am Ende jeder Untersuchung der Zeigerausschlag bei der Blickwinkeleichung nachgemessen werden, ohne den Verstärker zu verändern! Findet man eine, die 10%-Grenze übersteigende Abweichung des Zeigerausschlags, so wird die Geschwindigkeit des Nystagmus anhand des des Mittelwertes aus den Eichungen vom Anfang und vom Ende der Untersuchung errechnet.

Bei der Eichung ist die Polung der Elektroden oder der Fotodioden zu kontrollieren. Entsprechend einer internationalen Vereinbarung soll eine Augenbewegung nach rechts einen Zeigerausschlag nach oben bewirken, eine Augenbewegung nach links einen Ausschlag nach unten. Für die vertikale Ableitung gilt; eine Augenbewegung nach oben ergibt einen Zeigerausschlag nach oben, eine Augenbewegung nach unten einen Ausschlag nach unten.

Aufrechterhaltung eines hohen Wachheitsgrades

Die Verschaltung des Gleichgewichtszentrums im Hirnstamm ermöglicht schon beim Gesunden Störeinflüsse auf den Nystagmus, umso mehr beim Kranken. Bereits 1895 wurde von BACH mitgeteilt, daß die Stärke des Nystagmus bei sinkendem Wachheitsgrad bis zum völligen Erlöschen abnimmt. Dies kann zu den gravierenden Fehldiagnosen eines beidseitigen Ausfalls der Gleichgewichtsfunktion oder auch einer einseitigen Untererregbarkeit führen. Systematische Untersuchungen wurden 1960 bis 1962 in Pensacola, Florida, von der Arbeitsgruppe COLLINS, GUEDRY u.a. durchgeführt. In letzter Zeit beschäftigten sich MULCH sowie HOFFERBERTH und MOSER mit diesen Zusammenhängen.

Mit einem stark reduzierten Wachheitsgrad muß man bei Patienten rechnen, die bereits einen weiten Anreiseweg, andere Untersuchungen oder Wartezeiten hinter sich haben. Bei Patienten, die beruflich stark belastet sind, sinkt bei Dunkelheit der Wachheitsgrad rasch ab. Bei stationären Patienten muß an sedierende Medikamente gedacht werden.

Ein reduzierter Wachheitsgrad führt zunächst zu charakteristischen Veränderungen der Nystagmuskurve. Man beobachtet sehr langsame, sinusförmige Wellen (Abb.106), außerdem wird die Nystagmusantwort auf experimentelle Reize von Untersuchung zu Untersuchung kleiner (Abb.107).

Maßnahmen zur Steigerung und Aufrechterhaltung eines hohen Vigilanzniveaus sind während einer elektronystagmografischen Ableitung unerläßlich.

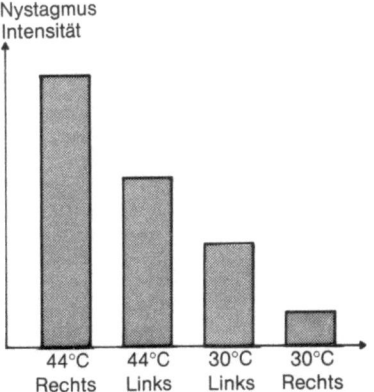

Abb. 107. Abnahme der thermischen Reaktion von Spülung zu Spülung bei Müdigkeit.

Vorschläge:
1. Leichte Rechenaufgaben:
a) Serielles Abziehen (Vorschlag MULCH). Dabei werden z. B. von 1000 immer 7 abgezogen, von 500 immer 3 oder von 700 immer 6 usw. Das Rechnen erfolgt still. Ab und zu fragt der Untersucher nach dem augenblicklichen Stand, um die Mitarbeit zu kontrollieren. Die Schwierigkeit der Aufgabe wird dem Intelligenzgrad der untersuchten Person angepaßt.
b) Vorspielen einfacher Rechenaufgaben über einen Kassettenrekorder (Vorschlag (HOFFERBERTH/MOSER)). Dabei werden in zufälliger Reihenfolge bei jeder Rechenaufgabe richtige und falsche Ergebnisse angeboten. Der Proband drückt bei richtigem Ergebnis einmal – und bei falschem zweimal auf einen Knopf, wobei er auf dem Schreiber ein entsprechendes Rechtecksignal abbildet. Damit ist eine Kontrolle der Mitarbeit gegeben.

2. Lautes Rechnen: Durch lautes Rechnen wird die Artefaktrate in den Kurven durch Potentiale der Kaumuskulatur sowie erhöhte Augenunruhe verstärkt. Lautes Rechnen kann nicht empfohlen werden.
3. Fortlaufendes Zählen: Die Nystagmusantwort kann durch fortlaufendes Zählen nicht erhöht werden (COLLINS).

Die Auswahl der Methode hängt im Einzelfall von den Gegebenheiten des Untersuchungsraumes und der zu untersuchenden Personen ab. Das leise serielle Abziehen ist für sehr müde Patienten schwierig und wird von unwilligen Patienten nicht befolgt. Das Abspielen von Rechenaufgaben kann nicht durchgeführt werden, wenn noch andere Untersuchungen im selben Raum gleichzeitig stattfinden. Es ist am günstigsten, mit beiden Methoden arbeiten zu können und sie von Fall zu Fall einzusetzen.

Kapitel V

Der diagnostische Untersuchungsgang

An den Anfang ist grundsätzlich die *Leuchtbrillenuntersuchung* zu stellen, denn mit ihr werden bereits spontan vorhandene oder nur bei alltäglichen Bewegungen und Körperhaltungen sichtbare Krankheitszeichen gesucht. Sie würden vom weiteren Untersuchungsgang am stärksten verändert werden.
Es folgen die *experimentellen Untersuchungen*. Ihre Reihenfolge richtet sich nach der Dauer ihrer Nachwirkung und ihrer Provokation von vegetativen Symptomen. An den Anfang setzen wir die nahezu nachwirkungsfreien *okulomotorischen Prüfungen*, lassen dann die *physiologischen Gleichgewichtsprüfungen* wie Dreh- und Pendelprüfungen folgen und setzen die sehr provokativen Untersuchungen wie den *Halsdrehtest* und die *thermische Prüfung* an den Schluß.

I. Die Leuchtbrillenuntersuchung zur Fahndung nach Spontan- und Provokationsnystagmus

A. Der Spontannystagmus

Unter einem Spontannystagmus versteht man einen Nystagmus, der wirklich spontan und ohne weiteres Zutun vorhanden ist (FRENZEL). Ein Spontannystagmus wird beim Blick geradeaus und beim Blick in die vier Hauptrichtungen, d. h. ca. 20° nach rechts, links, oben und unten, gesucht. Ein extremer Seitwärtsblick muß vermieden werden, weil er den physiologischen Endstell- oder Ermüdungsnystagmus hervorrufen kann (s. S. 32).
Falls nicht schon bei der Untersuchung der Augenmotilität geschehen, muß eine Fixationsprüfung ohne Leuchtbrille vorgenommen werden, um einen okulären Fixationsnystagmus aufzudecken.

Unterscheidungsmerkmale:

Vestibulärer Spontannystagmus	Okulärer Fixationsnystagmus
– Ruckartig mit langsamer und darauffolgender schneller Phase.	– Pendelförmig mit zwei langsamen oder zwei mittelschnellen Phasen. Beim Blick zur Seite wird der okuläre Fixationsnystagmus ebenfalls ruckartig, seine schnelle Phase geht in Blickrichtung.
– Bei Fixation wird ein vestibulärer Spontannystagmus unterdrückt.	– Bei Fixation wird ein okulärer Fixationsnystagmus verstärkt.
– Der Nystagmus ist meist begleitet von Schwindel.	– Kein Schwindel.
	– Charakteristische Kopfhaltung nach unten und gedreht (s. S. 36).

64 Der diagnostische Untersuchungsgang

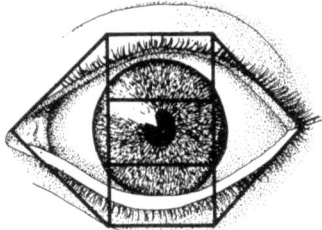

Abb. 108. Geometrische Einteilung der Orbita. (Nach FRENZEL).

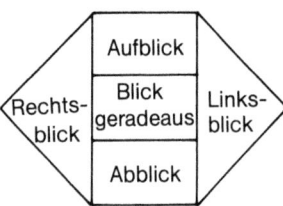

Abb. 109. Grundschema zur Dokumentation des Spontannystagmus.

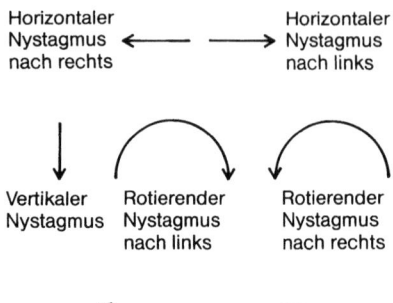

Abb. 110. Dokumentation und Bezeichnung der Nystagmusschlagrichtung.

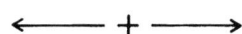

Mehrfach richtungswechselnder Nystagmus

Wechseln des Nystagmus von Rechtsrichtung auf Linksrichtung

Abb. 111. Verbindende Nystagmussymbole.

1. Darstellung des Spontannystagmus

Zur Darstellung des Nystagmus wurde 1938 von FRENZEL ein Sechseck-Schema entwickelt, das einer geometrischen Feldeinteilung der Orbita entspricht (Abb. 108 und 109). In dieses Schema werden die Nystagmusqualitäten mit Symbolen eingetragen.

a) Schlagrichtung

Es wird die Richtung der schnellen Nystagmuskomponente mit Pfeilen wiedergegeben (Abb. 110). Der Nystagmus kann rein horizontal, rein vertikal und rein rotierend sein. Daneben kommen Mischformen vor, die entweder direkt, wie der Diagonalnystagmus, oder durch Aufschlüsseln in die beteiligten Komponenten dargestellt werden.
Ändert ein Spontannystagmus im Verlaufe der Untersuchung mehrfach seine Form oder Richtung, so sollen die Symbole der vorkommenden Nystagmusqualitäten mit Plus- oder Punkt-Zeichen verbunden werden (Abb. 111). Diese von FRENZEL angegebenen „verbindenden" Symbole haben sich nicht eingebürgert.

Eindeutiger ist es, solche Nystagmusänderungen schriftlich festzuhalten.
Recht häufig verläuft die schnelle Phase eines Spontannystagmus synchron mit einem Lidschlag, sie ist gleichsam im Lidschlag verborgen. Man sieht dann unter der Leuchtbrille nur das Wegdriften des Bulbus, nämlich die langsame Phase. Nach dem Lidschlag finden wir den

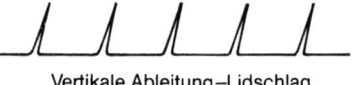

Abb. 112. Synchronisierung von Lidschlag und linksgerichtetem horizontalem Nystagmus.

Bulbus wieder zurückgestellt. Elektronystagmografisch läßt sich dieser Vorgang bei gleichzeitiger horizontaler und vertikaler Ableitung gut beobachten (Abb. 112).

Einen Sonderfall dieser Verhältnisse stellt die „langsame Deviation" (FRENZEL) dar. Unter der Leuchtbrille und bei elektronystagmografischer DC-Ableitung beobachtet man bei akuten frontalen Großhirnläsionen eine sehr langsame Bewegung beider Bulbi nach der Seite des Herdes (ipsiversiv), bei pontomesenzephalen Läsionen eine sehr langsame Bulbusbewegung zur Gegenseite (kontraversiv). Von FRENZEL wurde der langsamen Deviation ein gesondertes Symbol zugeordnet (Abb. 113). Für den Unerfahrenen liegt eine Verwechslung mit dem vorher beschriebenen und viel häufigeren, sehr langsamen Spontannystagmus, dessen schnelle Phase im Lidschlag verborgen ist, nahe.

Langsame | Unsicherer | Pendel-
Deviation | Nystagmus | nystagmus

Abb. 113. Sonderformen

Augenbewegungen, die sich nicht eindeutig in langsame und schnelle Teilbewegungen zerlegen lassen, bei denen der Nystagmuscharakter also zweifelhaft ist, werden mit einer Schlangenlinie bezeichnet (Abb. 113). Ein Pendelnystagmus wird gekennzeichnet durch einen Doppelpfeil.

b) Intensität

Bei der Untersuchung mit der Leuchtbrille kann die Intensität eines Nystagmus vom Untersucher nur geschätzt werden. Dokumentiert werden die Amplitude und die Frequenz, und

Feinschlägig Mittelschlägig Grobschlägig

Abb. 114. Darstellung der Nystagmusamplitude.

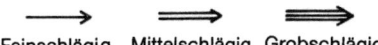

Sehr wenig | Wenig- | Mittel- | Hoch-
frequent | frequent | frequent | frequent

Abb. 115. Darstellung der Nystagmusfrequenz.

Fein bis mittelschlägiger
wenig bis mittelfrequenter Nystagmus

Abb. 116. Darstellung von Übergangsformen der Nystagmusintensität.

zwar erfolgt die Kennzeichnung der Amplitude durch die Zahl der Pfeilstriche, die Kennzeichnung der Frequenz durch die Zahl der Pfeilfähnchen (Abb. 114 und 115). Die Einordnung der beobachteten Nystagmusparameter in diese Intensitätsabstufungen ist zwar zu einem großen Teil in das Ermessen des Untersuchers gestellt, jedoch ist bekannt, daß ein erfahrener Untersucher eine sehr große Sicherheit in der Beurteilung eines Nystagmus erlangt. In Zweifelsfällen werden von FRENZEL Übergangsschätzungen empfohlen, nämlich die Halbierung eines Pfeilstriches oder das Weglassen eines der beiden Pfeilfähnchen (Abb. 116).

2. Grundtypen des Spontannystagmus

Von FRENZEL wurden drei Grundtypen des Spontannystagmus angegeben:

a) Der richtungsbestimmte Spontannystagmus

Er schlägt bei allen Augenstellungen in dieselbe Richtung (Abb. 117). Ein horizontaler richtungsbestimmter Spontannystagmus kommt vorwiegend bei peripher-vestibulären Erkrankungen vor, z. B. bei einem einseitigen Ausfall der Gleichgewichtsfunktion. Typischerweise nimmt seine Intensität in dem Maße zu, in dem

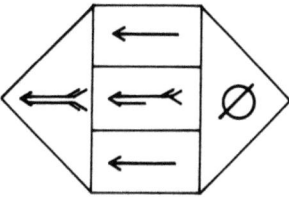

Abb. 117. Richtungsbestimmter Spontannystagmus nach rechts 5 Tage nach dem Ausfall des linken Gleichgewichtsorgans.

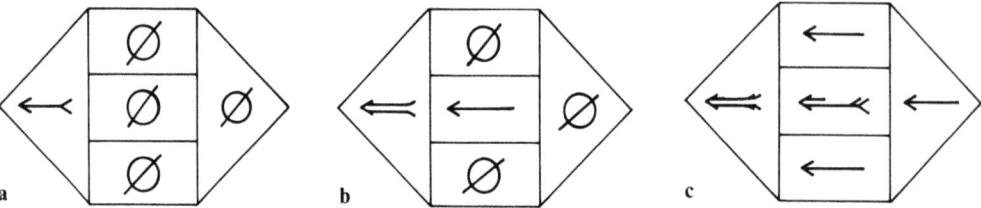

Abb. 118a–c. Intensitätsabschätzung des richtungsbestimmten Spontannystagmus nach ALEXANDER (1912).
a Spontannystagmus 1. Grades; **b** Spontannystagmus 2. Grades; **c** Spontannystagmus 3. Grades

das Auge in die Richtung der schnellen Nystagmusphase blickt. Von ALEXANDER wurde 1912 eine Gradeinteilung für dieses Intensitätsgefälle angegeben. Demnach spricht man von einem Spontannystagmus 1. Grades, wenn der Nystagmus nur beim Blick in die Richtung der schnellen Phase, von einem Spontannystagmus 2. Grades, wenn er auch beim Blick geradeaus und von einem Spontannystagmus 3. Grades, wenn er sogar beim Blick in Richtung der langsamen Phase auftritt (Abb. 118). Im Gegensatz zum rein horizontalen richtungsbestimmten Spontannystagmus sind der rein rotierende (Abb. 119) und der rein vertikale (Abb. 120) richtungsbestimmte Spontannystagmus zentrale Symptome. Die pathogenetischen Möglichkeiten sind zahlreich, der Vertikalnystagmus wird gehäuft bei Lues III gesehen.

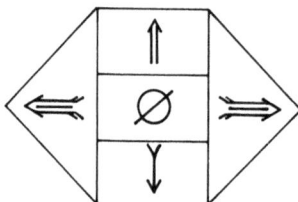

Abb. 121. Starker regelmäßiger Blickrichtungsnystagmus bei basaler Enzephalitis.

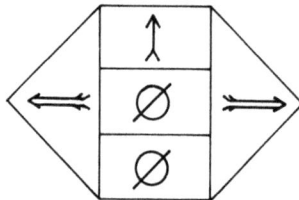

Abb. 122. Regelmäßiger Blickrichtungsnystagmus bei Frontalhirnabszeß.

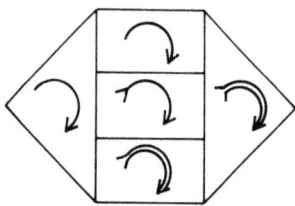

Abb. 119. Rein rotierender richtungsbestimmter Spontannystagmus bei Hirnstammgliom.

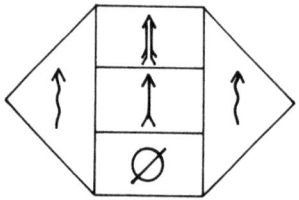

Abb. 120. Rein vertikaler richtungsbestimmter Spontannystagmus bei Lues III.

b) Der regelmäßige Blickrichtungsnystagmus

Dieser Typ des Spontannystagmus tritt nur auf, wenn die Augen die Geradeausposition verlassen. Seine schnelle Phase schlägt immer zur Seite der Blickrichtung, d.h. beim Blick nach rechts entsteht ein Rechtsnystagmus, beim Blick nach links ein Linksnystagmus. Beim Blick geradeaus besteht kein Nystagmus (Abb. 121 und 122).
Dieser Nystagmus, der nicht mit dem physiologischen Endstellnystagmus (s. S. 32) verwechselt werden darf, tritt auf bei zentralen Störungen im Bereich des Hirnstammes, aber auch des Großhirns. FRENZEL vermutet, daß pathologische Prozesse im zentralen optischen System dieses Symptom mitverursachen.

c) *Der regellose Blickrichtungsnystagmus*

Er unterscheidet sich vom regelmäßigen Blickrichtungsnystagmus durch wechselnde Stärke und durch sein Vorhandensein auch beim Blick geradeaus. Hier sind vermutlich optische und vestibuläre Bahnen von der Störung betroffen, die zwischen dem Gleichgewichtskerngebiet und der Vierhügelplatte sowie in den basalen Kleinhirnkernen zu suchen ist. Bei der multiplen Sklerose ist der regellose Blickrichtungsnystagmus ein typischer Befund (Abb. 123). Tumoren der Pons und des kaudalen Hirnstammes können ihn als Frühsymptom verursachen, Tumoren des Kleinhirnbrückenwinkels erst, wenn sie auf den Hirnstamm drücken (Abb. 124).

Differentialdiagnostisch abzugrenzen ist er vom

– angeborenen oder erworbenen okulären Fixationsnystagmus (Abb. 125 und 126). Dieser zeigt zusätzlich zum charakteristischen Pendelverlauf beim Blick zur Seite nahezu immer einen kräftigen Blickrichtungsnystagmus, der auch bei Ausschaltung der Fixation mit der Leuchtbrille zu sehen ist. Er könnte dann für einen regellosen Blickrichtungsnystagmus gehalten werden.

– Rebound-Nystagmus (Abb. 127). Dieser seltene Spontannystagmus kehrt seine Schlagrichtung stets dann um, wenn man vom Blick in die Richtung der raschen Phase des Spontannystagmus zur Mitte zurückblicken läßt. Der Rebound-Nystagmus kann auch ohne Leuchtbrille beobachtet werden. Er tritt familiär gehäuft auf und soll von einer zerebellären Störung herrühren.

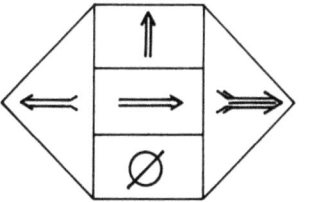

Abb. 123. Regelloser Blickrichtungsnystagmus bei multipler Sklerose.

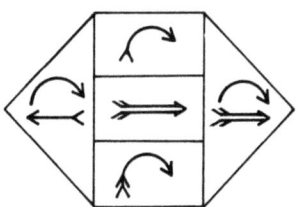

Abb. 124. Regelloser Blickrichtungsnystagmus bei Hirnstammtumor.

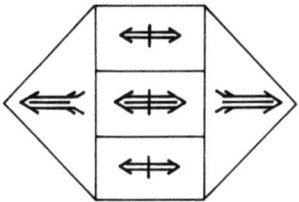

Abb. 125. Okulärer Fixationsnystagmus bei Beobachtung *ohne* Leuchtbrille.

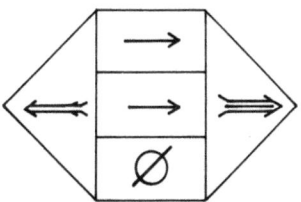

Abb. 126. Okulärer Fixationsnystagmus bei Beobachtung *mit* Leuchtbrille.

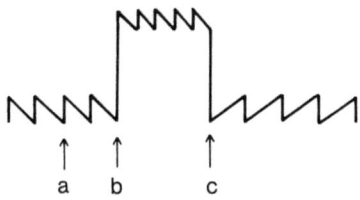

Abb. 127. Rebound – Nystagmus (DC-Ableitung). **a** Spontannystagmus nach rechts; **b** Blick nach rechts in Richtung der schnellen Phase; **c** Blick zurück zur Mitte. Es kommt zu einer Umkehr des Spontannystagmus. Er verläuft nun nach links.

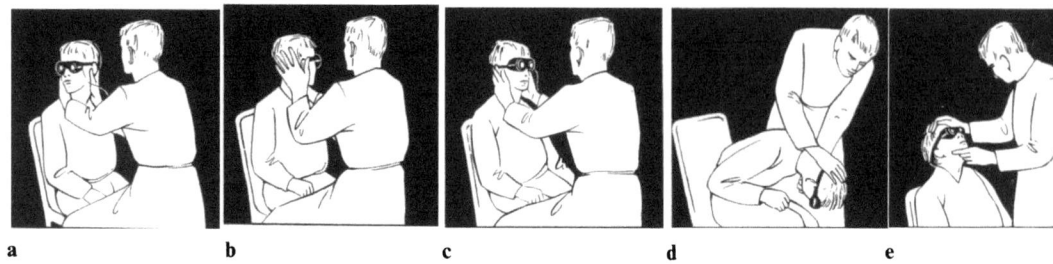

Abb. 128. Lockerungsmaßnahmen (aus FRENZEL, MINNINGERODE und STENGER 1982). a–c = Kopfschütteln; d + e = schnelles Bücken und Wiederaufrichten

B. Die Untersuchung des Provokationsnystagmus

Unter Provokationsnystagmus versteht man einen pathologischen Nystagmus, der nur während oder nach provozierenden Maßnahmen auftritt.

1. Lockerungsmaßnahmen (Abb. 128 a–e)

Durch heftige Reizung des Gleichgewichtssystems wird eine in Ruhe kompensierte Störung wieder zum Vorschein gebracht. Provozierende Lockerungsmaßnahmen sind alle kurzen, heftigen Kopfbewegungen wie Kopfschütteln und schnelles Bücken und Wiederaufrichten, aber auch unphysiologische Reize wie die thermische Prüfung. Als Standard-Provokation wird der Kopf des Patienten vom Untersucher fünfmal kurz und kräftig in horizontaler und vertikaler Ebene geschüttelt. Bei jeder pathologischen Tonusdifferenz der Gleichgewichtskerne bleibt dieser „Kopfschüttelnystagmus" als Restsymptom am längsten erhalten. Dementsprechend geben die Patienten eine kurze Unsicherheit während des Kopfschüttelns an und berichten typischerweise von einer kurzen Unsicherheit beim Überqueren einer Fahrbahn, infolge der dabei notwendigen kurzen und raschen Kopfbewegungen beim Beobachten des Verkehrs.

2. Nystagmus bei Einnahme der Schwindellage

In der Untersuchungssituation wird der Kopf bzw. der Körper in die Haltung oder Lage ge-

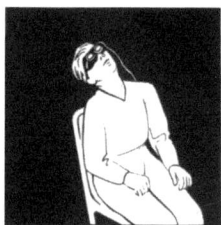

Abb. 129. Untersuchung in der Schwindellage (Aus FRENZEL, MINNINGERODE und STENGER 1982)

bracht, in welcher der Patient Schwindel angibt. Die Untersuchung ist besonders wichtig bei Störungen von seiten der HWS. Berichtet ein Patient z.B. von einem Schwindel beim Blick nach oben, so wird versucht, die auslösende Haltung zu finden und den auftretenden Nystagmus zu beobachten. Die Haltung wird grundsätzlich mehrfach eingenommen, um die Reproduzierbarkeit der Störung zu prüfen (Abb. 129).

3. Lageprüfung (Abb. 130)

Hierbei wird der liegende Körper langsam von der Rückenlage in die Rechts- und in die Linksseitenlage gedreht. Der Patient darf sich zum Drehen also nicht aufsetzen. Der Kopf darf in Seitenlage nicht frei hängen (Kissen!). Bei sehr korpulenten Patienten kann sich der erfahrene Untersucher auf die Drehung allein des Kopfes beschränken. Allerdings liegt ein Nachteil in der gleichzeitigen Rotation der

Die Untersuchung des Provokationsnystagmus 69

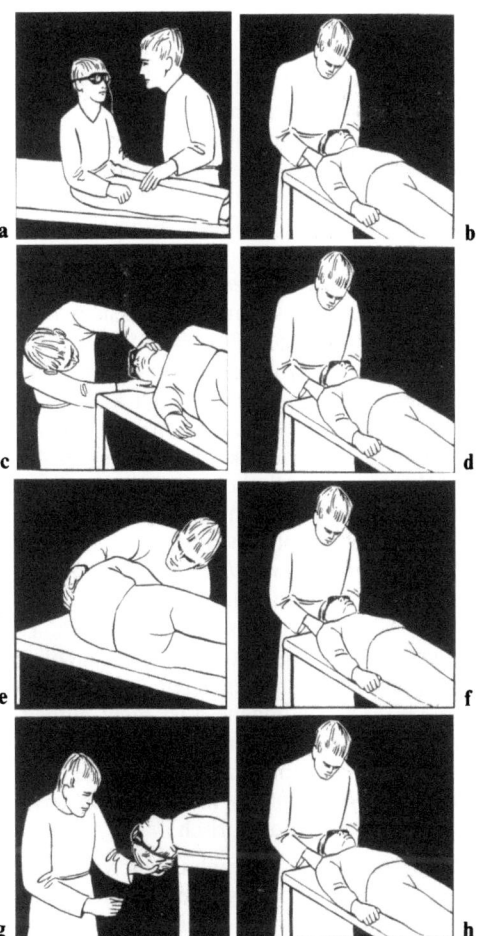

Abb. 130 a–h. Lageprüfung. a Sitzend, Kopf aufrecht (Nullage). b Rückenlage. c Rechtslage. d Zweite Rückenlage. e Linkslage. f Dritte Rückenlage. g Kopfhängelage. h Vierte Rückenlage. Alle Lageänderungen werden langsam vorgenommen. (Aus FRENZEL, MINNINGERODE und STENGER 1982)

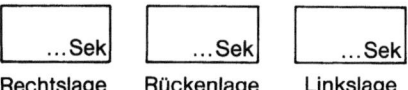

Rechtslage   Rückenlage   Linkslage

Abb. 131. Schema zur Dokumentation des Lagenystagmus.

HWS, so daß zervikale Faktoren das Untersuchungsergebnis beeinflussen können.
Der bei der Lageprüfung auftretende Lagenystagmus wird entsprechend dem Vorschlag

FRENZELS nach Richtung und Dauer in drei Felder eingetragen (Abb. 131).
Arten des Lagenystagmus

a) Der richtungsbestimmte Lagenystagmus

Dieser meist wenig intensive, doch unerschöpfliche Lagenystagmus, der immer dieselbe Richtung aufweist, ist als ein gelockerter Spontannystagmus zu deuten (Abb. 132). Er ist bei allen Untersuchungen ständig vorhanden, wobei seine Stärke von der Intensität der provozierenden Maßnahme abhängt. Es ist gleichgültig, ob ein richtungsbestimmter Lagenystagmus aus mehreren Komponenten zusammengesetzt ist, ob er rein rotierend oder nur horizontal ist.

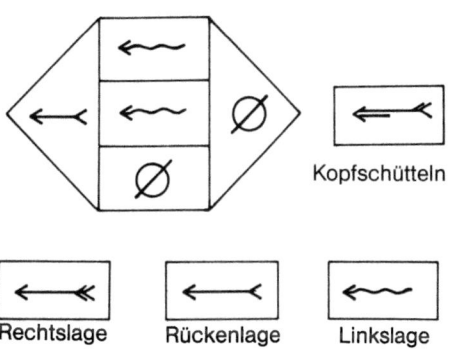

Abb. 132. Richtungsbestimmter Lagenystagmus nach rechts zusammen mit Spontan- und Kopfschüttelnystagmus nach rechts 14 Tage nach einem Labyrinthausfall links.

Charakteristisch ist, daß ein Richtungswechsel in die entgegengesetzte horizontale oder in eine vertikale Schlagrichtung nicht erfolgt (STENGER).

b) Regelmäßig richtungswechselnder Lagenystagmus

Er zeichnet sich durch die Symmetrie des Gesamtbildes aus. Die genaue Entstehungsursache ist nicht bekannt. Wahrscheinlich handelt es sich um eine pathologische Unfähigkeit des Gleichgewichtskerngebietes, Änderungen der

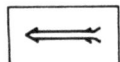 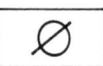 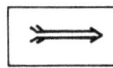

Rechtslage   Rückenlage   Linkslage

Abb. 133. Regelmäßig richtungswechselnder Lagenystagmus (divergierend) 60 Minuten nach Alkoholgenuß.

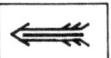 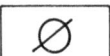 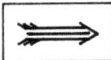

Rechtslage   Rückenlage   Linkslage
nach 10"   nach 6"
Erbrechen   Erbrechen

Abb. 134. Divergierender, regelmäßig richtungswechselnder Lagenystagmus bei Enzephalitis.

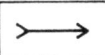 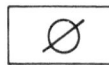 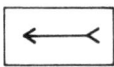

Abb. 135. Konvergierender, regelmäßig richtungswechselnder Lagenystagmus 8 Stunden nach Alkoholgenuß.

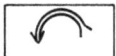 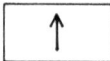 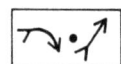

Abb. 136. Regellos richtungswechselnder Lagenystagmus nach apoplektischem Insult.

 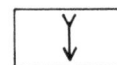 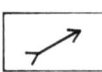

Abb. 137. Regellos richtungswechselnder Lagenystagmus 2 Jahre nach einem okzipitalen Schädel-Hirntrauma.

schwerkraftbedingten Signale vom Utrikulus und Sakkulus entsprechend zu verarbeiten. Solche Änderungen treten beim Lagewechsel auf.
Drei Formen werden beobachtet

– *Divergierender Lagenystagmus:* er ist bei Rechtslage nach rechts und bei Linkslage nach links gerichtet (Abb. 133). Dieser Nystagmus tritt bei Intoxikationen und großflächigen Infektionen des Zentralnervensystems auf. Er ist regelmäßig zu finden in den ersten Stunden nach Alkoholgenuß (s. S. 134). Auch Narkotika verursachen ihn. Er ist deshalb einige Stunden nach einer Narkose noch zu beobachten.
Sehr grobschlägigen, mittelfrequenten, divergierenden Lagenystagmus findet man bei einer basalen Enzephalitis. Kurz nach Einnahme der Schwindellage tritt heftiges Erbrechen auf (Abb. 134).

– *Konvergierender Lagenystagmus:* er ist bei Rechtslage nach links und bei Linkslage nach rechts gerichtet (Abb. 135). Bei diesem 1948 von MEYER ZUM GOTTESBERGE beschriebenen Form des Lagenystagmus handelt es sich immer um ein Symptom einer zentralen Erkrankung im Gleichgewichtskerngebiet. In der Abklingphase nach Alkoholgenuß kann dieser Nystagmus auch vorhanden sein. In diesem Fall ist er aber peripher bedingt.

– *Regellos richtungswechselnder Lagenystagmus:* Für diese Nystagmusform ist die Asymmetrie des Gesamtbildes charakteristisch. Es können alle Schlagrichtungen einschließlich rotierender Augenbewegungen vorkommen (Abb. 136). Die Pathogenese ist nicht einheitlich. Von den peripheren Erkrankungen kann nur der Morbus Ménière zu einem solchen Bild führen. Der Nystagmus ist hier meist von geringer Intensität und transitorisch.

Auch bei zentralen Erkrankungen, vor allem wenn deren Entstehung länger zurückliegt (Schädel-Hirn-Traumen oder apoplektische Insulte) findet man oft den regellos richtungswechselnden Lagenystagmus. Er ist häufig kontinuierlich schlagend und wird von uncharakteristischen Beschwerden begleitet (Abb. 137).

4. Lagerungsprüfung nach HALLPIKE – STENGER

Diese Untersuchung ist eine Kombination aus einer stark provozierenden Körperhaltung, nämlich der Kopfhängelage mit geradem und gedrehtem Kopf und raschen Lageänderungen. An der provokativen Maßnahme sind mehrere Faktoren beteiligt:

– die Halswirbelsäule (durch die Überstreckung des Kopfes, die mit Kopfdrehung kombiniert wird)

Abb. 138.
Ablauf der Lagerungsprüfung. (Aus FRENZEL, MINNINGERODE und STENGER 1982)

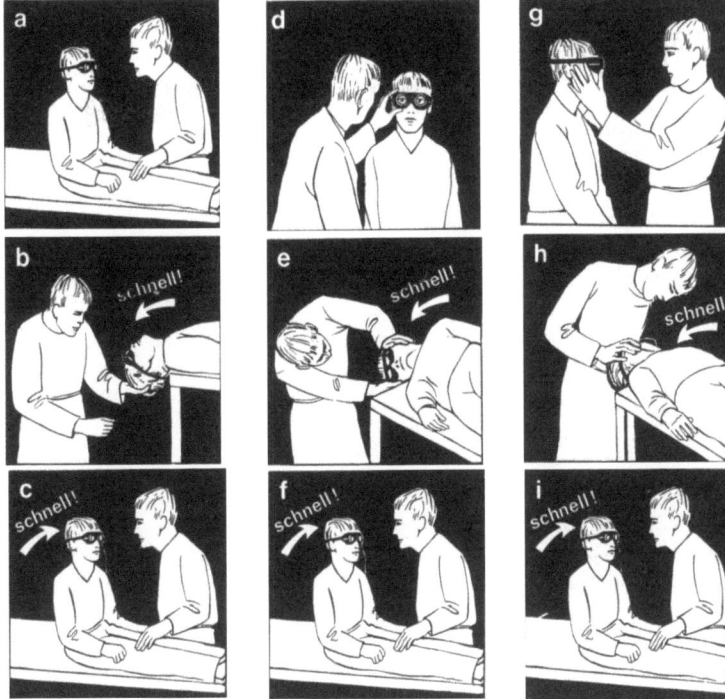

- Massenverschiebungen innerhalb des Schädels durch die raschen Lageänderungen und
- ein kräftiger Gleichgewichtsreiz durch die schnellen Kopfbewegungen.

Entsprechend vielfältig sind auch die Ursachen eines auftretenden Nystagmus. Mechanische Irritationen an der Arteria vertebralis, Durchblutungsstörungen im Vertebralis-Basilaris-Kreislauf und auch rein periphere Erkrankungen an den Gleichgewichtsorganen müssen in Betracht gezogen werden.

Die Prüfung beginnt in der Null-Stellung, in der der Patient auf der Untersuchungsliege sitzt (Abb. 138). Er wird dann schnell innerhalb von 1–2 Sekunden in die gerade Kopfhängelage gebracht (Lagerung). Diese Position wird 5–10 Sekunden eingehalten, und der Patient danach rasch wieder aufgesetzt. Nach einer Pause von ca. 5 Sekunden zur Nystagmusbeobachtung wird der Kopf zur Seite gedreht und der Lagerungsvorgang bei Kopfhaltung rechts und links wiederholt.

Ablauf der Lagerungsprüfung

a) Patient sitzt, Kopf gerade
b) Umlagerung in die gerade Kopfhängelage.
 5 Sekunden zur Nystagmusbeobachtung
c) Aufrichtung zum Sitzen.
 5 Sekunden zur Nystagmusbeobachtung
d) Kopfdrehung nach rechts
e) Umlagerung in die rechte Kopfhängelage.
 5 Sekunden zur Nystagmusbeobachtung
f) Aufrichtung zum Sitzen.
 5 Sekunden zur Nystagmusbeobachtung
g) Kopfdrehung nach links
h) Umlagerung in die linke Kopfhängelage.
 5 Sekunden zur Nystagmusbeobachtung
i) Aufrichtung zum Sitzen.
 5 Sekunden zur Nystagmusbeobachtung

Der Lagerungsnystagmus wird entsprechend einer Empfehlung FRENZELs in ein Schema eingetragen (Abb. 139).

72 Der diagnostische Untersuchungsgang

Abb. 139. Schema zur Dokumentation des Lagerungsnystagmus.

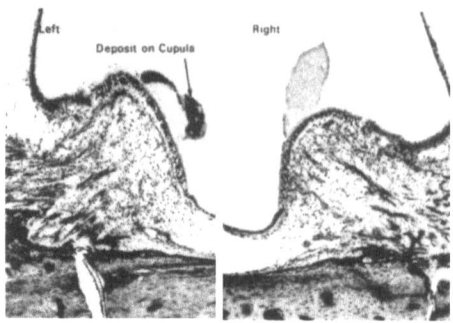

Abb. 141. Cupulolithiasis: *Links:* Ablagerung von Kalziumoxalat an der Cupula des linken horizontalen Bogengangs. *Rechts:* Normale Cupula. Sie ist durch die Fixierung geschrumpft. (Aus SCHUKNECHT 1974).

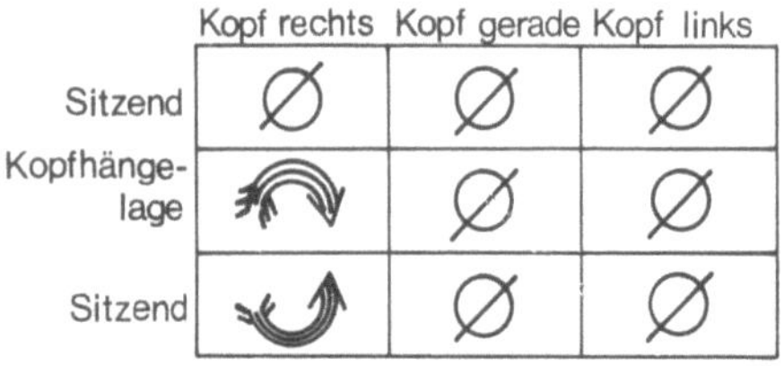

Abb. 140. Benigner paroxysmaler Lagerungsnystagmus nach Schädel-Hirntrauma.

Formen des Lagerungsnystagmus

a) Der benigne paroxysmale Lagerungsnystagmus

Er ist ein rotierender Nystagmus und tritt erst nach einer Latenz von einigen Sekunden nach dem Umlagern vom Sitzen in die Kopfhängelage auf. Beim Wiederaufrichten wird er gegenläufig (Abb. 140). Er entwickelt sich crescendo-decrescendoartig, wird sehr heftig und dauert selten länger als 10 Sekunden. Kurz vor dem Nystagmus setzt bereits ein sehr heftiges Schwindelgefühl ohne Übelkeit ein, das ebenfalls einen crescendo-decrescendoartigen Verlauf hat. Andere Symptome fehlen. Der benigne paroxysmale Lagerungsnystagmus ist reproduzierbar, wird aber zunehmend schwächer, ein Effekt, der therapeutisch benutzt wird. Von SCHUKNECHT wurden patho-histologisch bei dieser Erkrankung Kalziumoxalatsteine an der Cupula des hinteren Bogenganges gefunden (Cupulolithiasis – Abb. 141). Sie sollen von der Macula utriculi stammen, von wo sie durch Schädel-Hirntraumen losgelöst wurden. Die Cupula, die durch das zusätzliche Gewicht überladen ist, hat nun eine überschießende Schwingungscharakteristik, sie wird ein Gravirezeptor. Auch an anderen Stellen des Gleichgewichtsorgans wurden histologisch Kalziumoxalatsteine und Gewebe von unbekannter Herkunft nachgewiesen. So kann z. B. bei der Extraktion des Steigbügels im Verlauf einer Otosklerose-Operation ein ins Innenohr fallendes Knochenstückchen ebenfalls den benignen paroxysmalen Lagerungsnystagmus hervorrufen.

b) Der Lagerungsnystagmus bei HWS-Syndrom

Die Symptome sind ähnlich denen bei einer Cupulolithiasis, jedoch nicht so regelmäßig bezüglich Richtung und Ausprägung des Nystagmus (Abb. 142). Bei Überstreckung des Halses in Kopfhängelage kann ein Nystagmus auftreten mit Latenz, mit Crescendo-Decrescendocharakter, aber von deutlich geringerer Stärke und mit geringerem Begleitschwindel. Er kann horizontal gerichtet sein. Die für eine Cupulolithiasis typische Gegenläufigkeit des Nystagmus beim Wiederaufrichten fehlt. Dagegen

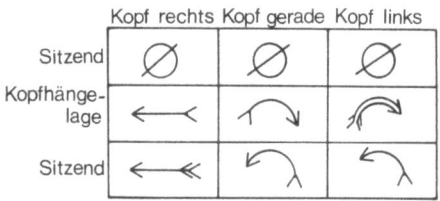

Abb. 142. Lagerungsnystagmus bei HWS-Syndrom.

kann dieser Nystagmus bei Drehung des Kopfes die Richtung ändern.
Deutliche Störungen sind reproduzierbar, geringere selten. Die Stärke und Richtung des Nystagmus kann bei wiederholten Prüfungen sehr unterschiedlich sein.

Übersichtsliteratur: Frenzel, Minningerode und Stenger 1982.

II. Die experimentellen Gleichgewichtsprüfungen

Gut zugängliche Afferenzen des Gleichgewichtssystems wie das Gleichgewichtsorgan, das Auge und die Somatosensoren im Halsbereich, werden unter teilweise standardisierten Versuchsbedingungen gereizt. Die Reizantwort wird an den Efferenzen als Nystagmus oder als Fallneigung gemessen.
Die klinisch wichtigste Untersuchungsmethode ist die *thermische Reizung* des Gleichgewichtsorgans. Mit ihr wird die Funktionstüchtigkeit des einzelnen Gleichgewichtsorgans gemessen. Der Reiz ist unphysiologisch.
Die *Drehprüfungen* stellen dagegen physiologische Reize dar. Sie sind schonender, erregen aber beide Gleichgewichtsorgane gleichzeitig. Eine Aussage über die Funktion des einzelnen Gleichgewichtsorgans ist damit nicht möglich! Dagegen gestattet die Untersuchung einen Einblick in die zentral-vestibulären Funktionen.
Mit *okulomotorischen Reizen* wird der Einfluß einer bewegten Umwelt auf das Gleichgewichtssystem untersucht. Es sind physiologische Reize, die vom Auge aufgenommen werden.
Sensible Afferenzen aus der Hals- und Nackenregion gehen ebenfalls Verbindungen mit dem Gleichgewichtssystem ein. Beim Gesunden können wir sie meßtechnisch nicht erfassen. Durch Veränderungen an der Halswirbelsäule sowie Verspannungen der Muskulatur werden die sensiblen Afferenzen indessen irritiert, und wir können als Folge davon einen Nystagmus bei Drehung des Kopfes gegenüber dem Rumpf sichtbar machen.

Abb. 143. ROBERT BÁRÁNY (1876–1936)

A. Die thermische Untersuchung des Gleichgewichtsorgans

1. Geschichtlicher Überblick

1860 entdeckten BROWN SEQUARD, SCHMIEDKAM und HENSEN, daß eine Spülung des äußeren Gehörganges mit kaltem Wasser die Symptome Schwindel, Fallneigung zur gespülten Seite und Nystagmus hervorruft. Die Herkunft dieser Symptome war zu dieser Zeit noch unbekannt, denn die Bogengänge wurden für Organe des Richtungshörens gehalten. In den folgenden Jahren wurden tierexperimentell die Abschnitte des 8. Hirnnerven durchtrennt, die von den Bogengängen wegführten. Als sich nach dieser Maßnahme eine Fallneigung einstellte, wie man sie bei der Gehörgangsspülung mit kaltem Wasser gesehen hatte, war klar geworden, daß die Bogengänge Bestandteile des statischen Systems sein mußten, und daß der Effekt der Gehörgangsspülung mit kaltem Wasser von diesen Bogengängen herrühren mußte.
46 Jahre nach Entdeckung des thermischen Effektes versuchte BÁRÁNY 1906 (Abb. 143) den zugrundeliegenden physikalischen Mechanismus zu erklären. Nach seiner Ansicht führt eine Spülung des Gehörganges mit Wasser, dessen Temperatur von der Körpertemperatur abweicht, zu einer in das Felsenbein fortgeleiteten Temperaturänderung. In den Bogengängen ändert sich dadurch das spezifische Gewicht der Endolymphe. Steht ein Bogengang senkrecht, dann soll die in ihm abgekühlte Flüssigkeit absinken, die erwärmte aufsteigen. Besteht zusätzlich eine Temperaturdifferenz an den Schenkeln des Bogengangs, dann soll es zu einer Flüssigkeitsrotation kommen.

Sie sei der adäquate Reiz für das Gleichgewichtsorgan.

Diese 1912 mit dem Nobelpreis ausgezeichnete Theorie wurde später zwar durch klinische wie physiologische Untersuchungen, besonders von BRÜNINGS und DOHLMAN aber auch HOLMGREN, RUTTIN, MAGNUS und DE KLEYN gestützt, neueste Untersuchungen in der Schwerelosigkeit des Weltraums an Bord des Space Labs zeigen jedoch eindeutig, daß die Theorie BÁRÁNYs nicht in der Lage ist, den thermischen Effekt zu beschreiben (SCHERER 1984).

Die Theorie BÁRÁNYs kann auch nicht alle Besonderheiten der thermischen Reaktion erklären, so z. B. die unterschiedliche Stärke der Nystagmusreaktion in Rücken- und Bauchlage, die Fixierung der Cupula an der Oberseite der Ampulle, die eine echte „Strömung" der Endolymphe nicht möglich macht und weitere Punkte. Es fehlte deshalb schon damals nicht an Widerspruch gegen BÁRÁNYs Theorie.

BARTELS vertrat die Ansicht, daß der thermische Reiz durch direkte Wirkung von Wärme und Kälte auf das Sinnesepithel zustandekommt. Dieser direkte Effekt könnte dieselbe Reizantwort hervorrufen wie die Sinneszellstimulation nach der Vorstellung BÁRÁNYs. Er konnte aber nicht erklären, warum die Nystagmusstärke durch Lageänderung des Bogengangs variierte.

Von CANEGHEM diskutierte die Möglichkeit, daß die thermische Reaktion durch den Anstieg und den Abfall des intralabyrinthären Druckes beim Erwärmen bzw. Abkühlen der Endolymphe zustandekommen könne. Diesem Mechanismus wurde heute die größte Priorität eingeräumt (SCHERER, V. BAUMGARTEN 1984). STEINHAUSEN und DOHLMAN (Abb. 144) konnten am lebenden Tier die Bewegung der Cupula beobachten, die Stärke des von ihnen gefilmten Cupulaausschlages hat sich später allerdings als Artefakt erwiesen.

2. Technik der thermischen Prüfung

Die heute allgemein angewandte Technik geht zurück auf Untersuchungen von THORNVAL 1917. Er schlug neben der Kaltreizung die noch wichtigere Warmreizung vor und gab die Wassertemperaturen von 44 °C und 30 °C an, die gleich starke, aber entgegengesetzt gerichtete Reaktionen hervorrufen. Seitdem sind viele verschiedene Methoden der thermischen Labyrinthprüfung beschrieben worden. Auf eine einheitliche Methode konnte man sich allerdings nie einigen. Für den deutschsprachigen Raum wurde 1980 von einer Kommission zur Standardisierung von Gleichgewichtsprüfungen eine Empfehlung zur Durchführung und Bewertung der thermischen Prüfung herausge-

Abb. 144. GÖSTA DOHLMAN (1889–1983)

geben (MULCH, SCHERER), auf die sich die nachfolgende Beschreibung stützt.

a) Körperhaltung

Je nach den klinischen Erfordernissen gibt es zwei Methoden der thermischen Prüfung:

Methode nach HALLPIKE *(1955).* Der Patient liegt, der Kopfteil der Liege ist um 30° angehoben (Abb. 145). Der laterale Bogengang steht nun senkrecht. Dies ist die Stellung der maximalen Reizwirkung (Optimumstellung nach BRÜNINGS). Der Patient bleibt in dieser Lage bis zum Ende der thermischen Untersuchung.
Vorteil: Immer gleiche, definierte Kopfhaltung.
Nachteil: Im Liegen sinkt die Aufmerksamkeit. Der Platzbedarf für die Untersuchung ist groß.

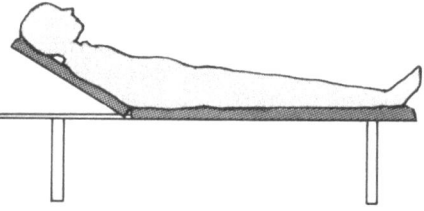

Abb. 145. Körperhaltung bei der thermischen Prüfung nach HALLPIKE.

Methode nach VEITS *(1928).* Der Patient sitzt. Während der Spülung wird der Kopf ca. 30° nach vorne geneigt (Abb. 146a). In dieser Haltung steht der laterale Bogengang waagerecht. Der thermische Reiz kommt nicht zur Wirkung (Pessimumstellung nach BRÜNINGS). Erst 20 bis 30 Sekunden nach Spülende wird der Kopf langsam in die Optimumstellung (60° nach oben) angehoben und auf eine Kopfhalterung aufgestützt (Abb. 143b). Der Sinn dieses Vorgehens liegt darin, daß während des eigentlichen Reizvorgangs, das mit einer gewissen Latenz und zahlreichen Artefakten einhergehende Reizergebnis nicht beobachtet wird. Erst zum Zeitpunkt der maximalen Temperaturdifferenz an den Schenkeln des lateralen Bogenganges wird dieser senkrecht gestellt. Der Nystagmus setzt dann augenblicklich ein.

Vorteil: Die Aufmerksamkeit des Patienten ist im Sitzen höher als im Liegen.
In der Pause zwischen zwei Spülungen kann man den Patienten kurz wegsetzen und einen anderen Patienten an seiner Stelle untersuchen. Der Platzbedarf eines Stuhles ist geringer als der einer Liege.

Nachteil: Bei elektronystagmographischen Registrierungen werden durch die Bewegung des Kopfes beim Anheben in die Optimumstellung die Elektrodenkabel bewegt, außerdem können sich die Elektroden von der Haut lösen, so daß Artefakte entstehen und eine Wiederholung der Untersuchung notwendig machen.

Die Methode nach HALLPIKE im Liegen ist günstiger, wenn der Nystagmus elektronystagmografisch registriert wird.
Die Methode nach VEITS im Sitzen ist günstiger, wenn der Nystagmus mit der Frenzelbrille beobachtet wird.

b) *Reizmedium*

Bei der thermischen Prüfung muß eine möglichst große Wärmemenge vom Gehörgang auf den Labyrinthknochen übertragen bzw. von diesem abgeführt werden. Dazu eignet sich Wasser wegen seiner hohen Wärmekapazität und wegen seines sicheren Kontaktes mit der Gehörgangshaut am besten.

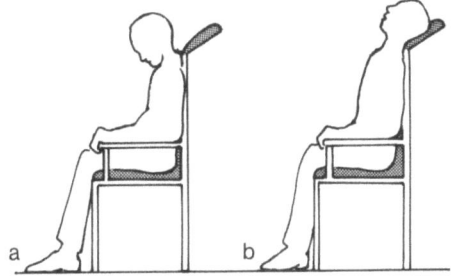

Abb. 146a–b. a Körperhaltung während der thermischen Prüfung nach VEITS (Pessimumstellung). **b** Körperhaltung zur *Beobachtung* des thermischen Nystagmus bei der Untersuchung nach VEITS (Optimumstellung).

Das Wasser wird mit einem elektronisch geregelten Durchlauferhitzer oder mit einem Thermostat geregelten Wasserbad erwärmt und auf konstanter Temperatur gehalten. Die Regelschwankungen sollen +/−0,25 °C nicht überschreiten. Wasserbädern müssen algen- und pilzhemmende Mittel zugesetzt werden, sofern das Wasser nicht täglich erneuert wird.
Bei modernen Durchlauferhitzern wird das temperierte Wasser fortlaufend durch eine Zirkulationsleitung gepumpt, von der mit einem Handgriff auf kurzer Strecke abgezapft wird (Abb. 147). Diese 1925 von GÖSTA DOHLMAN erstmals beschriebene Zirkulationstechnik verringert die Wassermenge undefinierter Temperatur auf 1–2 ccm. Steht keine Zirkulationsleitung zur Verfügung, dann muß vor jeder Spülung das untemperierte Wasser im Schlauch gründlich ausgespült werden. Trotz-

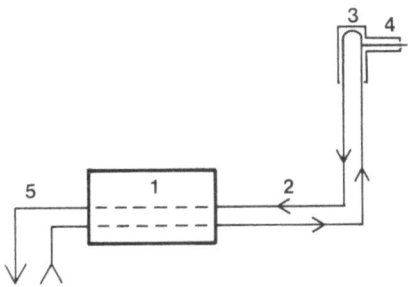

Abb. 147. Zirkulationstechnik nach DOHLMAN zur Reduzierung von Wasser undefinierter Temperatur. *1* = Temperiergerät; *2* = Zirkulationsleitung zum Handgriff; *3* = Spülhandgriff; *4* = Ohransatz (mit Silikonschlauch bewehrt); *5* = Zu- und Ableitung des Wassers

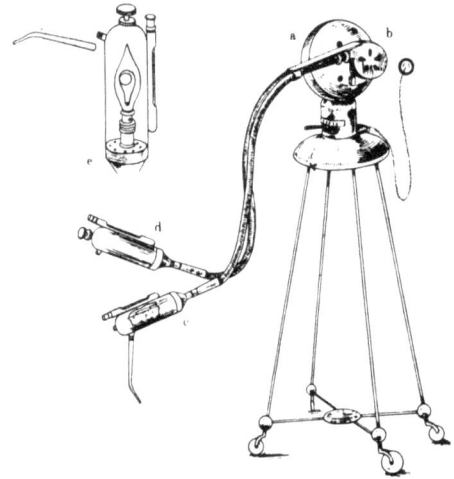

Abb. 148. Luftgebläse *a* zur Reizung des Gleichgewichtsorgans. Mit Glühlampen *e* an den Endstücken *c* und *d* konnten verschiedene Temperaturen erzeugt werden.

dem entspricht die Temperaturgenauigkeit dieser Methode in der Regel nicht den geforderten Bedingungen.

Das Wasser kann auch durch Mischen von kaltem und warmem Wasser von Hand mit einem Thermometer auf die gewünschte Temperatur gebracht werden. Diese Methode ist für Notfalluntersuchungen am Krankenbett zweckmäßig, nicht jedoch für die Routinediagnostik.

RUTTIN erwähnte 1922, daß auch Luft als Reizmedium in Frage komme (Abb. 148). 1944 beschrieb auch FRENZEL „die Verwendung eines Luftgebläses zur Gleichgewichtsreizung". Beide verwendeten Luft aber nur, wenn ein Trommelfelldefekt eine Wasserspülung nicht zuließ. In letzter Zeit wurde die Luftreizung wegen ihrer bequemeren Anwendung in der Routinediagnostik zunehmend eingesetzt (ALBERNAZ, GANANCA, ESTELLRICH, CAPPS).
Aber:

Luft als Reizmedium ist nicht für die Routinediagnostik geeignet,

– weil ihre Wärmekapazität zu gering ist. Die Reizstärke einer Wasserspülung mit 30 °C kann eben noch erreicht werden, die einer Wasserspülung mit 44 °C jedoch nicht mehr,

– weil bei einer Trommelfellperforation, bei der die Vertreter der Luftreizung den hauptsächlichen Gewinn erblicken, Luft in das Mittelohr gelangt und den lateralen Bogengang direkt reizt. Die Reizstärke ist abhängig von der Menge an Luft, die in das Mittelohr gelangt ist, also von der Größe der Perforation.

– weil es bei feuchtem Gehörgang und feuchter Paukenhöhle beim Einblasen von warmer Luft aufgrund von Verdunstungskälte zu einer Abkühlung des lateralen Bogenganges und damit zu einer paradoxen Reaktion kommen kann (BURIAN et al.).

– weil schon geringfügige Veränderungen im Gehörgang, wie eine dünne Ceruminalschicht oder eine Verdickung der Gehörgangshaut einen starken Einfluß auf das Ergebnis der Luftreizung haben. Dadurch wird die ohnehin schon sehr große Schwankungsbreite der thermischen Reaktion an Gesunden noch erheblich erhöht.

Vorgehen bei pathologischen Veränderungen im Mittelohr:

1. Bei großen Operationsdefekten und besonders bei großen, vom Gehörgang zugänglichen Mastoidhöhlen ist ein Seitenvergleich der thermischen Erregbarkeit nicht mehr möglich, da eine der wesentlichen Voraussetzungen eines seitengleichen Reizes, nämlich ein nahezu identischer Wärmeenergietransport durch einseitige, operationsbedingte knöcherne Veränderungen nicht mehr gegeben ist. Hier kommt es nur darauf an festzustellen, ob das Gleichgewichtsorgan erregbar ist oder nicht. Es genügt das Einblasen kalter Luft, wie sie in jeder HNO-Therapiesäule zur Verfügung steht. Bei größeren Höhlen liegt der horizontale Bogengang sehr oberflächlich. Ein geringer Reiz führt bereits zu einer heftigen Reaktion und u. U. zum Erbrechen. Ein Luftreiz von 5 s Dauer genügt in der Regel, um eine Erregbarkeit nachzuweisen.

2. Bei Defekten im Epitympanon aufgrund eines Cholesteatoms kann ohne Bedenken gespült werden. Ein Seitenvergleich der Erregbarkeit ist aber nicht sinnvoll, weil das Cholesteatom Knochen zerstört, und die verschlechterte Wärmeübertragung eine Untererregbarkeit vortäuschen kann.

3. Kleine zentrale Trommelfelldefekte kann man vor der Spülung mit einem kleinen salben-

haltigen Wattetampon oder mit einer Silikonfolie abdecken.

4. Große zentrale und auch randständige Defekte kann man mit Watte und Silkonfolie nicht mehr abdecken. Sie können nur mit einem größeren technischen Aufwand, z.B. der Ballonmethode, so gereizt werden, daß ein Vergleich mit der gesunden Seite möglich ist:
Zur thermischen Reizung schmiegt sich eine aufblasbare, sehr dünne Gummimembran unter Wasserdruck an die Gehörgangswand an. Das Wasser wird über ein Schlauchsystem wieder aus der Membran abgeleitet (Thermostimulator nach SCHERER; Abb. 149). Dieses Reizsystem ist nur in Verbindung mit einem Durchlauferhitzer einsetzbar.

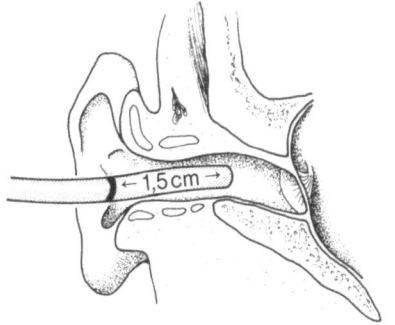

Abb. 150. Technik der Spülung bei der thermischen Gleichgewichtsprüfung.

c) *Spültechnik*

Zur thermischen Spülung wird ein weicher Schlauch aus Silikongummi oder echtem Gummi mit einem Lumen von mind. 1,5 mm in den knöchernen Anteil des äußeren Gehörgangs eingeführt. Harte Schläuche können zu Verletzungen der sehr zarten Gehörgangshaut und des Trommelfells führen. Ein zu kleines Lumen erzeugt einen unerwünschten Düseneffekt. Um Verletzungen des Trommelfells zu vermeiden, muß der Schlauch 1,5 cm vor seinem Ende markiert sein. Befindet sich diese Markierung in Höhe des Tragus, dann ist die Schlauchspitze noch 8–10 mm vom Trommelfell entfernt, liegt aber noch ausreichend weit im knöchernen Gehörgang (Abb. 150). Liegt der Schlauch nur im knorpeligen Gehörgang, dann bilden sich Wirbel vor dem Trommelfell, die einen Wasser- und damit Wärmeaustausch verhindern.

d) *Wassermenge*

Die Wassermenge beeinflußt in weiten Bereichen das Ergebnis der Reizung nicht, sofern nicht eine Menge von 50 ccm unterschritten wird. Bewährt hat sich eine Spülung mit 50–100 ccm Wasser. Es wird mit einer Nierenschale oder mit anklebbaren Kunststoffbeuteln

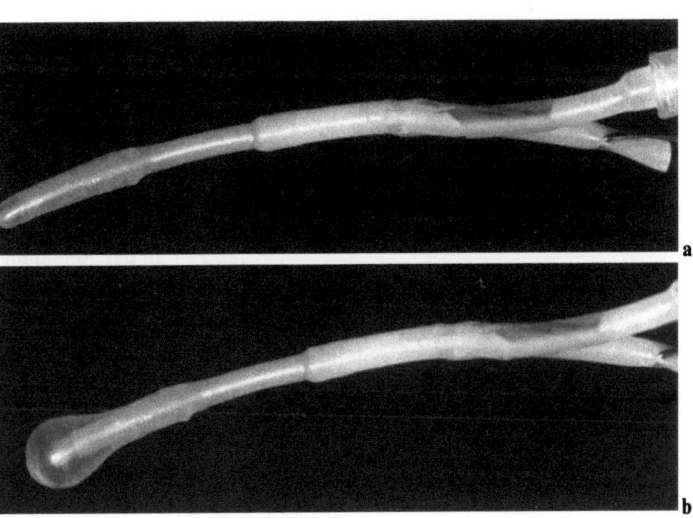

Abb. 149 a, b
Ballonmethode zur thermischen Untersuchung des Gleichgewichtsorgans bei großen zentralen und randständigen Trommelfelldefekten. Der Wasserdruck zur Aufblähung des Ballons wird erreicht durch unterschiedliche Weite von zu- und abführendem Schlauch.
a Ruhezustand; **b** Gummimembran durch Wasserdurchfluß aufgebläht.

aufgefangen. Wasserspülungen von 250 ccm und mehr, wie sie von HALLPIKE vorgeschlagen wurden, bringen keinen Vorteil sondern nur Probleme mit dem Auffangen des Wassers. Bei der sogenannten Minimalspülung wird der Gehörgang mit einer Pipette mit wenigen Kubikzentimetern Wasser gefüllt. Diese heute mancherorts noch anzutreffende Methode ist abzulehnen, weil die Wassermenge und die Wärmemenge durch die Weite des Gehörgangs festgelegt ist, d.h. die Reizstärke von der Gehörgangsweite abhängt (Abb. 151).

Abb. 151. Abzulehnende Minimalspülung.

Abb. 152. Abzulehnende Eiswasserspülung.

e) Spüldauer

Die Spüldauer beeinflußt die Stärke des Reizes erheblich. Man hat sich auf eine Spüldauer von 30 Sekunden geeinigt, weil mit kürzeren Spülzeiten der Einfluß von Artefakten wächst und längere Spülzeiten keinen Gewinn bringen. Wesentlicher als die exakte Einhaltung der empfohlenen 30 Sekunden ist jedoch eine exakt gleiche Spülzeit für alle vier Spülungen bei einem Patienten. Sie ist Voraussetzung für einen Seitenvergleich der Reizantworten.

f) Wassertemperaturen

Als *Warmreiz* wurde Wasser von 44 °C und als *Kaltreiz* Wasser von 30 °C definiert. Diese Temperaturen sind gleich weit nach oben und unten von der Körpertemperatur 37 °C entfernt und sollten demnach eine gleich starke, wenn auch entgegengesetzte Reaktion hervorrufen. Tatsächlich ist dies aber nicht der Fall, denn zum einen ist die Körpertemperatur nicht konstant 37 °C, zum anderen erzeugt die Warmspülung einen Schreckeffekt, der die Vigilanz erhöht.

Zum Nachweis einer Resterregbarkeit ist ein *Starkreiz* erforderlich, der mit Wasser von 20 °C durchgeführt wird. Eine tiefere Wassertemperatur kann von elektronisch geregelten Geräten, die keine gesonderte Kühleinrichtung haben, nicht mehr sicher konstant gehalten werden. Starkreize von 17 °C, wie sie auch empfohlen werden, sind deshalb abzulehnen.

Der stärkste thermische Reiz ist eine Spülung mit Eiswasser, die gelegentlich zur Anwendung kommt, um einen kompletten Ausfall des Gleichgewichtsorgans nachzuweisen. Die Eiswasserspülung ist aber weder sinnvoll noch notwendig (Abb. 152). Sie ist sehr schmerzhaft und doch nicht aussagekräftig, denn ein Eiswassernystagmus kann ein latenter Spontannystagmus sein, der durch unspezifische Reaktionen, z.B. den Schmerz, zum Vorschein kommt. Dementsprechend läßt sich auch nach Durchtrennung des Gleichgewichtsnerven mit Eiswasser noch ein Nystagmus zur Gegenseite auslösen (CAWTHORNE).

g) Reizfolge

Die Untersuchung muß immer mit dem Warmreiz begonnen werden, um Fehlinterpretationen zu vermeiden und um Zeit zu sparen.

Begründung

Der Warmreiz vergrößert eine vorhandene Seitendifferenz, der Kaltreiz verschleiert sie.

Diese sehr wichtige Regel kann am besten an einem Beispiel erläutert werden:

Es bestehe eine uns noch nicht bekannte Untererregbarkeit des linken Gleichgewichtsorgans mit einem latenten Spontannystagmus nach rechts und einem Überwiegen der nach rechts gerichteten Nystagmusschläge bei allen experimentellen Untersuchungen. In der Abbildung 153 dokumentieren wir dieses sogenannte Richtungsüberwiegen durch eine Verschiebung der Grundlinie in Richtung bzw. zugunsten des Rechtsnystagmus.

Fall 1 – Wir beginnen mit einer Kaltspülung Abb. 154:

Eine Spülung mit 30 °C rechts führt zu einem Nystagmus nach links. Dieser Nystagmus muß gegen das vorhandene Richtungsüberwiegen nach rechts ankämpfen. Die sichtbare Reaktion wird deshalb klein sein. Eine Spülung mit 30 °C links führt zu einem

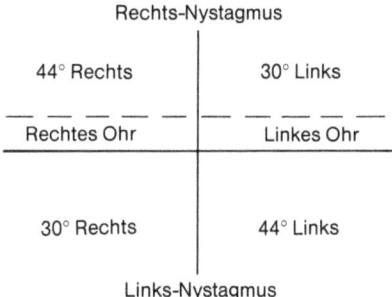

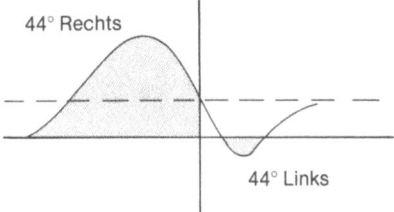

Abb. 153. Verschiebung der Grundlinie durch einen Spontannystagmus bzw. ein Richtungsüberwiegen bei Dokumentation der thermischen Befunde.

Abb. 155. Verstärkender Effekt einer Warmreizung bei Richtungsüberwiegen und Untererregbarkeit.

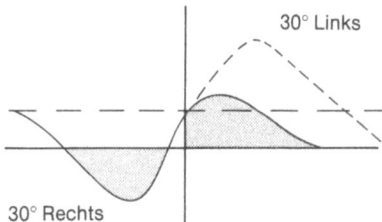

Abb. 154. Vertuschender Effekt einer Kaltreizung bei Richtungsüberwiegen und Untererregbarkeit.

Nystagmus nach rechts. Dieser wird durch ein vorhandenes Richtungsüberwiegen nach rechts gefördert und würde eine erheblich größere Reaktion hervorrufen (gestrichelte Linie in Abb. 154). Das linke Gleichgewichtsorgan reagiert in unserem Beispiel aber schlecht. Wir können trotz der Förderung durch das Richtungsüberwiegen nur eine schwache Reaktion auslösen, die sich nicht wesentlich von der Reaktion der rechten Seite unterscheidet, so daß der Eindruck einer seitengleichen Reaktion entsteht. Der Kaltreiz hat in diesem Fall die bestehende Seitendifferenz verschleiert.

Fall 2 – Beim selben Patienten beginnen wir mit der Warmspülung:
Eine Spülung mit 44 °C rechts erzeugt einen Nystagmus nach rechts (Abb. 155). Dieser wird durch das Richtungsüberwiegen nach rechts gefördert. Wir erhalten eine sehr starke Reaktion. Eine Spülung mit 44 °C links erzeugt einen Nystagmus nach links. Dieser wird durch das Richtungsüberwiegen nach rechts gebremst. Zusätzlich besteht die Untererregbarkeit links. Wir erhalten somit eine sehr schwache Reaktion. Der Warmreiz hat in diesem Fall die bestehende Seitendifferenz hervorgehoben.
Für den *seltenen* Fall, daß bei einem Patienten ein Spontannystagmus in Richtung eines geschädigten Gleichgewichtsorgans vorbesteht – bei zentralen Schäden oder bei Erholungsnystagmus – gilt natürlich, daß ein Kaltreiz die Seitendifferenz hervorhebt und der Warmreiz sie verschleiert.

> Wenn der Warmreiz eine seitengleiche Reaktion hervorruft und kein Spontan-, Lage- und Lagerungsnystagmus besteht, dann kann auf die Kaltreizung verzichtet werden. Besteht aber eine Seitendifferenz der Nystagmusantwort, dann muß die Kaltspülung folgen, um alle Möglichkeiten der Diagnostik auszuschöpfen.

Die Reihenfolge der Reize wird so gewählt, daß jeweils ein Nystagmus in entgegengesetzter Richtung ausgelöst wird, um zentrale Gewöhnungsvorgänge zu vermeiden.

Rechts 44 °C → Rechtsnystagmus
Links   44 °C → Linksnystagmus
Links   30 °C → Rechtsnystagmus
Rechts 30 °C → Linksnystagmus

Bei Bedarf:
Links   20 °C → Rechtsnystagmus
Rechts 20 °C → Linksnystagmus

Mehr als 6 Spülungen hintereinander sind nicht sinnvoll, weil es auch bei konstant aufrechtgehaltenem Wachheitsgrad durch Habituation zu einer steten Abnahme der Reizantwort kommt.
Wird vor Beginn der thermischen Prüfung mit der Frenzelbrille ein Spontannystagmus entdeckt, so kann man sich auf die Spülungen beschränken, die einen dem Spontannystagmus entgegengerichteten Nystagmus auslösen. Er ist, besonders bei Untersuchung mit der Frenzelbrille, leichter zu beurteilen als ein mit dem Spontannystagmus gleichgerichteter thermischer Nystagmus.

Z. B. Spontannystagmus nach rechts –
sinnvolle Spülungen: 44 °C links
30 °C rechts
Spontannystagmus nach links –
sinnvolle Spülungen 44 °C rechts
30 °C links
Durch den Wegfall von zwei Spülungen haben wir Zeit gewonnen. Bedenkt man vor der thermischen Untersuchung die möglichen Ursachen eines Spontannystagmus, dann kann die Untersuchungszeit weiter verkürzt werden:

Beispiel: Es bestehe ein Spontannystagmus nach rechts. Er kann herrühren von einem akuten Ausfall des linken Gleichgewichtsorgans. Wie bereits erwähnt, können die Spülungen 44 °C rechts und 30 °C links entfallen. Wir beginnen die thermische Untersuchung mit der Reizung der möglicherweise kranken linken Seite. Erhalten wir keine Reizantwort, dann kann sofort, d.h. ohne Einhaltung einer Reizpause (s. unten) mit der Spülung der vermutlich gesunden Seite fortgefahren werden. Beginnt man indessen die thermische Untersuchung auf der vermutlich gesunden Seite und erhält eine Reizantwort, dann muß eine Reizpause (s. unten) eingehalten werden.

h) Pausen zwischen den Spülungen

Die thermische Reizung des Gleichgewichtsorgans erzeugt einen Temperaturgradienten am lateralen Bogengang. Er ist noch 10 Minuten nach dem Ende einer thermischen Reizung nachweisbar, wie von KLEINFELD und DAHL bei direkten Messungen und von BENSON indirekt nach Ausschaltung zentraler Ausgleichsvorgänge gefunden wurde. Dieser nach 10 Minuten nur noch sehr kleine Temperaturgradient erzeugt zwar keinen Nystagmus mehr, kann aber das Ergebnis einer nachfolgenden Untersuchung in nicht vorhersehbarer Weise beeinflussen. Eine Pause von mehr als 10 Minuten zwischen den einzelnen Spülungen ist im klinischen Alltag schwer einzuhalten. Es wurde als Kompromiß für die klinische Routineuntersuchung ein 7 Minutenabstand zwischen dem Beginn zweier Spülungen vorgeschlagen, für wissenschaftliche Untersuchungen aber eine Pause von mindestens 10 Minuten gefordert.

3. Wahl der Nystagmusparameter bei der thermischen Prüfung

a) Bei Untersuchung mit der Frenzelbrille

Als Parameter für die Erregbarkeit wird die Schlagzahl des Nystagmus am Reaktionsmaximum (Kulminationsschlagzahl) von der 61. bis zur 90. Sekunde nach Spülbeginn empfohlen. Wir schlagen vor, die Ergebnisse der 44 °C- und der 30 °C-Reizung eines jeden Ohres zu addieren und in ein Schema zur Darstellung der Seitendifferenz einzutragen (Abb. 156). Das Schema enthält Perzentil-Linien, welche die Streubreite der gesunden Bevölkerung markieren (MULCH und SCHERER).

Zwischen den Perzentilen 90 und 11 liegen die thermischen Reaktionen von 80% aller Gesunden, zwischen 95 und 6 die von 90%, zwischen 97 und 4 die von 94% aller Gesunden. Die horizontalen und vertikalen Perzentilen markieren die Streubreite der Ergebnisse jedes Gleichgewichtsorgans getrennt. Sie rahmen ein Feld links unten ein, in denen Patienten mit sehr schwachen Reaktionen (z.B. nach Streptomycin-Therapie) zu finden sind, und ein Feld rechts oben, in denen wir die Patienten mit einer symmetrischen, übermäßig kräftigen Erregbarkeit (z.B. als Enthemmungssymptom nach Schädel-Hirn-Traumen) finden.

Die Summe der Schlagzahl der rechtsgerichteten (44 °C rechts und 30 °C links) und der linksgerichteten (44 °C links und 30 °C rechts) Nystagmusschläge wird in ein Schema zur Darstellung des sogenannten Richtungsüberwiegens eingetragen (Abb. 157).
Unter *Richtungsüberwiegen* (engl.: Directional Preponderance – DP) versteht man das Überwiegen einer bestimmten Nystagmusrichtung bei der thermischen oder auch bei anderen experimentellen Prüfungen. Dieses Richtungsüberwiegen kann Zeichen eines latenten Spontannystagmus oder einer zentral-vestibulären Störung sein. Es kommt sehr häufig auch beim Gesunden vor. Die Streubreite des Richtungsüberwiegens beim Gesunden ist noch größer als die der Seitendifferenz. Perzentilen sind daher nicht angebracht.
Das Schema zur Bestimmung des Richtungsüberwiegens dient zusätzlich der Dokumentation des Spontannystagmus. Dabei wird der Spontannystagmus entsprechend seiner Stärke (Schlagzahl pro 10 s) und Richtung am rechten

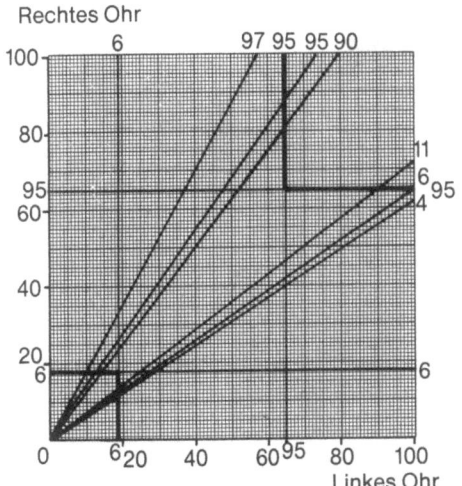

Abb. 156. Schema zur Darstellung einer Seitendifferenz. Parameter: Nystagmusfrequenz.

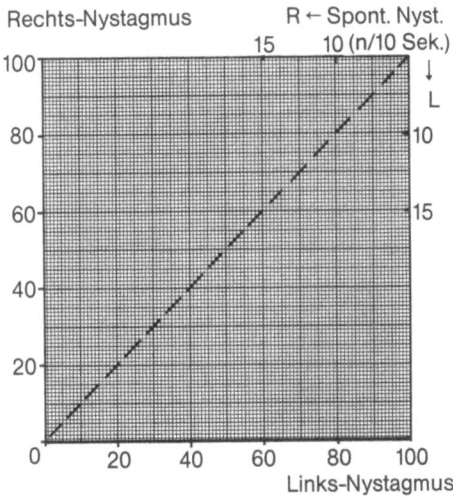

Abb. 157. Schema zur Darstellung des Richtungsüberwiegens und eines Spontannystagmus. Parameter: Nystagmusfrequenz.

und oberen Rand des Schemas eingetragen und dieser Punkt mit dem Nullpunkt links unten verbunden.

Die Kulminationsfrequenz gibt die thermische Reaktionsintensität in Grenzfällen nicht ausreichend genau wieder, z. B. bei einem Nystagmus hoher Frequenz, aber sehr kleiner Amplitude oder bei einem Nystagmus niedriger Frequenz aber sehr hoher Amplitude. Es ist deshalb notwendig, in diesen beiden Fällen die besondere Nystagmusqualität ergänzend mit den von FRENZEL angegebenen Symbolen zu bezeichnen. Auf diese Besonderheit der Kulminationsfrequenz wird im Kapitel: Nystagmusparameter (Frequenz und Amplitude) noch ausgiebig eingegangen (s. S. 138 und 143).

b) *Nystagmusparameter bei elektronystagmografischer Registrierung*

Hier stehen für die Bestimmung der Erregbarkeit der Gleichgewichtsorgane mehrere Parameter zur Verfügung:

1. die maximale Geschwindigkeit der langsamen Nystagmusphase (GLP), gemittelt in einem 10 Sekundenintervall am Maximum der thermischen Reaktion.

Dieser Parameter wird bestimmt durch Anlegen von Tangenten an die langsamen Phasen dreier typischer Nystagmusschläge, deren Basis annähernd horizontal verläuft. Die Berechnung der Nystagmusgeschwindigkeit erfolgt analog Kapitel VIII, S. 141.

Wir schlagen vor, die Summe der Reizantwort des rechten und des linken Ohres wieder in das Schema zur Darstellung der Seitendifferenz einzutragen (Abb. 158). Die entsprechenden Perzentil-Linien markieren auch bei diesem Parameter die Streubreite der Ergebnisse gesunder Personen jeden Lebensalters.

Die Ergebnisse der Spülungen mit Rechts- und Linksnystagmus werden wieder summiert und in das Schema zur Darstellung des Richtungsüberwiegens eingetragen (Abb. 159). Dieses Feld dient, wie bereits auf S. 80 beschrieben, auch der Dokumentation des Spontannystagmus.

2. Kulminationsschlagzahl in einem 30 Sekundenintervall im Bereich des Maximums der thermischen Reaktion.

Dieser Parameter wird auch dann zur Auswertung herangezogen, wenn der Nystagmus mit der Frenzelbrille beobachtet wird. Er ist dabei jedoch zeitlich definiert von der 60.–90. Sekun-

82   Der diagnostische Untersuchungsgang

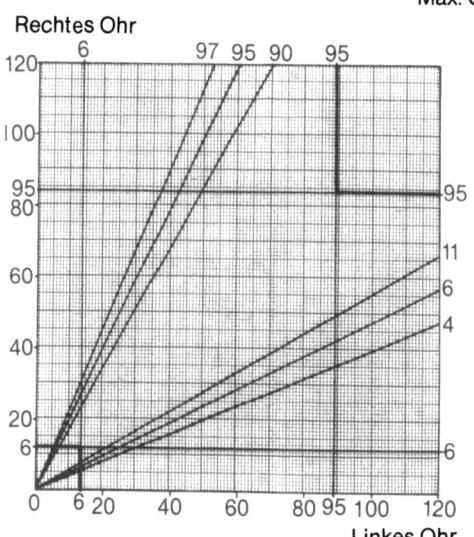

Abb. 158. Schema zur Darstellung der Seitendifferenz. *Parameter:* Geschwindigkeit der langsamen Nystagmusphase (GLP).

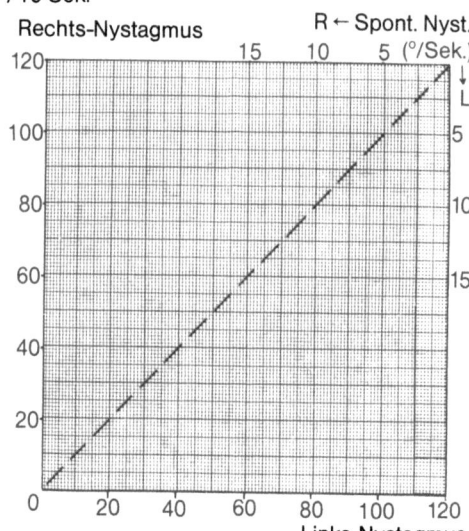

Abb. 159. Schema zur Darstellung des Richtungsüberwiegens und des Spontannystagmus. *Parameter:* Geschwindigkeit der langsamen Nystagmusphase. (GLP)

de nach Spülbeginn und muß nicht mit dem Maximum der Reaktion zusammenfallen.
Bei elektronystagmografischer Registrierung wird ein Zeitfenster von 30 s so gelegt, daß das Reaktionsmaximum in diesem Fenster liegt.

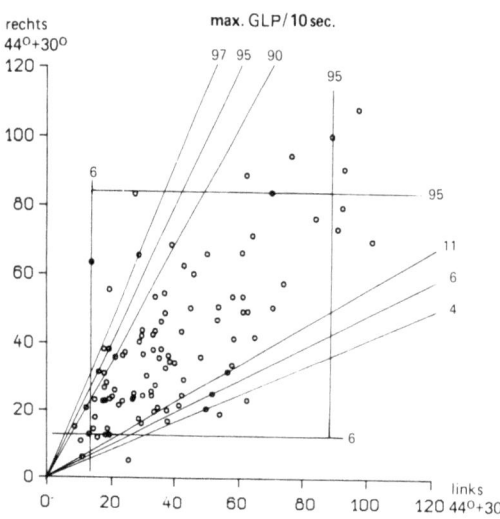

Abb. 160. Befunde der thermischen Prüfung von 102 Personen jeden Lebensalters mit Perzentilen der Streubreite (Aus MULCH/SCHERER 1980).

Der Parameter wird in den bereits vorgestellten Schemata dokumentiert. Es ist auf S. 87 wiedergegeben.
3. Amplitude des Nystagmus: Dieser Parameter ist manuell nur unter größerem Zeitaufwand, halb- oder vollautomatisch jedoch leichter zu bestimmen. Dabei mißt man die Länge der schnellen Nystagmusphase, die annäherungsweise der Nystagmusamplitude entspricht. Die genaue Methode der Amplitudenberechnung ist im Kapitel Nystagmusanalyse s. S. 143 beschrieben.
4. Aufwendige Parameter wie Amplitude × Frequenz (A × F) oder die Geschwindigkeit der langsamen Phase des Nystagmus über die gesamte Reaktionsdauer können im klinischen Betrieb aus zeitlichen Gründen nur mit halb- oder vollautomatischen Analysegeräten bestimmt werden.

4. Zur Streubreite der thermischen Befunde

Betrachtet man die thermischen Befunde von 100 gesunden Personen jeden Alters in der Abb. 160, so erkennt man eine erhebliche *interindividuelle* Streubreite. Auch die *intraindividu-*

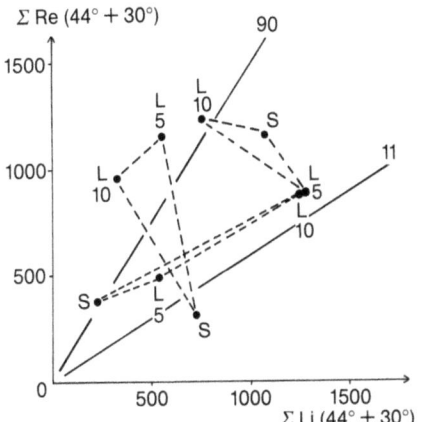

Abb. 161. Die Veränderung thermischer Befunde bei verschiedenen Untersuchungsbedingungen. *Parameter:* Summe der Geschwindigkeiten der langsamen Nystagmusphase über die gesamte Reaktionsdauer. Die Linien 11 und 90 markieren Perzentilen. Dargestellt sind die Befunde von drei Gesunden bei Untersuchungen im Sitzen *(S)*, und im Liegen *(L)*. Die Untersuchung im Liegen wurde einmal mit einer Pause von 5 min *(L 5)* und einmal mit einer Pause von 10 min *(L 10)* zwischen den Spülungen durchgeführt. Alle thermischen Prüfungen erfolgten an verschiedenen Tagen.

elle Streubreite bei wiederholten Untersuchungen ist hoch (Abb. 161). Man hat sich darüber Gedanken gemacht.
Es ist kaum vorstellbar, daß die überaus empfindlichen und anatomisch präzis gebauten Gleichgewichtsorgane so unterschiedlich reagieren. Zur Erklärung wurde die interindividuell variierende Pneumatisation des Warzenfortsatzes und die damit unterschiedliche Wärmeenergiefortleitung im Felsenbein herangezogen. Dagegen sprechen jedoch die auffallenden Schwankungen der thermischen Erregbarkeit, die bei ein und derselben Person unter verschiedenen Untersuchungsbedingungen (Abb. 161) gefunden wurden.
Nach dem heutigen Kenntnisstand muß man folgende Schlüsse ziehen:
– Nur ein kleiner Teil der Streubreite entsteht aufgrund anatomisch-physikalischer Ursachen (unterschiedliche Weite des Gehörganges, unterschiedliche Pneumatisation).
– Der Bogengang – Cupula – Apparat ist aufgrund hydraulischer Gesetzmäßigkeiten ein sehr genau und seitengleich arbeitendes Meßgerät. Tierversuche mit Ableitungen am Nervus vestibularis bei rotatorischer Reizung haben dies deutlich gezeigt (DOHLMAN).
– Eine Modulation der Reizantwort kann über das efferente vestibuläre System bereits an der Rezeptorstelle einsetzen. Funktion und Arbeitsweise dieses Systems sind bis heute wenig bekannt. Bei Ausfall eines Gleichgewichtsorgans setzt es wahrscheinlich die Erregbarkeit der gesunden Seite herab (sogenannte kompensatorische Mindererregbarkeit der gesunden Seite), um auf diese Weise die Seitendifferenz des vestibulären Tonus abzubauen.
– Eine weitere Modulation der Reizantwort ist denkbar über die Otolithenorgane, die den Bogengangsapparat beeinflussen können. Wie bei der Entstehung des thermischen Reizes kommen auch hier verschiedene Mechanismen der Otolithenstimulation in Frage:
 a) die Temperaturänderung beinflußt direkt die Nervenzellen in den Otolithenorganen (Theorie von BARTELS)
 b) Der thermische Effekt bewirkt auch einen Otolithenreiz.
– Der weitaus größte Anteil an der Streubreite thermischer Befunde entsteht zentral im Gleichgewichtskerngebiet. Dort fließen die zahlreichen Afferenzen des vestibulären Systems zusammen und beeinflussen sich gegenseitig. Versuche am Verhalten blinder Fische in der Schwerelosigkeit des Weltalls und nach der Landung haben dies deutlich gezeigt (V. BAUMGARTEN, BALTRIGII).
– Ein nicht zu unterschätzender Faktor ist die fremde Untersuchungssituation und die ängstliche Anspannung vor der thermischen Prüfung. Sie läßt das Ergebnis des ersten Reizes besonders hoch werden (Abb. 162). Von KORNHUBER wird dies als das „Phänomen des ersten Reizes" bezeichnet. Bereits der zweite und noch mehr der dritte Reiz zeigen statistisch einen deutlichen Abfall der Reaktionsintensität. Durch die übermäßig starke erste Reizantwort entsteht eine „scheinbare" Seitendifferenz von 5–6%, wobei das zuerst gespülte rechte Ohr vermeintlich stärker reagiert als das linke. Die Seitendifferenz ist bei Erstuntersuchungen um 8% größer als bei Wiederholungsuntersuchungen.

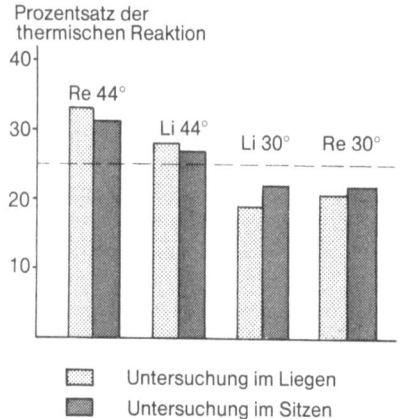

Abb. 162. Mittelwerte der GLP bei den einzelnen thermischen Spülungen.

5. Über „Normbereiche" thermischer Befunde

Eine wesentliche Aufgabe bei der Interpretation thermischer Befunde ist die Beurteilung einer Seitendifferenz zwischen rechtem und linkem Gleichgewichtsorgan. JONGKEES schlug zur zahlenmäßigen Erfassung dieser Differenz eine Formel vor, die in der Mathematik zur Berechnung der relativen Differenz zweier Zahlen dient.

Summe der Reizantwort des rechten Ohres minus Summe der Reizantwort des linken Ohres dividiert durch ihre Summe entspricht dem hundertsten Teil der relativen Seitendifferenz.

Oder:

$$\frac{(44\,re. + 30\,re.) - (44\,li. + 30\,li.)}{44\,re. + 44\,li. + 30\,li. + 30\,re.} \times 100 = X$$

Untersuchungen an Gesunden durch MULCH und SCHERER zeigten aber, daß diese in der Mathematik anwendbare Formel beim Menschen nicht gültig ist, weil die Voraussetzung einer linearen Beziehung zwischen Zähler und Nenner nicht zutrifft.

> Die Formel zur Berechnung der relativen Seitendifferenz ist nicht einsetzbar zur Berechnung der Differenz thermischer Erregbarkeit.

JONGKEES hatte 1952 anhand der relativen Seitendifferenz eines normal verteilten Kollektivs als Grenze zwischen normalen und pathologischen Befunden eine Differenz von 20% angegeben. Diese Grenze wurde zwar allgemein übernommen und klinisch verwendet, sie basiert aber auf einem statistischen Fehler im Umgang mit der Mittelwertberechnung einer über Null verteilten GAUSSschen Kurve. Tatsächlich hat eine Nachprüfung von SCHERER und MULCH an 204 Gesunden ergeben, daß der Mittelwert der Streuung thermischer Befunde bei 21% liegt und nicht, wie irrtümlich von JONGKEES angenommen, bei 0,8% (Abb. 163).

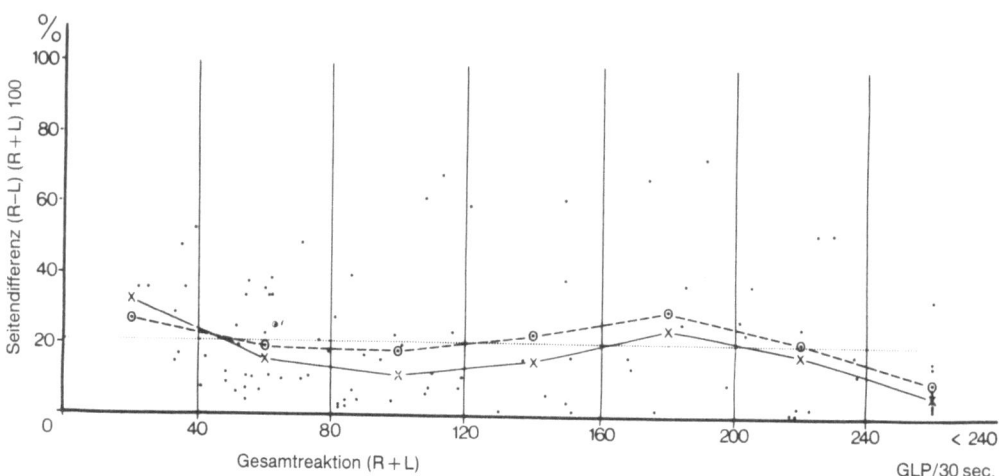

Abb. 163. Seitendifferenz der vestibulären Erregbarkeit in Abhängigkeit von der Stärke der Gesamtreaktion bei 102 Gesunden. ○—○ = Median: ×--× = Mittelwert; ····· = Mittelwert aller Gesunden.

Daraus folgt:
1. Wenn der Mittelwert der Seitendifferenz beim Gesunden bei 21% liegt, dann kann die Grenze zwischen Gesunden und Kranken nicht bei 20% liegen.
2. Wegen der großen Streubreite bis zu einer Seitendifferenz von 80% beim Gesunden ist jede feste Grenze zwischen gesund und krank absurd.
3. Die Standardabweichung der Seitendifferenz thermischer Befunde ist so hoch, daß auch sie keinesfalls als Grenze zwischen Gesunden und Kranken herangezogen werden kann, wie dies jedoch von CLAUSSEN empfohlen wird.
4. Wenn das Ergebnis der thermischen Prüfung zahlenmäßig erfaßt werden soll, dann empfiehlt sich das „Verhältnis der Erregbarkeit" zwischen rechtem und linkem Gleichgewichtsorgan, ausgedrückt durch die Formel:

R 44 + R 30 : L 44 + L 30;

Analog dem Vorgehen bei der Bewertung der Seitendifferenz wird auch das Richtungsüberwiegen berechnet mit der Formel

R 44 + L 30 : L 44 + R 30.

Für klinische Zwecke ist der Zahlenwert des Verhältnisses der Reizantworten zu abstrakt. Er gibt außerdem keine Auskunft über die absolute Stärke der Reaktion. Zur Veranschaulichung dient die Grafik, die bereits auf S. 81 und S. 82 vorgestellt wurde. Der Zähler der Verhältnisformel wird zur Abszisse, der Nenner zur Ordinate.

Diese Darstellung bietet den Vorteil:
– eines schnellen Überblicks über das Ausmaß einer Seitendifferenz
– eines raschen Vergleichs der Reizantwort des Patienten mit den Reizantworten von Gesunden anhand der Perzentilen
– eines Überblicks über die absolute Stärke einer thermischen Reaktion
– die Veränderung der Reizantwort bei Nachuntersuchungen direkt ablesen zu können, wenn man mehrere Untersuchungen in dasselbe Schema einträgt (Abb. 164).

Die Perzentilen müssen für jeden Parameter sowie bei Änderungen der Untersuchungstechnik neu bestimmt werden. Derzeit liegen sie für folgende Untersuchungsverfahren und Parameter vor:

a) Geschwindigkeit der langsamen Phase pro 10 s im Maximum der Reaktion (Abb. 165)
b) Geschwindigkeit der langsamen Phase, gemittelt in Fünf-Sekundenabschnitten über die gesamte Nystagmusreaktionsdauer (Abb. 166)
c) Schlagzahl pro 10 s im Maximum der Reaktion (Untersuchungstechnik nach HALLPIKE im Liegen) (Abb. 167)
d) Schlagzahl pro 30 s bei der Untersuchungstechnik nach VEITS im Sitzen (Abb. 168)
e) Gesamtschlagzahl (Untersuchungstechnik nach HALLPIKE im Liegen) (Abb. 169)

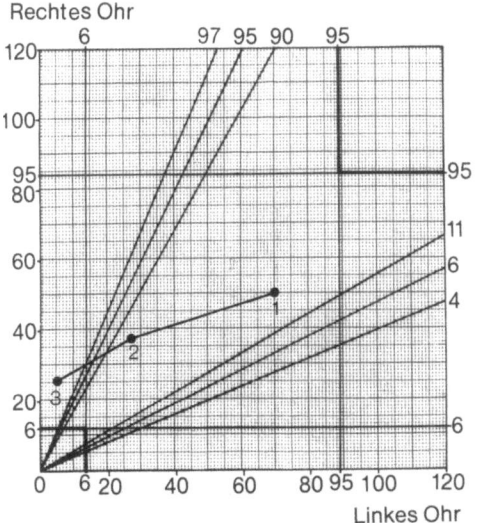

Abb. 164. Veränderung der Reizantwort bei Nachuntersuchungen. Patient mit Akustikusneurinom links. Untersuchungen 1, 2 und 3 im Abstand von jeweils 2 Monaten.

86   Der diagnostische Untersuchungsgang

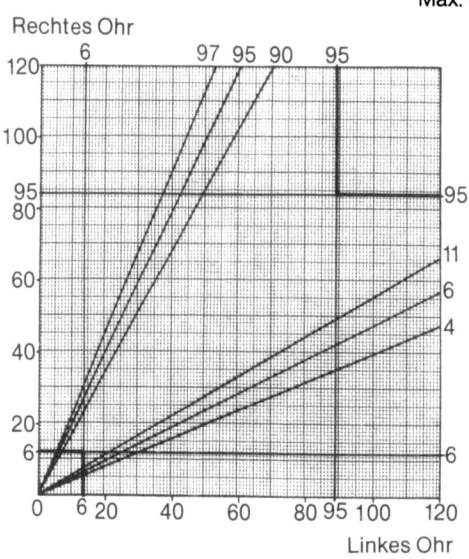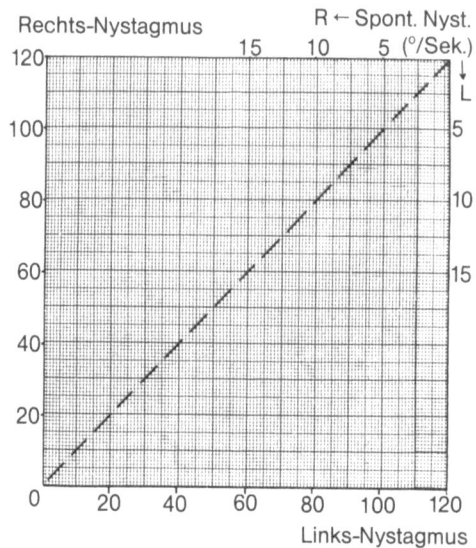

Abb. 165

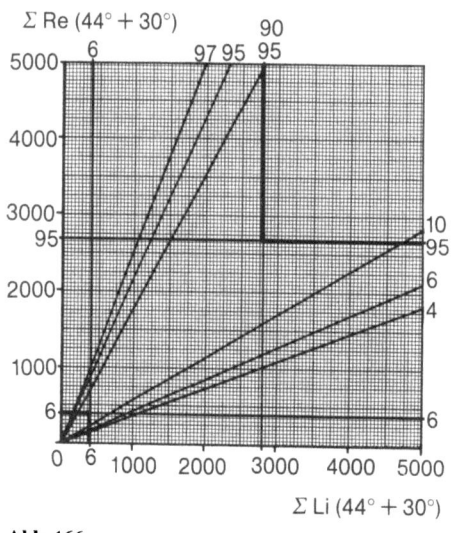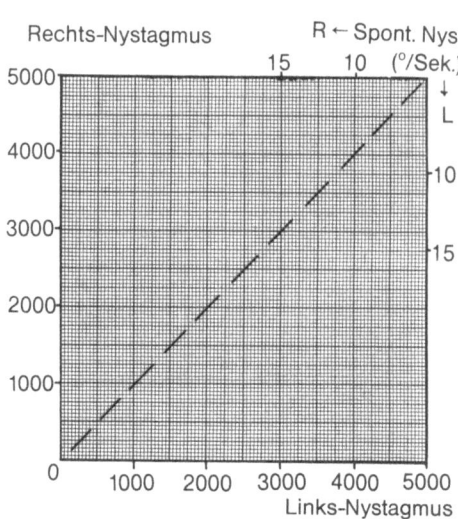

Abb. 166

Schlagzahl / 10 Sek.

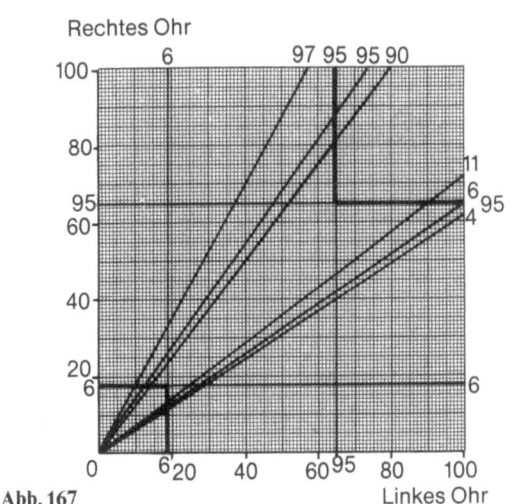

Abb. 167

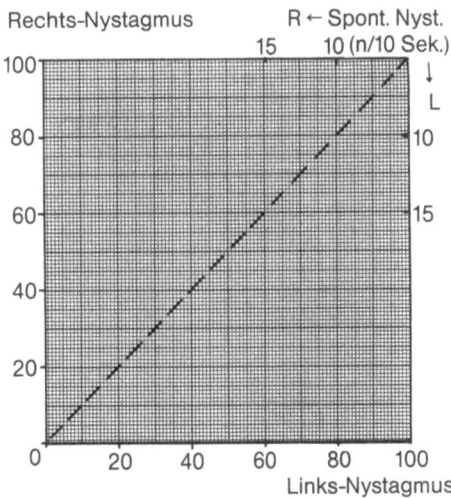

Schlagzahl / 30 Sek.

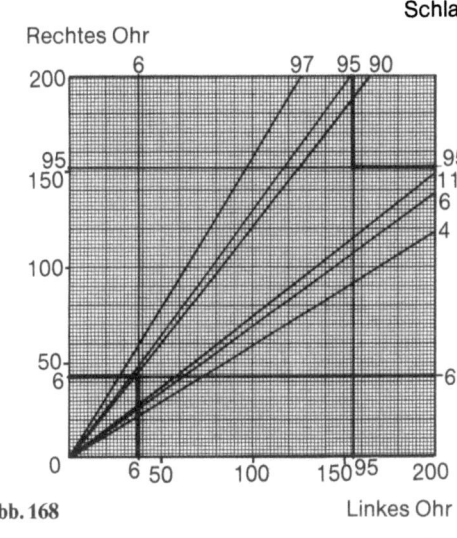

Abb. 168

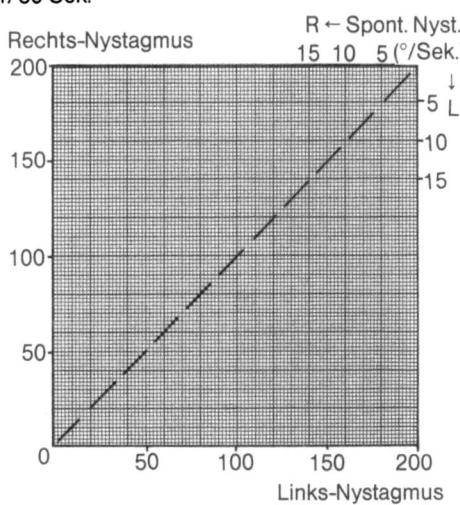

Gesamtschlagzahl

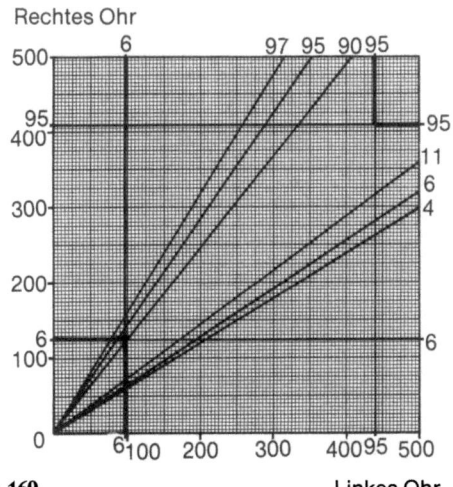

Abb. 169

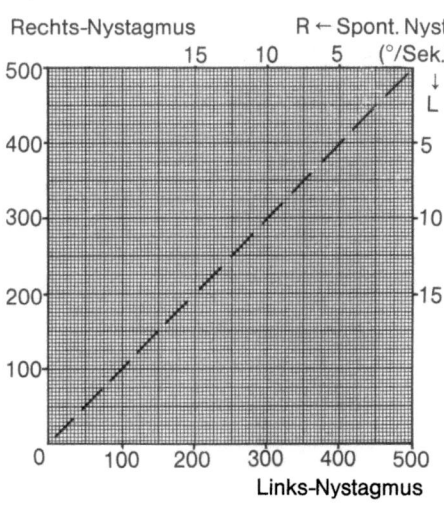

B. Okulomotorische Untersuchungen

1. Physiologie

Die okulomotorischen Untersuchungen befassen sich mit *willkürlichen langsamen Blickfolgebewegungen* (smooth pursuit), dem reflektorischen *optokinetischen Nystagmus*, der bei Betrachtung eines bewegten Reizmusters entsteht, und mit der *Fixationssuppression*, das ist die Fähigkeit des optischen Systems, durch Fixation einen vestibulär induzierten Nystagmus zu hemmen.

Diese Untersuchungen gehören zu jeder gründlichen vestibulären Funktionsprüfung, da alle zerebralen, mesenzephalen und zerebellären okulomotorischen Strukturen mit den Gleichgewichtskernen verbunden sind und daher beim Zustandekommen des Symptoms „Schwindel" mitwirken können.

Zum okulomotorischen System – auch akzessorisches optisches System genannt – zählen folgende Strukturen:

a) Das Sakkadensystem

Es liegt im prämotorischen frontalen Augenfeld und sendet Bahnen durch den vorderen Schenkel der inneren Kapsel zum Zwischenhirn. In Höhe der Augenmuskelkerne III und IV kreuzen die Fasern und verschalten sich polysynaptisch mit der paramedianen pontinen Formatio reticularis (PPRF). Von hier werden schnelle Willkürbewegungen der Augen (Sakkaden) induziert. Das Sakkadensystem steuert auch die reflektorische Rückstellung der Augen beim Nystagmus (s. S. 30).

b) Das Blickfolgesystem

Es liegt im parieto-okzipitalen Bereich um die Area 17. Die Fasern verlaufen von dort entlang der Sehstrahlung zum Mittelhirn und ziehen unter teilweiser Kreuzung zur präpontinen Formatio reticularis und zum Flocculus des Vestibulo-Zerebellums. Das Blickfolgesystem regelt die langsamen Bewegungen der Augen beim Verfolgen eines bewegten Gegenstandes.

c) Die okulomotorischen Kerne für die willkürlichen Blickbewegungen

Das Kerngebiet für die Koordination der horizontalen Blickbewegungen im Hirnstamm liegt zwischen Trochlearis – und Abduzenskern (ipsilaterale paramediane pontine Formatio reticularis = PPRF) (GRAYBIEL; BRANDT).

Das Kerngebiet für die Koordination von Augenbewegungen nach unten liegt oberhalb des Nc. ruber (rostraler interstitieller Kern des Fasciculus long. med.).

Das Kerngebiet für die Koordination vertikaler Augenbewegungen nach oben liegt im Bereich des Prätektums.

d) Der okulomotorische Kern des Kleinhirns, der Flocculus

Dieser Kern des sogenannten Vestibulo-Zerebellums ist eng mit dem vestibulären System verbunden. Er regelt Augenfolgebewegungen und Sakkaden. Bei Kopfbewegungen koordiniert er die Impulse vom optischen und vom vestibulären System, so daß auch während der Kopfbewegung das Blickfeld stabil bleibt, d. h. er greift in den vestibulo-okulären Reflex hemmend ein.

Läsionen des Flocculus bewirken demnach eine verminderte Fähigkeit zu Blickfolgebewegungen, einen verminderten optokinetischen Nystagmus, eine gestörte Fixationssuppression sowie eine Enthemmung des vestibulär ausgelösten Nystagmus.

Aus den genannten okulomotorischen Strukturen und Verbindungen kann man verstehen, daß es sowohl *isolierte* okulomotorische Defekte gibt, z. B. Störungen des langsamen Blickgesystems, als auch okulomotorische Defekte, die Befunde am vestibulären wie am optokinetischen System hervorrufen, das sind z. B. Störungen im Bereich des Flocculus.

2. Untersuchungsmethoden

a) Untersuchung der Blickfolgebewegung: der Sinusblickpendeltest (eye tracking test)

Dieser Test untersucht das langsame Blickfolgesystem. Der Patient blickt einem schwingen-

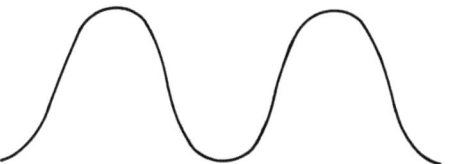

Abb. 170. Glatte, ungestörte Blickfolgebewegung.

den Pendel nach. Die Augen beschreiben eine glatte Sinusbewegung, die vom langsamen Blickfolgesystem gesteuert wird (Abb. 170). Erfolgt die Stimulation mit einem elektronisch gesteuerten Lichtpunkt, dann kann die Geschwindigkeit des Reizes fortlaufend gemessen und mit der Geschwindigkeit der Augenbewegung verglichen werden. Der Faktor Augenbewegung: Objektbewegung (pursuit velocity gain) ist bei einer glatten Folgebewegung = 1. Ein Gesunder kann einem sinusförmig bewegten Sehziel bis zu einer Geschwindigkeit von 50°/s und einer Frequenz bis zu 1 Hz folgen. Bei höherer Reizstärke oder einer Erkrankung kann das Auge dem Sehziel nicht mehr adäquat folgen, es hängt nach. Der Faktor Augenbewegung: Objektbewegung wird kleiner als 1. Das Abbild des fixierten Punktes auf der Netzhaut gerät zunehmend aus der Fovea, der Zone des schärfsten Sehens. Um ein weiteres Abdriften zu verhindern, wird nun das sakkadische System eingesetzt. Es führt das Auge *rasch* in die Richtung des bewegten Objektes, bis das Abbild des Gegenstandes auf der Netzhaut wieder in der Fovea liegt – sogenannte Auffangsakkaden (catch up-saccades) (Abb. 171). Nun übernimmt wieder das langsame Folgesystem die Steuerung der Augenbewegung. Wenn die Objektgeschwindigkeit immer noch über der maximal möglichen Folgebewegung liegt, dann driftet das Abbild des Gegenstandes wieder aus der Fovea, das sakkadische System wird erneut eingesetzt usw. Die Augenbewegung wird treppenförmig oder „sakkadiert".

Beim Kranken treten sakkadierte Augenbewegungen schon bei niedriger Reizstärke mit Pendelgeschwindigkeiten bis zu 35°/s auf. Die Sakkaden liegen am auf- und absteigenden Schenkel der Sinuskurve, denn dort ist die Geschwindigkeit der Augenbewegung am höchsten (Abb. 172). An den Wendepunkten ist die Augenbewegung langsam und die Blickfolgebewegung glatt.

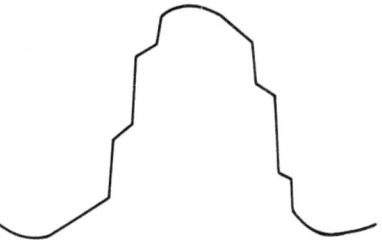

Abb. 172. Sakkadierte Sinusblickbewegung.

Es gibt zwei pathologische Befunde, die von einer Störung des langsamen Blickfolgesystems abgegrenzt werden müssen:

a) Überlagerung der Sinusblickpendelkurve durch einen vestibulären Spontannystagmus: Wenn ein vestibulärer Spontannystagmus vorliegt und die Fähigkeit, diesen Nystagmus durch Fixation zu unterdrücken, gestört ist, oder wenn Fehlsichtige keine Brille tragen und die Fixation damit eingeschränkt ist, dann ist die Sinusblickpendelkurve durch den vestibulären Nystagmus überlagert.

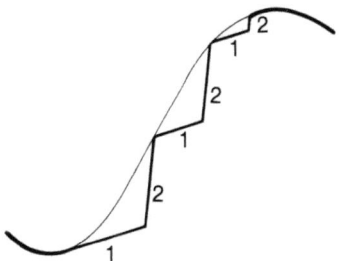

Abb. 171. Blickfolgebewegung mit Auffangsakkaden. *1* = Ungenügende Folgebewegung, *2* = Sakkaden

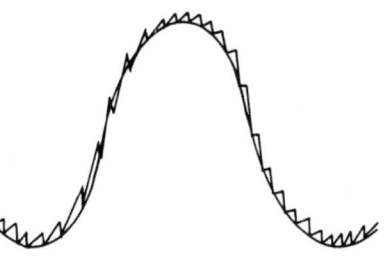

Abb. 173. Überlagerung einer Sinusblickpendelbewegung durch einen Spontannystagmus.

Im Gegensatz zur gestörten Sinusblickpendelbewegung ist der überlagernde Nystagmus gerade in den Wendepunkten besonders deutlich zu sehen. Zusätzlich unterscheiden sich die Bilder im auf- und absteigenden Schenkel der Blickbewegung (s. Abb. 173).

b) Überlagerung durch einen Blickrichtungsnystagmus:
Blickt man zur Seite und hält diese Blickposition, dann sind neuronale Strukturen im pontinen Hirnstamm und im Flocculus aktiviert. Bei einer Störung im okulomotorischen System kann das Auge in Lateralposition nicht gehalten werden, und es kommt zu einem Rückdriften. Das Abbild des fixierten Gegenstandes auf der Netzhaut wandert aus der Fovea heraus und muß über eine Sakkade wieder zurückgeholt werden. Es entsteht ein Blickrichtungsnystagmus, dessen schnelle Phase immer in Richtung des fixierten Objektes weist (Abb. 174). Beim Sinusblickpendeltest ist dieser Nystagmus nur am Wendepunkt, d.h. am lateralen

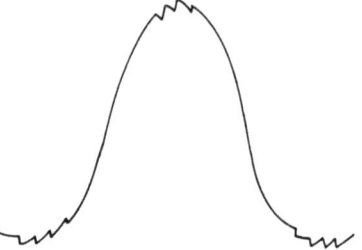

Abb. 175. Überlagerung einer Sinusblickpendelbewegung durch einen Blickrichtungsnystagmus.

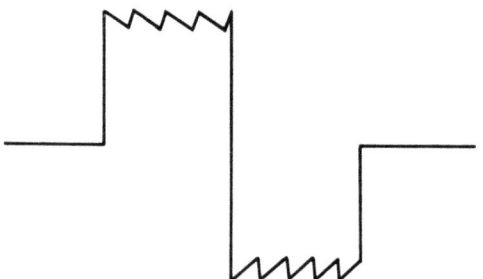

Abb. 176. Überlagerung der Blickwinkeleichung durch einen Blickrichtungsnystagmus.

Punkt der Pendelbewegung sichtbar (Abb. 175), und zwar am unteren Wendepunkt nach links, am oberen nach rechts gerichtet. Die schnelle Flanke der Kurve ist glatt.
Der Blickrichtungsnystagmus ist auch bei der Blickwinkeleichung zu sehen (Abb. 176).

Durchführung des Sinusblickpendeltestes

Vom Fachhandel werden Geräte angeboten, die aber nur dann notwendig sind, wenn eine elektronische Auswertung angestrebt wird. Für die Routineuntersuchung genügt ein Pendel aus einer Metallkugel oder aus einer Leuchtbirne, die mit einem Faden an der Decke befestigt ist. Das Pendel soll ca. 1 m vor dem Auge des Patienten schwingen. Die Amplitude der Schwingung darf 30° zur Seite, also 60° insgesamt nicht überschreiten. Sie ist abzulesen an der Amplitude der Augenbewegung auf dem Schreiberpapier (bei biologischer Eichung maximal 6 cm). Die Geschwindigkeit der Pendelbewegung soll 35–40°/s nicht überschreiten. Sie kann wie bei einer Pendeluhr an der Länge

Abb. 174. Entstehung eines Blickrichtungsnystagmus bei gestörter Haltefunktion beim Blick zur Seite.

des Pendels variiert werden. Dabei gelten folgende mathematische Regeln:
Bei gegebener Pendellänge – *l* (z. B. Abstand von der Decke bis zur Augenhöhe des Pat.) muß der Winkel *α* berechnet werden, um den der Pendel abgelenkt werden muß, damit er beim Zurückschwingen eine maximale Geschwindigkeit von *ω* (35–40°/s) hat. Dazu dient die Formel:

$$\alpha = \text{arc. cos.} \left(1 - \frac{l \cdot \omega^2 \max}{2\,g}\right)$$

g = Erdbeschleunigung = 9,81 m/s²
ω zu rechnen im Bogenmaß (rad/s)
*ω*² von 35° = 0,61

Aus dem Winkel *α* kann man die Amplitude der Pendelbewegung berechnen mit der Formel:

$$\text{Ampl.} = \frac{\tan \alpha \cdot l}{2}$$

Es ist zu beachten, daß die Amplitude nicht mehr als 60° beträgt!
Zum Sinusblickpendeltest gibt es auch einen Screening-Test, der vor jeder Untersuchung mit der Frenzelbrille geprüft werden sollte. Der Untersucher führt seinen Finger in ca. 50 cm Abstand vor den Augen des Patienten sinusförmig mit ansteigender Geschwindigkeit hin und her (Amplitude ca. 30 cm) und beobachtet gleichzeitig die Folgebewegung der Augen. Eine Sakkadierung ist leicht zu erkennen.

b) *Untersuchung des optokinetischen Nystagmus*

Bei dieser Untersuchung wird dem Patienten ein bewegtes Umfeld simuliert. Das gelingt um so besser, je mehr Netzhautfläche von dem sich bewegenden Reiz bedeckt wird und je weniger *stehende* Anhaltspunkte erblickt werden können. Der Reiz besteht aus schwarzen Schattenstreifen, die von einer rotierenden Streifentrommel auf einen bogenförmigen Horizont projiziert werden, oder aus schwarzen Streifen, die auf eine drehbare Wand geklebt oder gemalt werden. Die Bewegung dieser Streifen erzeugt reflektorisch eine Folgebewegung der Augen, die von einer raschen Rückstellbewegung gefolgt wird (optokinetischer Nystagmus – s. auch S.30).

Zu Beginn des optokinetischen Nystagmus kommt es zu einer Schlagfeldverlagerung (s. auch S.50) des Bulbus in *Richtung der schnellen Nystagmusphase*, d.h. das Auge läuft dem Reiz entgegen. Hierin unterscheidet sich der optokinetische Nystagmus vom vestibulären, bei dem es zu einer Schlagfeldverlagerung *in Richtung der langsamen Nystagmusphase* kommt.
Von Mioshi und Pfaltz wurde die Beziehung zwischen Streifenzahl, Streifengeschwindigkeit und optokinetischem Nystagmus untersucht. Die Zahl der Streifen bestimmt die Frequenz des Nystagmus, die Geschwindigkeit der Streifen die Geschwindigkeit der langsamen Phase. Bei hoher Reizgeschwindigkeit werden vom Auge Streifen übersprungen, d.h. trotz Steigerung der Reizgeschwindigkeit nehmen GLP (Geschw. langs. Phase) und Frequenz ab. In der Praxis hat sich eine Zahl von 24 Streifen pro 360° bewährt. Dies entspricht einer Streifenbreite von 10 cm oder 7,5 Winkelgrad bei 50 cm Abstand zum Auge.

1. Geräte für die optokinetische Untersuchung.
Ein optimales Reizergebnis wird erzielt, wenn sich der Kopf des Patienten im Zentrum einer Halbkugel befindet, auf deren Innenwand von einem Projektor Schattenstreifen projiziert werden (Abb. 177). Halbkugel und Streifenprojektor sind am Drehstuhl befestigt und gestatten so eine synchrone Drehstuhl- und Streifenbewegung für experimentelle Untersuchungen. Eine synchrone Untersuchung des vestibulären und optokinetischen Systems gelingt auch mit einer sogenannten optokinetischen Kabine. Hier steht der Drehstuhl in einer Kabine, auf deren drehbare Innenwand schwarze Streifen gemalt sind (Abb. 178).
Eine sehr platzsparende Methode ist das Absenken eines trommelförmigen Rundhorizontes von der Decke (Abb. 179). Ein Streifenprojektor über dem Kopf des Patienten wirft horizontal rotierende, vertikale Lichtstreifen auf die schwarze Innenwand. Der Trommeldurchmesser soll 120 cm betragen, die Trommelhöhe mindestens 80 cm. Die Trommel ist nach oben zeltförmig mit schwarzem Tuch abgedeckt.
Von der Industrie wird eine kreisförmig gebogene Projektionswand angeboten, die an der Wand oder auf einem Stativ befestigt ist

92 Der diagnostische Untersuchungsgang

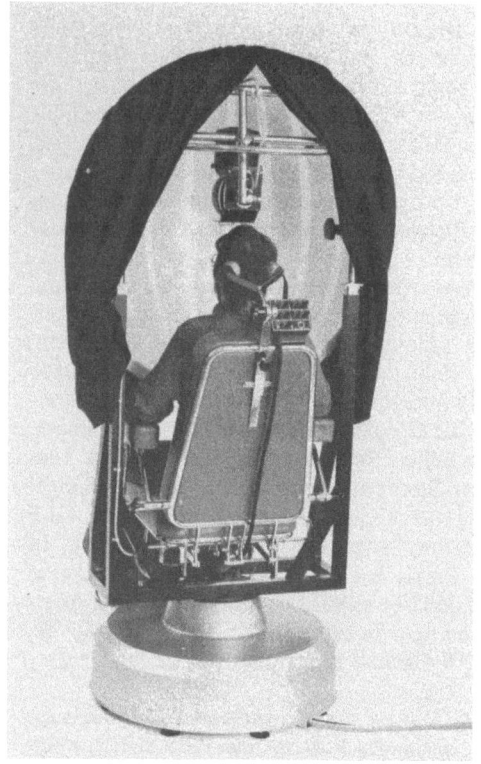

a

b

Abb. 177a, b. Halbkugelförmige Projektionswand zur optokinetischen Reizung a auf Drehstuhl montiert (Werksfoto); b Wandmontage (Werksfoto).

(Abb. 180). Sie ist 120 cm hoch, 180 cm breit und hat einen Blickwinkel von 90°. Ihr Abstand vom Patienten beträgt 120 cm. Der Platzbedarf der Projektionswand ist groß. Es können mehrere stehende Linien (Trommelrand usw.) gesehen werden. Dadurch ist die Simulation einer bewegten Umwelt weniger vollkommen, als bei den vorgenannten Reizgeräten.

Für orientierende Untersuchungen werden motorgetriebene, rotierende Handtrommeln gebaut, an deren Außenfläche schwarze Streifen aufgeklebt sind (Abb. 181). Verzichtet man auf eine definierte Reizgeschwindigkeit, was für Screening-Untersuchungen durchaus möglich ist, dann kann eine solche Trommel auch sehr leicht mit einer leeren Waschmitteldose selbst hergestellt werden. Decke und Boden werden von einem Rundstab durchbohrt. Die Außen-

Abb. 178. Drehkabine mit vertikalen Streifen zur optokinetischen Reizung (Werksfoto).

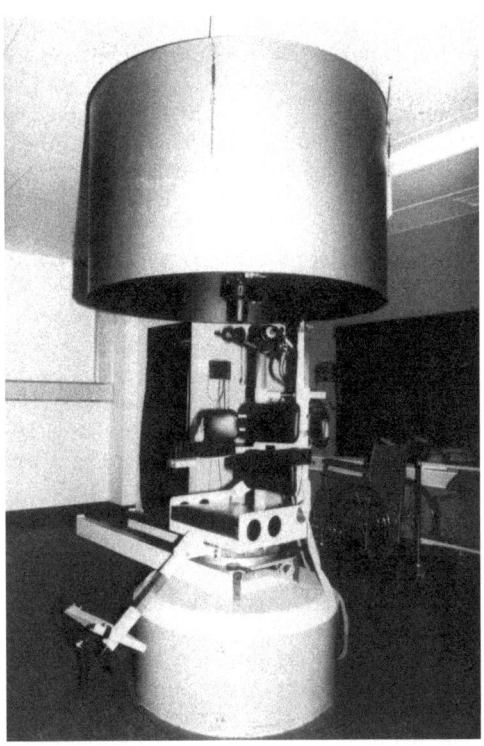

Abb. 179. Projektionstrommel, die zur optokinetischen Reizung auf den Drehstuhl abgesenkt werden kann (PFALTZ).

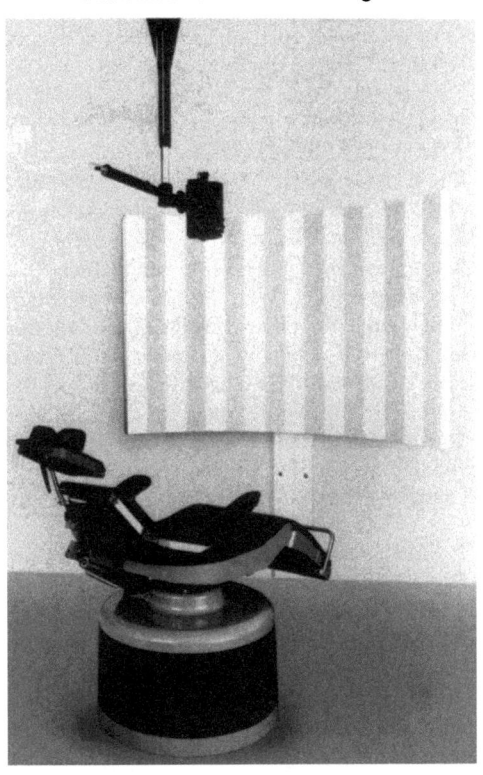

Abb. 180. Projektionsleinwand auf Stativfuß zur optokinetischen Reizung (Werksfoto).

Abb. 181. Handtrommel zur orientierenden Untersuchung (auf Schwenkarm montiert).

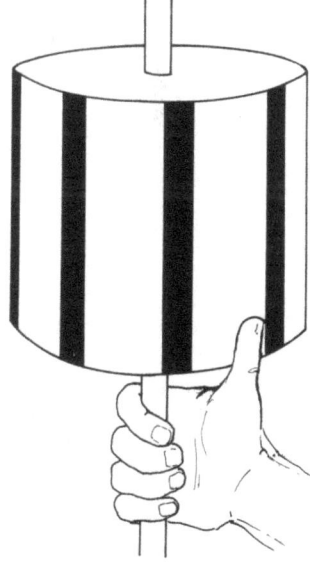

Abb. 182. Selbstgebaute optokinetische Handtrommel für die orientierende Untersuchung.

seite wird weiß gestrichen und mit schwarzen Streifen entsprechend Abb. 182 beklebt. Durchmesser der Dose 23 cm; Höhe 24 cm; Zahl der Streifen 6, Breite der Streifen 3 cm, Abstand der Streifen 6,2 cm.

Die Dose wird ca. 50 cm von dem Patienten entfernt gehalten und vom Untersucher manuell gedreht. Der auftretende optokinetische Nystagmus wird gleichzeitig beobachtet.

Der diagnostische Wert der orientierenden Untersuchung mit einer Handtrommel ist nicht hoch. Das Reizbild ist zu inhomogen und zu viele stationäre Gegenstände sind sichtbar. Gänzlich ungeeignet dagegen sind schmale Stoffbänder, die ein queres Muster haben und vor den Augen des Untersuchten hin und her bewegt werden.

2. Ablauf einer optokinetischen Untersuchung

Die Streifen zur Erzeugung eines optokinetischen Nystagmus werden mit *konstanter Geschwindigkeit* ca. 20 Sekunden lang gedreht. Nach einer Pause von 10 Sekunden, die eingehalten wird, um den physiologischen Nachnystagmus abklingen zu lassen, erfolgt die Reizung in entgegengesetzter Richtung. Drei verschiedene Reizstärken, 40, 60 und 80°/s werden nacheinander eingesetzt. Verglichen wird die Geschwindigkeit der langsamen Nystagmusphase (GLP) bei links- und rechtsgerichteter Reizung sowie das Ausmaß der Nystagmuszunahme bei Reizsteigerung.

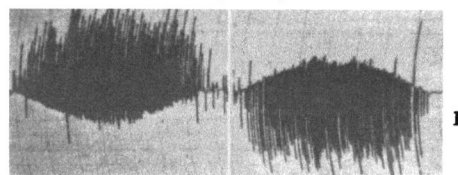
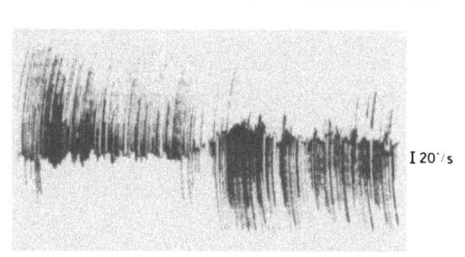

Abb. 183 a, b. Reaktionsmuster bei optokinetischer Reizung nach SUZUKI. **a** Normalbefund; **b** zentrale Gleichgewichtsstörung. (Aus UEMURA, SUZUKI, HOZAWA, HIGHSTEIN 1977)

Von SUZUKI und KOMDSUZAKI wurde 1961 eine optokinetische Reizung beschrieben, bei der das Reizmuster kontinuierlich innerhalb von 25 s mit $4°/s^2$ auf $100°/s$ beschleunigt wird. Sofort anschließend erfolgt eine identische, aber negative Beschleunigung bis zum Stillstand des Reizmusters. Derselbe Durchgang schließt sich in Gegenrichtung an (Abb. 183). Der Nystagmus wird mit kurzen Zeitkonstanten und sehr langsamer Papiergeschwindigkeit aufgezeichnet. Beim Gesunden entsteht ein Reaktionsmuster, das dem Reizmuster sehr ähnlich ist. Beim Kranken ist das Reaktionsmuster gelichtet und abgeflacht.

Diese Untersuchung wurde von SCHERER und MANG so modifiziert, daß sie in der Diagnostik zentraler Störungen aussagekräftiger ist (Abb. 184). Der optokinetische Reiz wird dabei mit $1,2°/s^2$ beschleunigt bis zu einer Endgeschwindigkeit von $40°/s$.

Bei zentralen Störungen kann ein *typisches* pathologisches Reaktionsmuster beobachtet werden (Abb. 185): Bei niedriger Reizstärke folgt die Reaktion regelrecht der Zunahme der Reizgeschwindigkeit. Im Gegensatz zum Gesunden, bei dem die GLP dem Reiz bis zu seiner

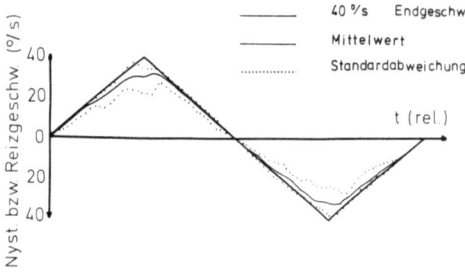

Abb. 184. Reaktionsmuster Gesunder im optokinetischen Beschleunigungstest. $b = 1,2°/s$

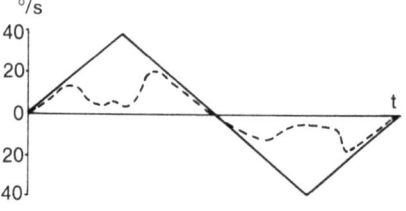

Abb. 185. Typisches Reaktionsmuster im optokinetischen Beschleunigungstest bei zentralen Störungen. — —— Reizmuster; ---- Reizantwort (Nystagmus).

Okulomotorische Untersuchungen 95

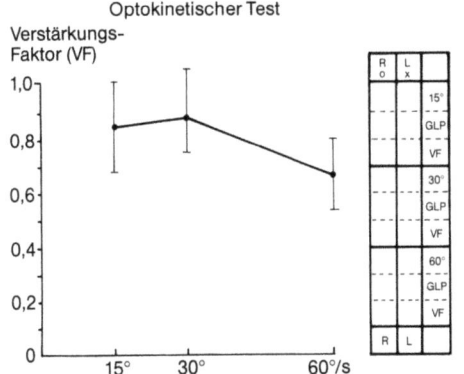

Abb. 186. Darstellung der optokinetischen Kompensationsleistung nach PFALTZ (1982) mit statistischer Verteilung gesunder Personen (n = 50).

Endgeschwindigkeit von 40°/s folgt, fällt beim Patienten mit einer zentralen Störung die Nystagmusreaktion schon früh ab. Der Nystagmus wird arrhythmisch und verformt oder kann vollständig zum Stillstand kommen. Bei Reduzierung der Reizstärke, d. h. im abfallenden Schenkel des Reizmusters, erholt sich der Nystagmus schnell wieder und folgt erneut dem Reiz. Die Nystagmusintensität stellt sich damit in zwei Gipfeln dar, wobei der Gipfel bei Reizminderung höher ist als bei Reizsteigerung.

Das bedeutet, daß eine Reizsteigerung an das okulomotorische System größere Anforderungen stellt als eine Reizminderung. Beim Patienten mit zentralen Gleichgewichtsstörungen kommt dies besonders deutlich zum Vorschein.

PFALTZ und ILDIZ gaben 1982 eine optokinetische Testform an, bei der sie die optokinetische Kompensationsleistung (gain = Augengeschw.: Reizgeschw.) bei foveolärer und retinaler Reizung gegenüberstellten (Abb. 186). Die Reizung erfolgt mit relativ niedrigen Reizstärken von 15, 30 und 60°/s. Sie fanden, daß die retinale Reizform der rein foveolären im klinischen Einsatz deutlich überlegen ist, d. h., nur die retinale Reizform liefert beim Kranken ein deutlich von der Norm abweichendes Ergebnis (Abb. 187).

Ein optokinetischer Nystagmus wird sehr leicht von einem vestibulären Spontannystagmus überlagert, d. h. er wird in der Richtung des Spontannystagmus verstärkt und in der Gegenrichtung abgeschwächt. Es kommt aber niemals zu einer Dysrhythmie des optokinetischen Nystagmus. Sie wird, wie oben erwähnt, nur bei Erkrankungen im okulomotorischen System gesehen.

Eine paradoxe, „inverse" optokinetische Reaktion beobachtet man bei einem angeborenen und bei einem okulären Fixationsnystagmus (s. S. 35). Bei Bewegung des Reizmusters nach rechts kommt es zu einem Rechtsnystagmus (normal: Linksnystagmus) und bei linksgerichteter Reizung zu einem Linksnystagmus (normal: Rechtsnystagmus). Der Nystagmus kann gelegentlich im Verlauf der Reizung in eine Richtung sogar mehrfach umschlagen.

Manche Patienten schließen die Augen aus Unaufmerksamkeit oder zur Aggravation und provozieren damit eine Störung des optokinetischen Nystagmus, wie sie bei einer Erkrankung im okulomotorischen System gesehen wird. Die Bilder unterscheiden sich aber durch folgende Merkmale:

1. Schließt der Patient die Augen, dann kommt der Reiz nicht mehr zur Wirkung. Der Nystagmus ist *sofort* gestoppt; es können noch einige schwache gegengerichtete Nystagmusschläge sichtbar werden. Werden die Augen geöffnet, dann ist der Reiz in voller Stärke sofort wieder wirksam. Zwischen dem Lidschluß und dem Öffnen der Lider wird eine gerade Linie aufgezeichnet (Abb. 188).

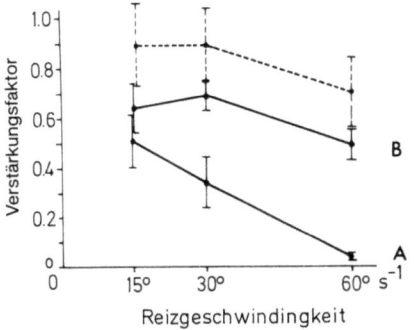

Abb. 187. Optokinetische Kompensationsleistung bei Patienten mit zentral-vestibulären Störungen im Vergleich zu Gesunden *(gestrichelte Linie)*. (Aus PFALTZ 1982). A) Fovealer OKN, B) Foveo-retinaler OKN ●—● Foveo-retinaler OKN Gesunde

2. Bei einem Kranken mit einer zentralen Gleichgewichtsstörung fällt bei Lidschluß die Nystagmusintensität *langsam* ab und ist von ei-

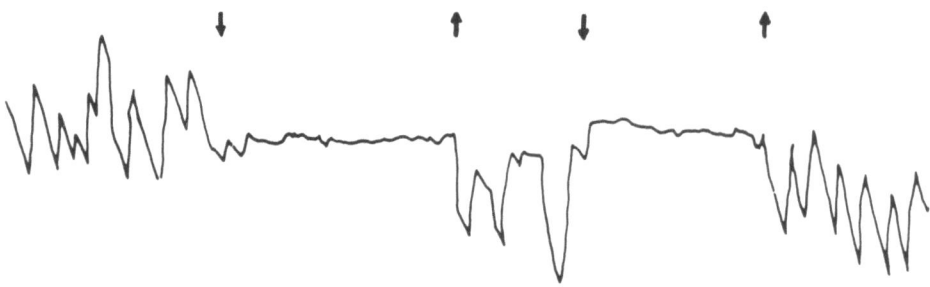

Abb. 188. Verlauf des optokinetischen Nystagmus bei Lidschluß ↓ und Öffnen der Lider ↑.

Abb. 189. Pathologische Abnahme und Verformung des optokinetischen Nystagmus bei zentralen Störungen.

ner Verformung der einzelnen Schläge und von Dysrhythmie (Abb. 189) begleitet. Zu einer geraden Linie kommt es, im Gegensatz zur Aufzeichnung bei Lidschluß, nie. Es sind immer einzelne Nystagmusschläge oder auch Gruppen von Nystagmusschlägen zu sehen. Wird die Reizstärke gesenkt, dann nimmt die Nystagmusintensität nicht ruckartig, sondern allmählich wieder zu.

Zu beachten ist, daß ein pathologisches Nystagmusbild auch bei einer mangelhaften Reizvorrichtung auftreten kann. In Zweifelsfällen sollte die optokinetische Reizung an einigen Gesunden kontrolliert werden.

c) *Untersuchung der Fixationssuppression*

Physiologischerweise ist das willkürliche optische System dem reflektorisch arbeitenden vestibulären System übergeordnet, d. h. wenn wir einen Punkt fixieren, wird ein vestibulärer Nystagmus unterdrückt (Fixationssuppression). Dieser Mechanismus befähigt uns in der Eisenbahn, trotz Kurvenfahrt Zeitung zu lesen. Er ist aber gleichzeitig eine der fundamentalen Ursachen für die Reisekrankheit, auf die in Band II ausführlich eingegangen wird.

Die Fähigkeit, Nystagmus durch Fixation zu unterdrücken, ist ein empfindlicher Parameter für Erkrankungen im okulomotorischen System, speziell im langsamen Blickfolgesystem.

Demnach finden wir Störungen der Fixationssuppression sowohl bei ipsilateralen parietookzipitalen Läsionen als auch bei zerebellären Läsionen, die den Flocculus einschließen. Kann z. B. ein Rechtsnystagmus nicht unterdrückt werden, dann ist die Störung rechts lokalisiert. Die Suppressionsfähigkeit wird auch nachhaltig durch Alkohol gestört. Klinisch ist es schwierig, diese toxische Wirkung von echten Erkrankungen abzugrenzen.

1. *Untersuchungstechnik*
— Als orientierende Untersuchungsmethode läßt man den Patienten den eigenen Finger fixieren, den er bei ausgestrecktem Arm nach oben hält. Nun muß er entweder stehend mit dem Oberkörper oder Kopf um die vertikale Körperachse hin und her rotieren (BRANDT), oder er sitzt auf einem Drehhocker oder Schreibtischdrehstuhl und wird vom Untersucher hin und her gedreht. Ein Nystagmus darf dabei nicht auftreten. Fehlsichtige müssen ihre Brille tragen (Abb. s. Atlas, S. 172).
— Im Verlauf einer vestibulären Reizung in vollständiger Dunkelheit wird ein Punkt im Gesichtsfeld des Patienten plötzlich erleuchtet (elektrische Birne) und er aufgefordert, diesen Punkt zu fixieren. Elektronystagmografisch läßt sich die Unterdrückung des Nystagmus sehr gut ablesen und messen. Die Fixationssuppression wird im Rahmen der Pendelprü-

fung und der thermischen Prüfung mituntersucht.

Bei der Pendelprüfung wird der Reiz so lange gesteigert, bis ein kräftiger Nystagmus auftritt. Dann wird während 2–3 kompletten Sinusschwingungen ein Fixationspunkt sichtbar gemacht. Bei Fixation dieses Punktes darf ein Nystagmus nicht mehr vorhanden sein.

Bei der thermischen Prüfung wird zuerst bei vollständiger Dunkelheit die Zeit abgewartet, die man zur Auswertung des thermischen Nystagmus braucht, d.h. mindestens 40 Sekunden. Dann wird für 10 Sekunden ein Fixationspunkt erleuchtet. Die Fixationssuppressionsprüfung muß sowohl bei einem Rechts- als auch bei einem Linksnystagmus durchgeführt werden. Am besten eignen sich die 44° Spülungen, da sie den stärksten Nystagmus erzeugen.

Zur Beurteilung der Suppressionsfähigkeit ist ein kräftiger Nystagmus von mindestens 20° GLP Voraussetzung. Einen schwachen Nystagmus zu unterdrücken, gelingt auch dem Kranken. Läßt sich bei einem Patienten kein kräftiger Nystagmus auslösen, dann ist die Untersuchung der Suppressionsfähigkeit nicht aussagekräftig.

2. Bewertung der Befunde
Ein nicht vollständig unterdrückter Nystagmus wird in % des zuletzt ohne Fixation vorhandenen Nystagmus bewertet.

Beispiel (Abb. 190)
Geschwindigkeit des Ausgangsnystagmus: 27°/s
Geschwindigkeit des Nystagmus bei Fixation: 8°/s
100% = 27°
1% = 0,27°
8°/s : 0,27° = 30 (%)

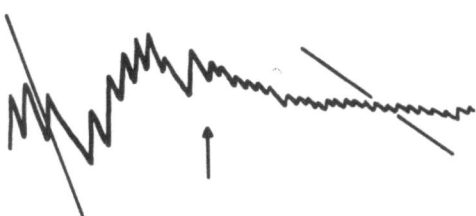

Abb. 190. Untersuchung der Fixationssuppression. Ein thermischer Nystagmus wird durch Fixation (↑) um 70% unterdrückt.

Der Nystagmus wurde bis zu einer Stärke von 30% des Ausgangswertes unterdrückt, oder besser, der Nystagmus wurde um 70% supprimiert.

Normbereiche der visuellen Fixationssuppression sind bisher nicht erarbeitet worden. Die klinischen Befunde zeigen jedoch, daß ein kräftiger thermischer Nystagmus mit einer GLP von mehr als 40° auch vom Gesunden nur zu 80–90% unterdrückt werden kann. Wahrscheinlich spielen alltägliche toxische und pharmakologische Einwirkungen eine Rolle, denn Alkohol z. B. führt zu einer solch nachhaltigen Störung der Fixationssuppression, daß der beschriebene Screening-Test zur Untersuchung des Alkoholeinflusses auf Autofahrer verwendet werden kann. Eine ähnliche Wirkung haben Phenothiazine, Phenobarbital und Carbamacepin (Bittencourt).

Übersichtsarbeiten: Th. Brandt und Büchele 1983; Miyoshi und Pfaltz 1973 und 1974; Dix 1980

C. Die Drehprüfungen

1. Geschichtlicher Überblick

Es gibt Effekte in Zusammenhang mit Drehbewegungen, die subjektiv sehr eindrucksvoll wahrgenommen werden. Dazu gehören die *Nachdrehempfindungen* nach langdauernden Drehbewegungen wie z. B. nach Walzertanzen, sowie die *Bewegungskrankheiten*. Die vestibuläre Forschung hat deshalb mit Drehprüfungen begonnen. Im Mittelalter konstruierte man Drehstühle, die allerdings in der Art eines Folterinstruments zur Therapie von Psychosen eingesetzt wurden (Abb. 191).

Zu Beginn des 19. Jahrhunderts beschäftigte sich der Prager Physiologe JOHANN EVANGELISTA PURKINJE mit den Drehnachempfindungen. Er stellte 1820 mit einfachen Mitteln das Purkinjesche Gesetz auf, wonach die Ebene der scheinbaren Drehung ihre Lage in Bezug auf den Kopf beibehält, also gewissermaßen vom Kopf mitgenommen wird. In der Praxis bedeutet dies, daß die nach Walzertanzen auftretenden Nachempfindungen in horizontaler Ebene drehen. Wird der Kopf um 30° gehoben, dann wird auch die Ebene der Drehnachempfindung um diesen Winkel nach oben gekippt.

Das Purkinjesche Gesetz wurde später mit verbesserten Reizmethoden bestätigt und hat noch heute Gültigkeit. Allerdings gilt es nur für die unmittelbar dem Abbremsen folgende, sogenannte erste Phase der Drehnachempfindung. Alle späteren Phasen, die z. T.

Abb. 191. Im Mittelalter wurden Drehreize zur Therapie von Psychosen eingesetzt. (Aus GÜTTICH 1944)

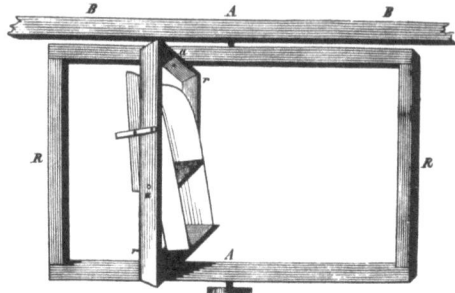

Abb. 193. Drehstuhl zur exzentrischen Reizung nach MACH 1873.

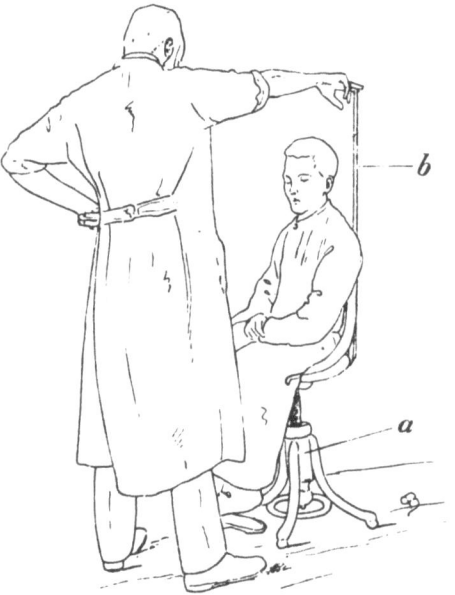

Abb. 194. Drehprüfung nach BÁRÁNY.

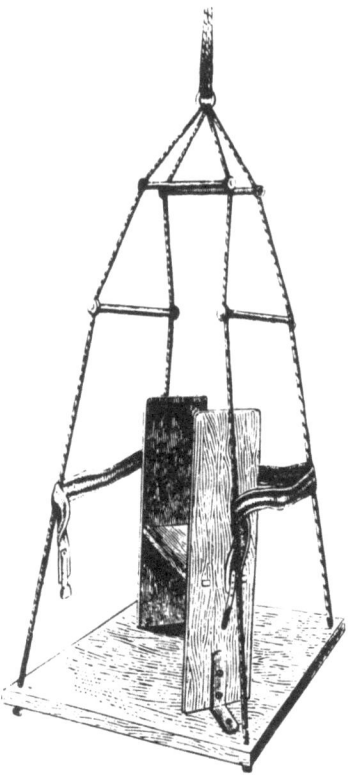

gegengerichtet, z. T. gleichgerichtet sind und die PURKINJE nicht bekannt waren, sind zentral bedingt und sind nicht abhängig von der Kopfhaltung.

Im letzten Viertel des 19. Jahrhunderts begann eine systematische Forschungstätigkeit mit Drehstuhlkonstruktionen von KREIDL u. a. (Abb. 192). Sie achteten nicht nur auf die subjektiven Drehempfindungen, sondern bestimmten zusätzlich auf „manuellem" Weg den rotatorischen Nystagmus. Der Untersucher mußte dazu hinter der Versuchsperson auf der Dreheinrichtung stehen und seine Finger auf die geschlossenen Augenlider der Versuchsperson legen

◄

Abb. 192. Drehstuhl nach KREIDL 1891.

(Palpationsmethode nach MACH, BREUER, KREIDL). Er fühlte das Vorbeigleiten der Cornea während des Nystagmus und konnte so die Frequenz bestimmen. Der Untersucher mußte ebenfalls die Augen schließen, um während der Drehstuhlbewegung keine Übelkeit zu erleiden.
MACH entwickelte 1873 einen Drehstuhl zur exzentrischen Drehreizung (Abb. 193).
Um die Jahrhundertwende waren schon einfache Pendelstühle gebräuchlich.
Die erste klinische Anwendung der Drehstuhlprüfung stammt von BÁRÁNY 1907. Der Drehstuhl wurde manuell zehnmal in 20 Sekunden gedreht, dann plötzlich angehalten (Abb. 194) und die Dauer des postrotatorischen Nystagmus bestimmt. BÁRÁNY fand so einen Mittelwert von 22 Sekunden für den ersten postrotatorischen Nystagmus mit großer Schwankungsbreite.
Dieses Reizverfahren wurde auch nach Einführung elektrisch betriebener Drehstühle beibehalten und bildet heute noch die Basis für die am häufigsten angewandte rotatorische Untersuchungsmethode.

- Von VEITS wurde 1931 eine unterschwellige Beschleunigung vorgeschlagen.
- 1948 änderten VAN EGMOND, GROEN und JONGKEES das Testverfahren von BÁRÁNY. Sie beschleunigten unterschwellig und stoppten aus verschiedenen Geschwindigkeiten ab (Cupulometrie).
- Von HALLPIKE und HOOD wurde 1953 ein trapezförmiges Reizverfahren vorgeschlagen mit gleichwertiger Be- und Entschleunigung.
- MONTANDON führte 1954 die Schwellenbestimmung des Nystagmus mit zu- und abnehmenden Drehreizen ein. Er fand eine mittlere Schwelle von $1°/s^2$, die aber durch eine Verbesserung der Reiztechnik von GRAYBIEL et al. später noch wesentlich (auf $0,05°/s^2$) gesenkt werden konnte. Die Schwellenmessung nach MONTANDON war aufwendig. Ihr diagnostischer Wert ist nach Untersuchungen von HAAS und PFANDER den überschwelligen Reizverfahren unterlegen.
- OOSTERVELD untersuchte mit leicht überschwelligen Reizen die Latenz bis zum Auftreten eines Nystagmus. Diese lange vernachlässigte Untersuchungsmethode lebt heute in Form sogenannter harmonischer Pendelstuhlschwingungen wieder auf. Ihr klinischer Wert ist noch umstritten.
- MACH erkannte 1885, daß die Bogengänge auch durch sinusförmige Bewegungen gereizt werden. 1962 wurde von GREINER der Torsionspendelstuhltest in die Klinik eingeführt. Er wurde vor allem wegen seiner geringeren Kosten gegenüber einem elektrisch betriebenen Drehstuhl populär. Heute verfügen die meisten elektronisch gesteuerten Drehstühle auch über Pendeleinrichtungen. Der Pendeltest hat sich einen festen Platz im vestibulären Untersuchungsgang erobert.

2. Physiologie

Wird der Kopf in der Ebene eines Bogengangpaares gedreht, so bleibt die Endolymphe aufgrund ihrer Trägheit zurück. Es kommt zu einer, der Drehrichtung gegenläufigen Flüssigkeitsrotation, die so lange dauert wie die Drehbeschleunigung anhält. In der Ampulle eines jeden Bogenganges sitzt die Cupula als Meßorgan. STEINHAUSEN glaubte 1933, die Cupula bewege sich wie eine Schwingtüre, die von der rotierenden Flüssigkeit geöffnet wird. Heute wissen wir, daß die Cupula auch an ihren Rändern mit der Ampulle verwachsen ist und deshalb von der rotierenden Flüssigkeit nur ausgebuchtet werden kann. In geringem Maß ist sie auch flüssigkeitsdurchlässig (DOHLMAN) (Abb. 195). Sinneshaare, die in die Cupula hineinragen, werden bei der Ausbuchtung gebeugt. Findet die Beugung in Richtung des Utriculus statt (utrikulopetal), so wird die Nervenzelle depolarisiert. Daraus folgt eine Steigerung der Grundfrequenz an Aktionspotentialen im Nervus vestibularis. Bei einer Beugung in entgegengesetzter Richtung (utrikulofugal) kommt es zu einer Hyperpolarisation der Nervenzelle und damit zu einer Reduzierung der Grundfrequenz im Nervus vestibularis.
Da die Bogengangspaare im Schädel anatomisch und funktionell gegenläufig ausgerichtet sind, führt z. B. eine Drehbeschleunigung nach rechts im rechten horizontalen Bogengang zu einer utrikulopetalen Cupulaauslenkung und damit zu einer Steigerung der Grundfrequenz der Aktionspotentiale (s. Abb. 46). Im linken horizontalen Bogengang entsteht dagegen eine

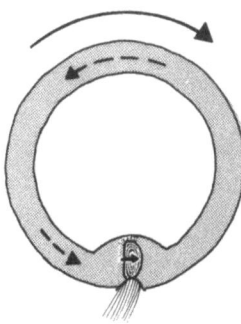

Abb. 195. Schema der Drehreizverarbeitung. Erklärung s. Text.

utrikulofugale Auslenkung und damit eine Verminderung der Grundfrequenz der Aktionspotentiale (II. Ewaldsches Gesetz von 1892).

Der Sinn dieser funktionellen Gegenschaltung der beiden Bogengangssysteme ist die Erhöhung ihrer Empfindlichkeit, denn die Steigerung einer und Verminderung der anderen Seite ergibt eine größere Seitendifferenz der Erregung im Gleichgewichtskerngebiet (Waagenprinzip).

Bei einer Beschleunigung nach rechts ist die Grundfrequenz im rechten Nervus vestibularis erhöht und somit auch eine Erregung im rechten Gleichgewichtskerngebiet gegeben. Von dort leitet das mediale Längsbündel die Information weiter zu den Kernen des linken Nervus abducens und des rechten Nervus oculomotorius. Durch Zug des Musculus abducens links und Musculus rectus medialis oculi rechts entsteht eine synchrone Bewegung beider Augen nach links, die von einer schnellen Rückstellbewegung nach rechts gefolgt wird. Durch die Beschleunigung nach rechts ist ein Nystagmus nach rechts entstanden.

> Eine Beschleunigung führt immer zu einem gleichgerichteten Nystagmus.

Sobald die Beschleunigung aufhört, die Körperdrehung aber mit konstanter Geschwindigkeit fortgesetzt wird, kommt es zu einer allmählichen, reibungsbedingten Angleichung der En-

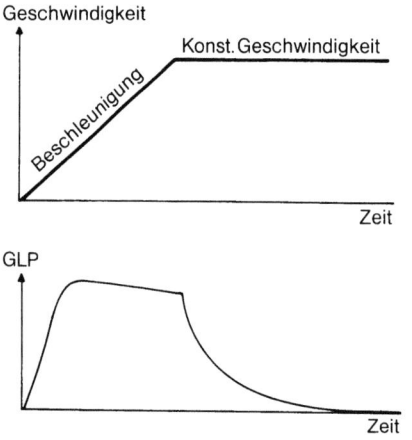

Abb. 196. Verlauf der Drehstuhlbewegung *(obere Kurve)* und des daraus resultierenden Nystagmus *(untere Kurve).*

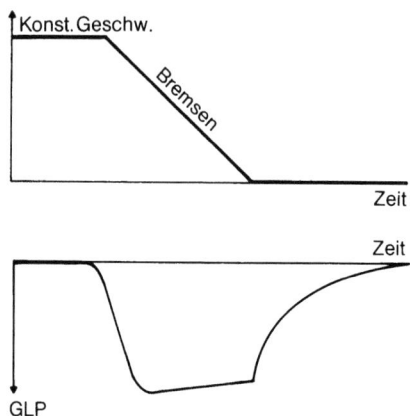

Abb. 197. Verlauf des Nystagmus *(untere Kurve)* beim Bremsen aus konstanter Geschwindigkeit *(obere Kurve).*

dolymphbewegung an die Körperbewegung, der Druck auf die Cupula läßt nach und in Dunkelheit sistiert der Nystagmus exponentiell (Abb. 196). Synchron mit dem Nystagmus nimmt auch die Drehempfindung ab, obwohl die Drehung anhält.

> Eine Bewegung mit konstanter Geschwindigkeit ist kein Gleichgewichtsreiz.

Wird aus einer Drehbewegung mit konstanter Geschwindigkeit gebremst, dann hat die Endolymphe aufgrund ihrer Trägheit das Bestreben, sich weiter zu drehen. Es kommt zu einem Flüssigkeitsdruck auf die Cupula und zu einem, dem ursprünglichen Gleichgewichtsreiz entgegengerichteten Sinnesreiz – und damit zu einem gegengerichteten Nystagmus (Abb. 197).

> Eine Beschleunigung nach rechts führt zu einem Rechtsnystagmus.

> Eine Bremsung aus Rechtsdrehung führt zu einem Linksnystagmus.

Einen *impulsartigen* Reiz erhält man, wenn aus einer Bewegung mit konstanter Geschwindigkeit abrupt gebremst wird (Abb. 198a). Es entsteht ein Nystagmus, obwohl der Drehstuhl bereits steht. Er wird *postrotatorischer Nystagmus* genannt. Wie der Nystagmus beim langsamen

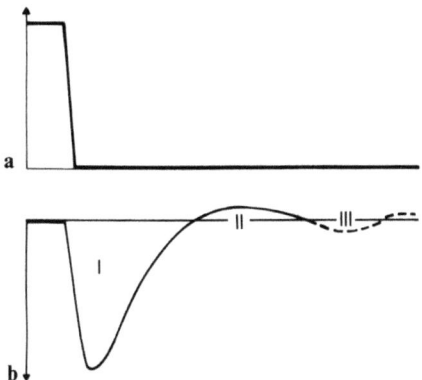

Abb. 198. Postrotatorische Reaktion bei Stop aus konstanter Geschwindigkeit. —— Physiologischer Ausschwingvorgang; ---- pathologischer Ausschwingvorgang

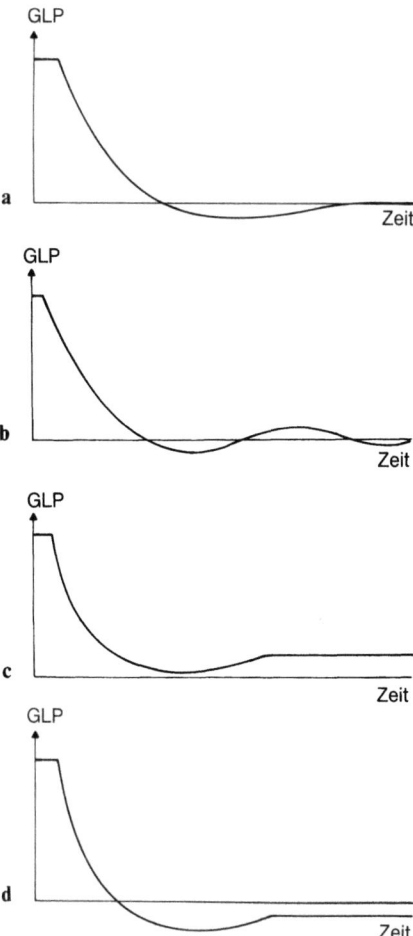

Abb. 199 a–d. Verschiedene Formen der postrotatorischen Reaktion. Erklärung s. Text.

Bremsen ist er gegengerichtet und nimmt exponentiell ab.

Statt des exponentiellen Abfalls kann ein Dreh-Nystagmus auch in einer oder mehreren Phasen ausschwingen. Dies wird am Beispiel des postrotatorischen Nystagmus in Abb. 198 b demonstriert. Dieser Ausschwingvorgang kommt nicht von einem Hin- und Herschwingen der Cupula nach Beendigung eines Reizes, denn die Cupula ist sehr stark gedämpft, sondern ist Zeichen eines zentralen Regelvorganges.

Die einzelnen Phasen eines Ausschwingvorganges werden mit römischen Ziffern bezeichnet:

Phase I = vestibulärer Nystagmus als Reaktion auf den auslösenden Gleichgewichtsreiz

Phase II = gegengerichtete zentrale Nystagmusphase. Sie läßt sich durch starke Reize noch beim Gesunden hervorrufen.

Phase III, IV usw. sind Phasen, die nur bei einer pathologischen zentralen Enthemmung des vestibulären Systems auftreten können, z. B. bei einer Kleinhirnstörung nach Sturz auf den Hinterkopf.

Jeder Ausschwingvorgang, der über die II. Phase hinausgeht, ist pathologisch.

Die rotatorischen Reaktionen können zusammen mit einem Spontannystagmus charakteristische Bilder erzeugen. Die normale postrotatorische Reaktion z. B. hat gewöhnlich eine Ausschwingphase (Abb. 199 a). Eine pathologische Enthemmung des vestibulären Systems erkennt man an einem verlängerten Ausschwingvorgang (Abb. 199 b). Ein bestehender Spontannystagmus *in Richtung* des postrotatorischen Nystagmus verstärkt diesen. Die II. postrotatorische Phase bewirkt keinen gegengerichteten Nystagmus, sondern nur ein kurzes Sistieren des Spontannystagmus (Abb. 199 c).

Besteht ein Spontannystagmus, der dem postrotatorischen Nystagmus *entgegengerichtet* ist, dann kommt es zu einer verringerten Phase I und verstärkten Phase II (Abb. 199 d).

3. Untersuchungstechnik

Verschiedene Untersuchungstechniken ermöglichen unterschiedliche Aussagen:
- Mit einem Schwachreiz, d.h. einem gering überschwelligen Reiz, läßt sich das Ausmaß der Kompensation eines vestibulären Defektes am besten bestimmen (s. Buch II).
- Mit einem starken, impulsartigen Reiz sind verlängerte Ausschwingvorgänge am besten zu beobachten.
- Sinusoidale Reize sind besonders geeignet, pathologische Nystagmusformen aufzuzeichnen.
- Die Messung von Latenzzeit und Phasenverschiebungen sollen Hinweise zur Unterscheidung von peripher- und zentral-vestibulären Störungen geben (WOLFE et al.). Diese Aussage ist bisher noch nicht ausreichend gefestigt.

Die genannten Reizelemente können zur Untersuchung getrennt eingesetzt werden, oder sie werden zu verschiedenen Reizmustern kombiniert.

a) Der trapezoide Reiz

Er vereint zwei Schwachreize (Abb. 200) oder zwei Starkreize (Abb. 201) in einem Untersuchungsgang, indem die Stärke der Beschleunigung und der Bremsung gleich ist. Zwischen Beschleunigung und Bremsung muß eine Phase von mindestens 3 min konstanter Geschwindigkeit liegen, um die Interferenz der beiden Reize zu vermeiden. Beim Gesunden erhält man gleich starke, rechts- bzw. linksgerichtete Nystagmusschläge, deren Geschwindigkeit der langsamen Phase von der Stärke der Beschleunigung abhängt.

In dieser Untersuchung sind bereits beide Reizrichtungen in identischer Form enthalten.

b) Der dreieckförmige Reiz

1. Untersuchung mit nur einem Starkreiz. Bei diesem Reizmuster wird unterschwellig (0,5–1°/s²) beschleunigt bis zu einer definierten Endgeschwindigkeit (meist 90°/s), und der Stuhl dann innerhalb von 1–2 Sekunden zum Stehen gebracht (Abb. 202). Der Reiz ist asymmetrisch und muß deshalb in entgegengesetzter Richtung wiederholt werden. Da der Reiz unterschwellig ist, kann sofort nach dem Erreichen der Endgeschwindigkeit abgebremst werden. Besteht in der Beschleunigungsphase aber ein Nystagmus in Drehrichtung, dann muß man vor dem Abbremsen eine Phase konstanter Geschwindigkeit einhalten, bis der Nystagmus nicht mehr sichtbar ist.

Abb. 202. Dreieckförmiger Drehreiz mit unterschwelliger Beschleunigung.

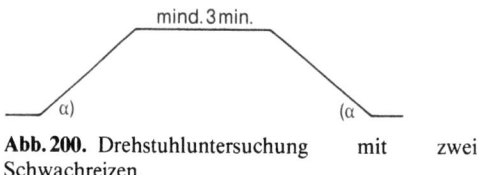

Abb. 200. Drehstuhluntersuchung mit zwei Schwachreizen.

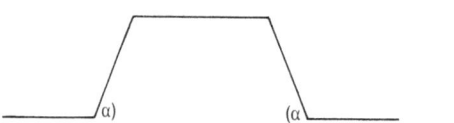

Abb. 201. Drehstuhluntersuchung mit zwei Starkreizen.

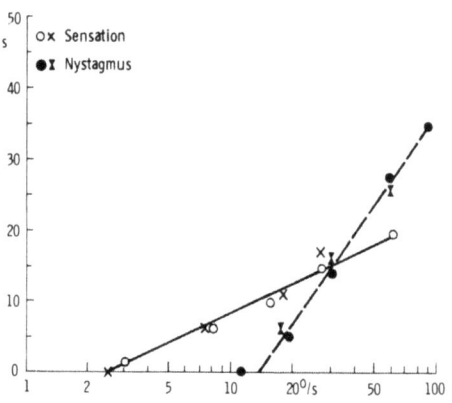

Abb. 203. Cupulogramm nach v. EGMOND, GROEN und JONGKEES. —— Postrotatorischer Nystagmus (Dauer); ---- postrotatorische Drehempfindung (Dauer).

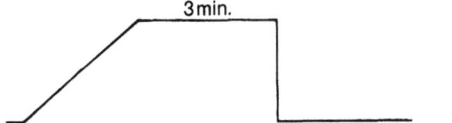

Abb. 204. Kombinierte Untersuchung mit einem Schwachreiz (Beschleunigung) und einem Starkreiz (Bremsen).

Führt man die Untersuchung mehrfach aus, variiert aber die Endgeschwindigkeit, dann entsteht bei Messung der Nystagmus- und Drehempfindungsdauer ein Cupulogramm nach EGMOND, GROEN und JONGKEES (Abb. 203). Aus dem Verlauf der Kurven zueinander und deren Neigungswinkel kann man die Funktion eines Bogengangpaares ablesen. Beim Gesunden bildet jeder Parameter eine gerade Linie. Bei pathologischen Prozessen sind diese Linien gebogen. Genaue Hinweise auf die Durchführung dieser Untersuchung s. JONGKEES 1979.
Die an sich sehr gründliche und aussagekräftige Untersuchung dauert lange. In einem neurootologischen Labor, in dem täglich mehrere Patienten untersucht werden müssen, ist sie nicht durchführbar.
2. Kombinierte Reizverfahren: Einen Schwach- und Starkreiz kann man kombinieren, wenn man überschwellig z. B. mit 2°/s² bis zu einer Endgeschwindigkeit von z. B. 90°/s beschleunigt (Abb. 204). Wegen der überschwelligen Beschleunigung muß mindestens 3 min mit konstanter Geschwindigkeit gedreht werden, bis der Beschleunigungsnystagmus abgeklungen ist. Es folgt dann der Starkreiz in Form einer heftigen Bremsung von 1–2 Sekunden Dauer. Nach einer Pause von mindestens 3 min schließt sich die Untersuchung in Gegenrichtung an.
Von den rein rotatorischen Untersuchungen wird dieses Reizmuster am häufigsten angewendet, weil es Schwach- und Starkreize kombiniert und in annehmbarer Zeit (ca. 12 min) durchzuführen ist.

4. Bewertung rotatorischer Untersuchungsergebnisse

Es besteht eine gesetzmäßige Beziehung zwischen den Nystagmusparametern Frequenz, Geschwindigkeit der langsamen Phase und Amplitude einerseits und der Cupulabewegung andererseits. Diese Beziehung gilt aber nur so lange, wie die Geschwindigkeit der Cupulabewegung nicht die Änderungsfähigkeit eines dieser Nystagmusparameter übersteigt. Daraus folgt:
Bei *schwachen und mittelstarken Reizen* sind alle Parameter zur Bewertung eines Nystagmus geeignet. Die Geschwindigkeit der langsamen Phase gibt die Cupulabewegung sehr gut wieder und läßt sich rasch auswerten. Sie wird im Verlauf einer konstanten Beschleunigung aus dem Mittelwert dreier Nystagmusschläge gebildet, die eine horizontale Grundlinie haben müssen. Je nach der Art des Schemas, das zur Dokumentation von Befunden benützt wird, kann ein anderer Parameter zweckmäßiger sein. So empfiehlt sich z. B. die Auswertung der Amplitude in einem Zehnsekundenintervall, wenn die Amplitude auch bei der postrotatorischen Reaktion als Parameter verwendet wird (s. S. 143).
Bei *starken impulsartigen Reizen,* insbesondere beim ruckartigen Abbremsen aus konstanter Geschwindigkeit, können manche Parameter der schnellen Änderung der Cupulaposition nicht folgen. Wie GROHMANN theoretisch am Modell errechnete, erreicht die Cupula nach einem Geschwindigkeitssprung von $\frac{\pi}{2}$ s^{-1} bereits nach 0,06 s ihr Maximum an Auslenkung und beginnt sofort mit der aperiodischen Rückbewegung in die Null-Lage. Geht man von einer maximalen Nystagmusfrequenz von ca. 5 Hz aus sowie von der Tatsache, daß innerhalb eines Nystagmusschlages die Geschwindigkeit der langsamen Phase nicht wesentlich geändert werden kann, so ist frühestens alle 0,2 s mit einer Änderung des Nystagmusparameters zu rechnen (Abb. 205). Bei Personen, die keine hohen Nystagmusfrequenzen bilden können, wie z. B. Kindern, ist die Diskrepanz noch größer.
Die Aussage von GROEN, daß im Moment des Abbremsens die Geschwindigkeit der langsamen Phase mit der aufgezwungenen Drehung übereinstimme, kann also nicht bestätigt werden (GROHMANN).

Zwei weitere Punkte beeinträchtigen die Auswertung bei impulsartigen Reizen:

104 Der diagnostische Untersuchungsgang

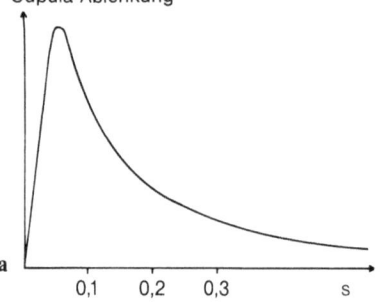

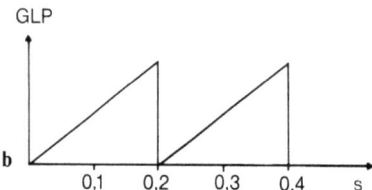

Abb. 205. Zeitverlauf der Cupulaauslenkung (a) und des Nystagmus (b) bei impulsartigem Reiz (Stop aus einer Drehung).

geeignete Parameter ist die Gesamtamplitude, die durch das Aufsummieren der Amplituden aller schnellen Nystagmusschläge erhalten wird. Der Zeitaufwand ist vertretbar, da die postrotatorische Reaktion kurz ist. Die Gesamtamplitude hat gegenüber der Geschwindigkeit der langsamen Phase den Vorteil, daß eine vorübergehende Abwanderung der Kurve von der Null-Linie das Ergebnis der Messung nicht beeinflußt.

Methoden zur Bestimmung der Gesamtamplitude:

Am einfachsten und billigsten ist es, die Amplitude aller Nystagmusschläge entlang dem Rand eines Papiers aufzutragen und die Gesamtstrecke der schnellen Nystagmusschläge abzulesen. Preiswerte halbautomatische Geräte zur Bestimmung der Gesamtamplitude sind auf S. 144 beschrieben.

Die Gesamtschlagzahl kann zur Auswertung herangezogen werden, wenngleich dieser Parameter nur mit Einschränkung ein Bild der tatsächlichen Reaktion wiedergibt (s. S. 138).

– Die Rückstellbewegung der Cupula unmittelbar nach dem Abbremsen geschieht so schnell, daß das *Maximum* der Nystagmusreaktion aufgrund der Trägheit der Parameter nicht zum selben Zeitpunkt auftreten muß. Dies gilt ganz besonders dann, wenn bei einem Stop aus Linksdrehung eine andere Nystagmusfrequenz entsteht als bei einem Stop aus Rechtsdrehung. Wird nur die GLP am Maximum der postrotatorischen Reaktion (Kulmination) zur Auswertung herangezogen, wie dies z. T. empfohlen wird, dann können Seitendifferenzen gemessen werden, die in Wirklichkeit gar nicht vorhanden sind.

Daraus ergibt sich, daß das Maximum der Nystagmusreaktion als Maß der Gleichgewichtsantwort auf impulsartige Reize *nicht* herangezogen werden darf.

– Durch den heftigen Bremsvorgang entstehen Artefakte, insbesondere eine Abwanderung der Nystagmuskurve in den ersten Sekunden, die eine Beurteilung gerade dieser Anfangszeit, in der das Nystagmusmaximum zu suchen ist, erschweren.

Zur Auswertung des impulsförmigen Reizes sollte deshalb die *gesamte postrotatorische Reaktion* herangezogen werden. Der am besten

5. Grafische Darstellung rotatorischer Befunde

CLAUSSEN gab 1971 ein Kennlinienschema für den sogenannten Rotationsintensitätsdämpfungstest an (Abb. 206). Er bewertet den perro-

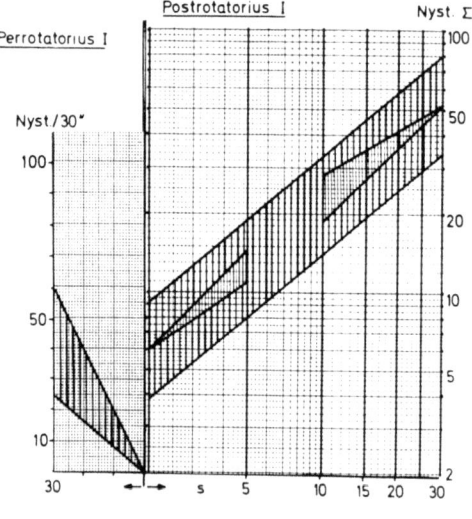

Abb. 206. Kennlinienschema nach CLAUSSEN zur Dokumentation rotatorischer Befunde.

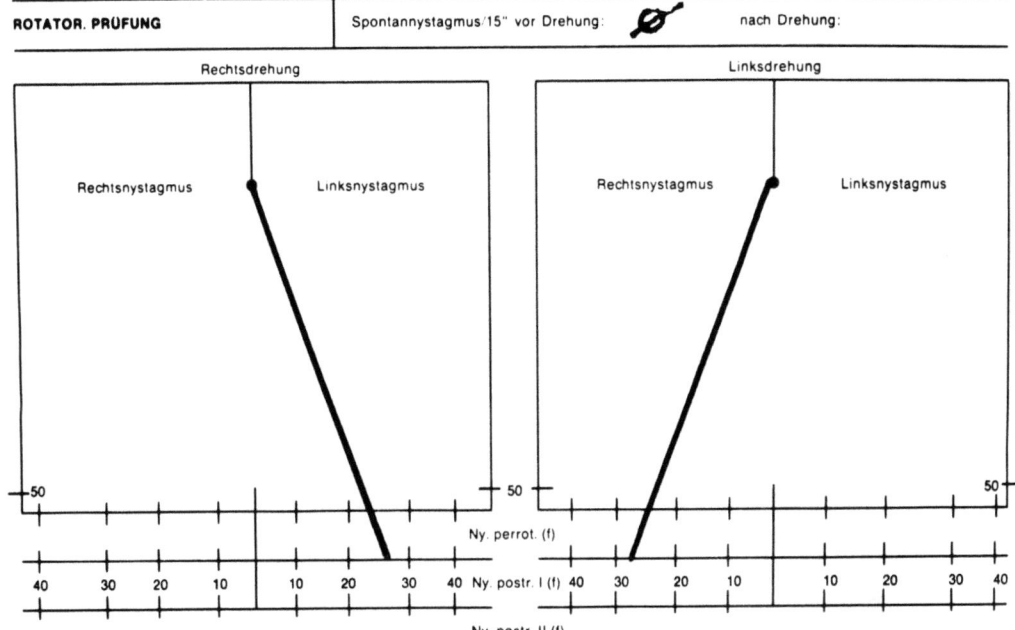

Abb. 207. Schema nach STOLL/BOENNINGHAUS zur Dokumentation rotatorischer Befunde.

tatorischen Nystagmus, der im Verlauf der Beschleunigung konstant bleibt, linear und den postrotatorischen Nystagmus, der ähnlich einer e-Funktion abfällt, logarithmisch. Als Parameter wurde von ihm die Schlagzahl gewählt, welche in Fünfsekunden-Abschnitten in der postrotatorischen Reaktion ausgezählt wird.

Eine solche Darstellung des Verlaufs der postrotatorischen Reaktion bringt unseres Erachtens gegenüber der Aufzeichnung eines Einzelwertes, z. B. der Gesamtamplitude, keinen Informationsgewinn.

Von BOENNINGHAUS wurde 1980 ein Schema veröffentlicht, das auf ein Schema von STOLL zur Bewertung der thermischen Prüfung zurückgeht (Abb. 207). Es erlaubt die Darstellung der per- und postrotatorischen Schlagzahl während der Kulminationsphase, der Schlagzahl in der postrotatorischen Phase II und der Schlagzahl des Spontannystagmus. Auch die Darstellung anderer Parameter kann nach entsprechender Umbenennung der Koordinaten erfolgen.

Platzsparender und übersichtlicher als diese Darstellung ist die grafische Auftragung des Verhältnisses der Reizantworten Rechtsnystagmus: Linksnystagmus, wie wir sie schon von der thermischen Prüfung her kennen (Abb. 208). Auf die Darstellung des postrotatorischen Nystagmus II, der bei einseitigem Auftreten in der Regel einem Spontannystagmus entspricht, wird bei diesem Schema zugunsten der Übersichtlichkeit verzichtet. Es ist nicht erforderlich, einen Spontannystagmus in dieses Schema einzuzeichnen. Er wird im Schema der thermischen Prüfung dokumentiert.

6. Untersuchungen mit dem Pendelstuhl

a) Durchführung der Untersuchung

Die Pendelprüfung dient der Untersuchung des zentral vestibulären Systems sowie der Beobachtung zentraler Ausgleichsvorgänge eines peripher vestibulären Defektes. Sie ermöglicht einen direkten Vergleich des Nystagmus auf Rechts- und Linksbeschleunigung. Drei verschiedene Reizmuster werden angewandt:

1. Ein mechanischer Pendelstuhl mit einer Torsionsfeder wird um 180° aus der Ruhelage gebracht. Er führt dann eine freie Pendelbewe-

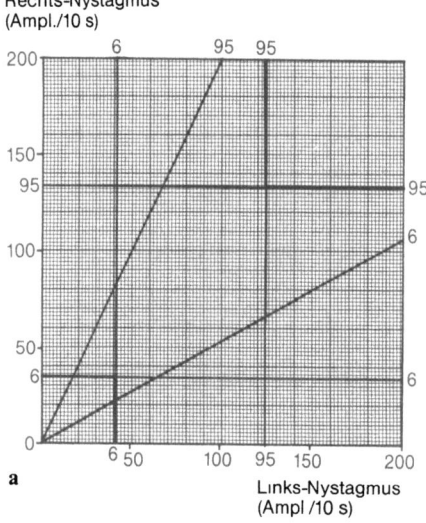
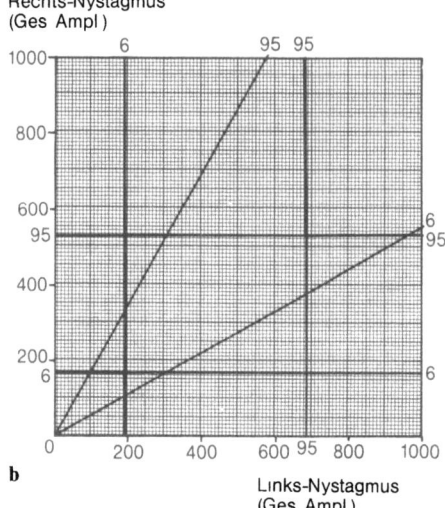

Abb. 208 a, b. Grafische Darstellung rotatorischer Befunde und Perzentilen Gesunder. **a** Perrotatorisch: Summe der Amplituden im Zeitraum 15–25 s nach Beginn einer Beschleunigung von $2°/s^2$; **b** Postrotatorisch nach Stop aus einer Drehgeschwindigkeit von $90°/s$: Gesamtamplitude.

gung aus, deren Amplitude und Geschwindigkeit immer kleiner wird, bis der Stuhl steht (GREINER) (Abb. 209).

Vorteil: Die Kosten eines mechanischen Pendelstuhls sind wesentlich niedriger als die eines elektronisch gesteuerten Pendelstuhls.

Nachteil: Der Untersuchungsgang kann nicht modifiziert werden.

Der Reiz ist anfangs stark und nimmt dann ab. Wegen des provokativen Charakters der starken Anfangsbeschleunigung kann ein latenter Spontannystagmus sichtbar werden und die bei abklingendem Reiz schwächer werdende Reizantwort überlagern. Eine Aussage über die Schwelle des Nystagmus ist dadurch erschwert.

2. Der Drehstuhl wird mit einem Motor betrieben, die Steuerung erfolgt elektronisch. Er erreicht eine Auslenkung von 180° nach einer Seite. Mit einer Amplitude von 360° wird er nun fünfmal kontinuierlich hin und her bewegt. Es schließen sich 10 gedämpfte Schwingungen an, bis der Pendelstuhl zum Stillstand kommt (MOSER) (Abb. 210).

3. Der Pendelstuhl wird mit elektronischer Steuerung langsam zunehmend beschleunigt, bis er eine maximale Geschwindigkeit erreicht

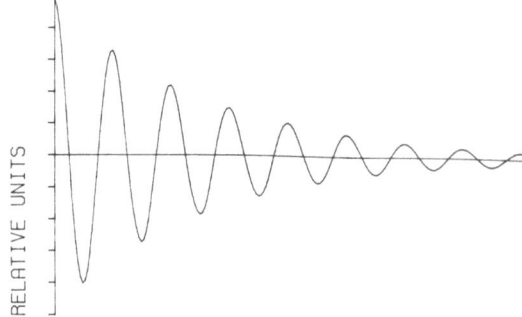

Abb. 209. Bewegungsform eines Torsionspendelstuhls.

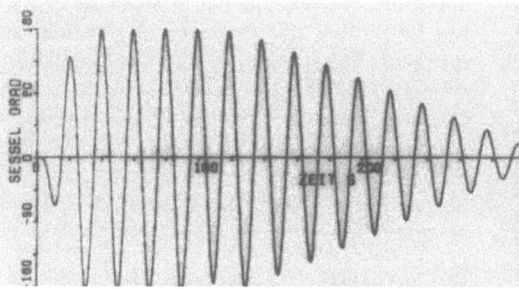

Abb. 210. Bewegungsform einer Pendelstuhlreizung (MOSER u. RANACHER – Graz).

Abb. 211
Pendelstuhlreizung mit zu- und abnehmender Reizstärke.

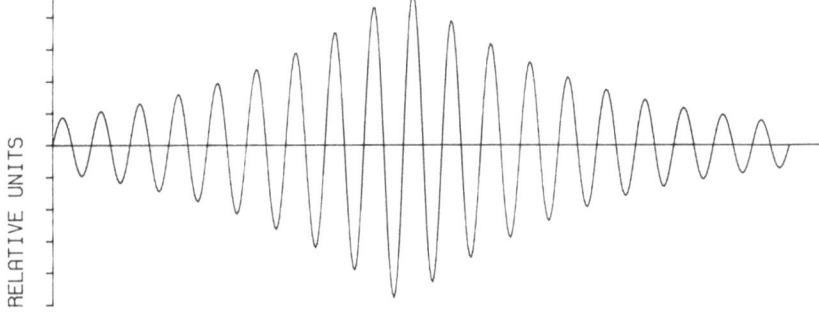

von 40°/s. Dann schwingt er in derselben Charakteristik wie bei der Zunahme des Reizes wieder aus (Abb. 211). Bei diesem Untersuchungsgang ist sowohl eine Aussage über die Nystagmusschwelle als auch über die Reaktion auf einen mittelstarken rotatorischen Reiz möglich.

Bei herabgesetzter Schwelle findet man bereits bei der ersten Pendelung einen deutlichen Nystagmus, bei angehobener Schwelle erst bei stärkeren Reizen.

b) Bewertung des Pendeltestes

Ein Pendelstuhl ändert laufend Beschleunigung und Geschwindigkeit sinusartig. Dementsprechend ändert sich auch der daraus resultierende Pendelnystagmus sinusartig (Abb. 212). Er beginnt mit einer von der Reizstärke abhängigen Latenz, steigt bis zu einem Maximum an und fällt dann wieder ab. Das Maximum der Reizantwort kann anhand des Nystagmusschlages mit der schnellsten Geschwindigkeit der langsamen Phase bei geringer Reizstärke nur unsicher, bei großer Reizstärke dagegen sicher festgelegt werden (Abb. 213). Der Nystagmus wird ausgewertet

– zeitaufwendig mit der Gesamtamplitude, d. h. der Summe der Amplituden aller schnellen Nystagmusphasen oder
– zeitsparend durch die Geschwindigkeit des schnellsten Nystagmusschlages
– bei Benützung eines Rechners durch Aneinanderreihen (Kumulieren) der Geschwindigkeiten der langsamen Nystagmusphasen unter Weglassen der Pendelstuhlbewegung. Derartige Kurven werden Kumulogramme genannt bzw. – da sie reine Kompensationsleistungen der Augen darstellen – Kompensationskurven (MOSER und RANACHER) (Abb. 214).

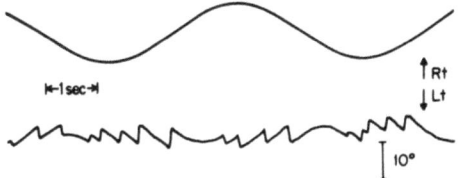

Abb. 212. Darstellung der Drehstuhlgeschwindigkeit und des dazugehörigen Pendelnystagmus.

Abb. 213. Nystagmus einer Pendelreizhalbwelle.

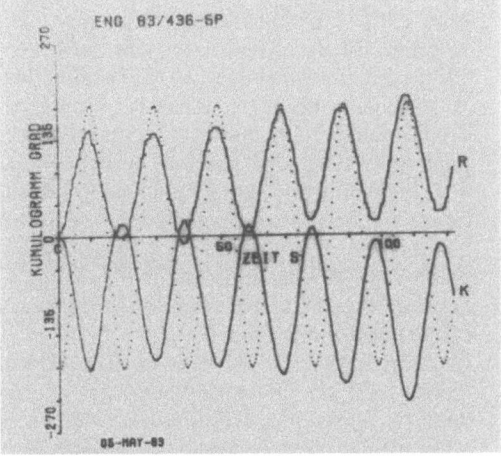

Abb. 214. Kompensationskurve K bei einem Pendelstuhlreiz *(gepunktete Linie)* R = Verlauf der schnellen Nystagmusphase. (Abb. überlassen von M. MOSER – Graz).

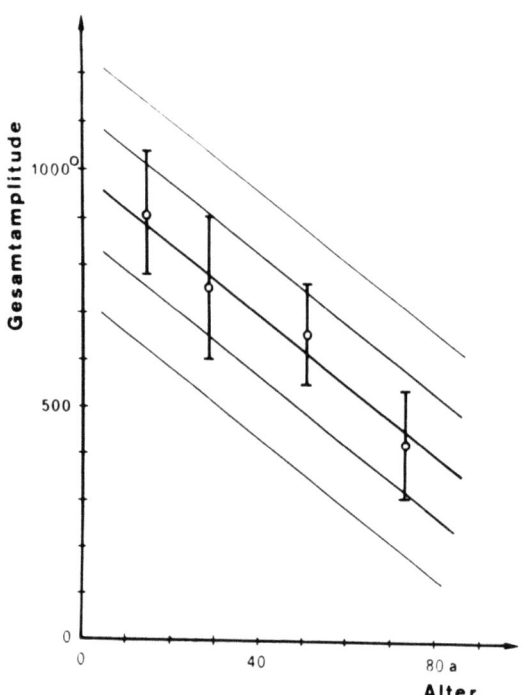

Abb. 215. Altersabhängigkeit der Gesamtamplitude des Pendelnystagmus. (Aus RANACHER 1979)

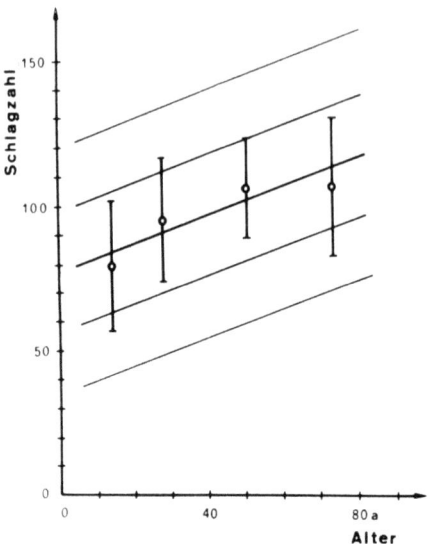

Abb. 216. Abhängigkeit der Schlagzahl eines Pendelnystagmus vom Lebensalter (MOSER 1980).

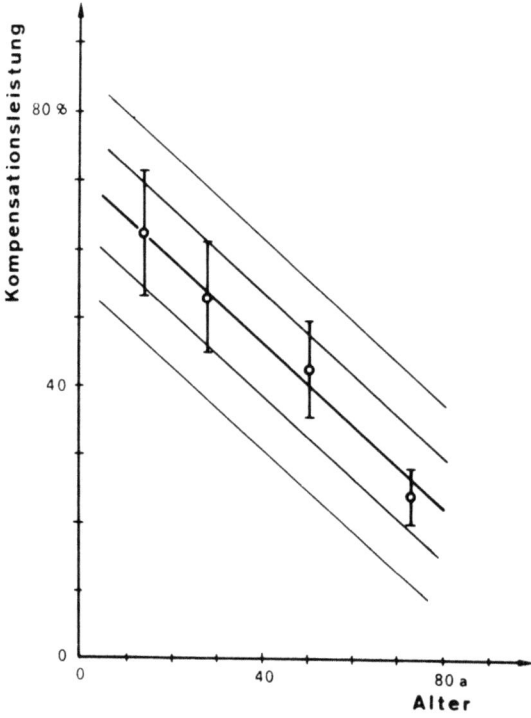

Abb. 217. Abhängigkeit der Kompensationsleistung Gesunder vom Lebensalter beim Pendelnystagmus (MOSER 1980).

c) *Interpretation der Befunde*

Die *Gesamtamplitude* einer Pendelbewegung zeigt stark altersabhängige Streuungen. Bei Kindern ist die Amplitude sehr groß. Sie nimmt mit zunehmendem Alter kontinuierlich ab (Abb. 215). Im Seitenvergleich zwischen einer Pendelbewegung nach rechts und links besteht beim Gesunden nur eine geringe Streuung. Beim Kranken findet man eine Seitendifferenz im Pendeltest, solange eine periphere Erkrankung nicht genügend kompensiert ist und bei einem Spontannystagmus.

Ein ähnliches Verhalten zeigt die *Geschwindigkeit der langsamen Phase* (GLP).

Im Gegensatz zum Verhalten der Gesamtamplitude und der Geschwindigkeit der langsamen Nystagmusphase nimmt die Schlagzahl mit zunehmendem Lebensalter zu (Abb. 216). Die Streubreite dieses Parameters ist sehr hoch, d.h. seine Aussagekraft ist wenig verläßlich.

Mit zunehmendem Alter nimmt die Fähigkeit, die Pendelstuhlbewegung durch Nystagmus zu

Abb. 218. Zentrale Nystagmusschrift eines Patienten mit Schädelhirntrauma.

Abb. 219. Kleine Nystagmusschrift bei einem Patienten mit zerebraler Durchblutungsstörung.

kompensieren, ab. Sie beträgt 100%, wenn Pendelstuhl und Augenbewegung gleich stark sind, d. h. wenn eine Pendelstuhldrehung von z. B. 180° eine Drehbewegung der Augen von 180° auslöst. Diese Kompensationsleistung Gesunder fällt mit zunehmendem Alter kontinuierlich von ca. 70% auf 20% ab (Abb. 217).

Neben der Nystagmusquantität und der Seitendifferenz wird vor allem die Nystagmusqualität beurteilt. Ein Gesunder hat einen regelmäßigen Pendelnystagmus (Abb. 212 u. 213). Bei zentralen Störungen, besonders nach Schädelhirntraumen ist der Pendelnystagmus verformt (Abb. 218). Die Nystagmusschläge sind unregelmäßig (zentrale Nystagmusschrift oder: écriture centrale).

Bei Durchblutungsstörungen findet man kleine Nystagmusamplituden (Abb. 219) und eine normale bis hohe Frequenz bei sonst normal geformten Nystagmusschlägen (kleine Nystagmusschrift oder: petite écriture).

d) Dokumentation der Penteluntersuchung

Eine grafische Darstellung des Pendeltestes ist wegen des großen Zeitaufwandes den Gleichgewichtslabors vorbehalten, die über eine halb- oder vollautomatische Auswertung verfügen. Wesentlicher ist zudem die Beurteilung der Nystagmusqualität, die sich in einer Kurve nicht dokumentieren läßt. Der Pendeltest wird deshalb in der Regel durch Inspektion der Kurve ausgewertet.

e) Das Recruitment des Pendeltestes

Häufig beobachtet man bei einem Pendeltest eine Seitendifferenz der Nystagmusstärke, solange der Reiz schwach ist, und eine seitengleiche Reaktion bei starken Reizen (Abb. 220). Es handelt sich um ein echtes Recruitmentphänomen, das aber im Gegensatz zum Recruitement der Audiometrie nie auf einen bestimmten Krankheitstyp bezogen werden konnte. Klinisch ist es somit nicht verwertbar.

f) Messung der Latenz und der Phasenverschiebung

Jeder rotatorische Reiz wird erst nach einer bestimmten Latenzzeit von einem sichtbaren Nystagmus gefolgt. Bei einer Reizung mit

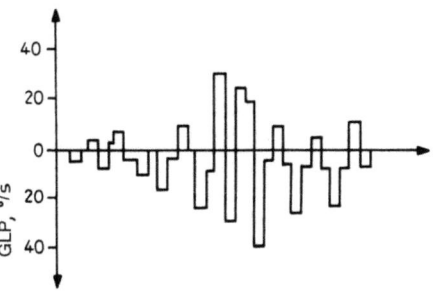

Abb. 220. Recruitmentphänomen bei einer Pendelreizung mit zu- und abnehmenden Reizen. Analysierte Kurve eines Patienten 4 Monate nach Ausfall eines Gleichgewichtsorgans.

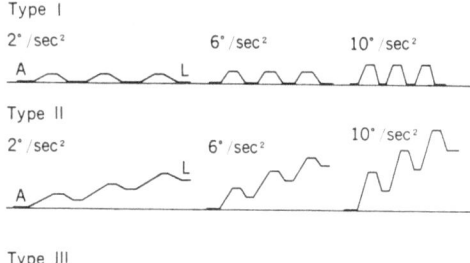

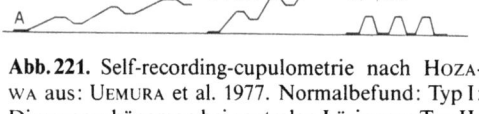

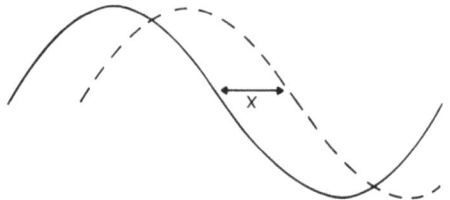

Abb. 222. Latenz zwischen Reiz und Reizantwort beim Pendeltest.

Abb. 221. Self-recording-cupulometrie nach HOZAWA aus: UEMURA et al. 1977. Normalbefund: Typ I; Divergenzphänomen bei zentralen Läsionen: Typ II; Reversionsphänomen bei peripheren Läsionen: Typ III.

gleichbleibender Beschleunigung wird die Zeit bis zum Auftreten des ersten Nystagmusschlages als Latenz bezeichnet. Sie ist abhängig von der Stärke des Reizes.
Von HOZAWA wurde 1968 ein Test beschrieben und „Selfrecording-cupulometrie" genannt (Abb. 221). Er erzeugt eine konstante Beschleunigung variabler Größe (2, 6 und $10°/s^2$) und mißt die Latenz. Beim Auftreten des ersten Nystagmusschlages wird die Beschleunigung unterbrochen und die Drehstuhlbewegung in eine konstante Geschwindigkeit überführt. Wenn der perrotatorische Nystagmus abklingt, wird mit gleicher Beschleunigung gebremst, bis wieder ein Nystagmus auftritt. Beim Gesunden ist die Latenz bei Beschleunigung und Bremsen gleich, die Kurve kehrt wieder zur Grundlinie zurück (Typ I). Bei unterschiedlicher Latenz beim Beschleunigen und beim Bremsen und mehrfacher Wiederholung des Testes kommt es zu einer Treppenform der Kurve – benannt als „Divergenzphänomen". Bei zentralen Störungen bleibt das Divergenzphänomen auch bei höheren Beschleunigungen (6- und $10°/s^2$) bestehen (Typ II), bei rein peripheren Läsionen nimmt die Latenzdifferenz bei hohen Reizstärken ab (Typ III). Dieses Reaktionsmuster bei peripheren Läsionen, benannt als „Reversionstyp", entspricht dem Recruitmentphänomen. Die Ergebnisse wurden im Tierversuch überprüft.
Im europäischen und amerikanischen Raum wird dieser Test nicht allgemein angewandt. Dies mag an der teuren Untersuchungstechnik liegen, denn die Augenbewegungen werden mit Infrarotfernsehkameras registriert.
Bei sinusoidalen Reizen macht sich eine Latenz zwischen Reiz- und Nystagmusbeginn in Form einer Phasenverschiebung bemerkbar (Abb. 222). Die Größe der Phasenverschiebung ist abhängig von der Stärke der Beschleunigung und zeigt eine nur geringe inter- und intraindividuelle Schwankungsbreite. Mit sehr großem apparativem Aufwand wurde von WOLFE und Mitarb. ein Test entwickelt, der diese Phasenverschiebung bei sinusförmigen Beschleunigungen mißt (low frequency harmonic accelerations). Der hohe technische und zeitliche Aufwand dieser Untersuchung steht aber nach PROBST und PFALTZ in keinem Verhältnis zur Aussagekraft.

Übersichtsliteratur:
Theoretisch mathematisch: Grohmann 1972
Klinisch: Jongkees 1979
Pendeltest: Moser 1980

D. Die Untersuchung zervikaler Gleichgewichtsstörungen

Die Erkenntnis, daß Schwindel vom Hals ausgelöst sein kann, wurde schon 1845 von LONGERT mitgeteilt. 1878 begann FRANK mit Untersuchungen über den Einfluß sympathischer Nervenfasern des Halses auf das Gleichgewicht. Sie wurden 1926–1928 von BARRE und LIEOU fortgesetzt. 1907 beschäftigte sich BÁRÁNY mit halsbedingten Gleichgewichtsstörungen, 1924 MAGNUS.
Halsbedingte Gleichgewichtsstörungen sind häufig. DECHER beschrieb 1969, daß 47% aller Patienten mit zervikal bedingten, enzephalen Symptomen über Schwindel klagen. Davon waren die Schwindelbeschwerden in 50% ob-

jektivierbar. Verschiedene Strukturen des Halses wurden dafür verantwortlich gemacht: die Blutgefäße, insbesondere die A. vertebralis und ihre Äste, die sensiblen Afferenzen vom oberen Halsanteil und die autonomen sympathischen Nerven entlang der A. vertebralis. Jede dieser drei pathophysiologischen Einheiten kann Schwindel auslösen. Dies wurde neurophysiologisch im Tierversuch und beim Menschen nachgewiesen. Die Symptome überlappen sich jedoch, so daß weder von seiten der Anamnese noch von seiten einer Gleichgewichtsuntersuchung eine pathogenetische Trennung möglich ist. Zudem sind die uns zur Verfügung stehenden Untersuchungsmethoden schwierig zu bewerten und ermöglichen Fehlbeurteilungen.

Dies hat zu einer „Begriffskonfusion" (BRANDT) geführt, wobei Ausdrücke wie zervikaler, vertebragener und sympathischer Schwindel unkritisch vermischt werden. Das „Halswirbelsäulensyndrom" ist ein Begriff, der in seiner Unschärfe nur noch vom „Menièreschen Symptomenkomplex" übertroffen wird. Der Hinweis auf die Wirbelsäule in diesem Terminus fördert die Fehlmeinung, die Wirbelsäule alleine sei auslösende Ursache. Ein negativer Röntgenbefund läßt dann zu Unrecht den Hals aus den differentialdiagnostischen Erwägungen ausscheiden.

Entsprechend dem Ursprung der Störungen empfiehlt sich folgende Nomenklatur für die zervikalen Gleichgewichtsstörungen:

Nach dem heutigen Kenntnisstand gibt es drei verschiedene Anteile:

– der vaskuläre Anteil
Er verursacht die vaskulär-zervikalen Gleichgewichtsstörungen.
Sie sind ein Teil des vertebro-basilären Syndroms und erzeugen den vaskulären Zervikalnystagmus.

– der somatische Anteil
Er verursacht die somatisch-zervikalen Gleichgewichtsstörungen, die den somatischen Zervikalnystagmus hervorrufen.
HÜLSE bezeichnet diesen Anteil als „Störsyndrom des Rezeptorsystems im HWS-Bereich"

– der vegetative Anteil
Er verursacht die vegetativ-zervikalen Gleichgewichtsstörungen. Ihr Anteil am Zervikalnystagmus kann bisher nicht dargestellt werden.

Von BARRE (1926) wurden diese Störungen als „Syndrome Sympathique cervical superieur" bezeichnet.

HÜLSE (1983) verwendet den Begriff „neural" allein für den vegetativen Anteil. „Neural" ist aber ein übergeordneter Begriff, unter den auch der sensible Anteil fällt. Der Vorschlag BRANDTS (1983), den Begriff „zervikaler Schwindel" nur für den sensiblen Anteil halsbedingter Gleichgewichtsstörungen zu reservieren, ist ebenfalls abzulehnen, denn „zervikaler Schwindel" ist ein Überbegriff.

1. Der vaskuläre Anteil

Erkrankungen als Folge von Durchblutungsstörungen im Bereich der Aa. vertebrales und der A. basilaris werden auch unter dem Begriff „vertebro-basiläre Insuffizienz" zusammengefaßt.

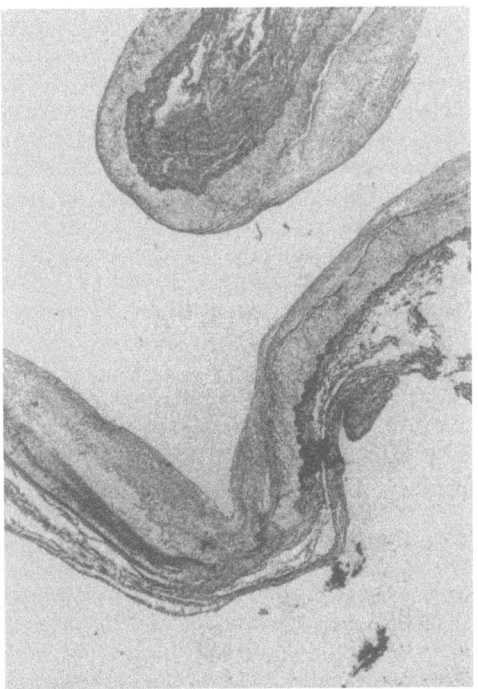

Abb. 223. Längsschnitt der A. vertebralis beim Durchtritt durch das Foramen costotransversarium des Atlas mit sklerotischen Ablagerungen an den Krümmungsstrecken (Aus F. W. RIEBEN 1978).

Die beiden Aa. vertebrales können auf ihrem Verlauf im Hals durch anatomische, degenerative und funktionelle Veränderungen an Knochen, Muskeln und Bindegewebe beeinträchtigt werden (KROYDAHL und TORGERSEN; KEYN; NIERVENHYSE). Arteriosklerotische Ablagerungen, die besonders an der atlantookzipitalen Ausgleichsschleife zu finden sind (Abb. 223), wirken zusammen mit anatomisch vorgegebenen Kaliberschwankungen der Vertebralgefäße. Bei Kopfbewegungen kann eine Verminderung der Blutzufuhr zum Versorgungsgebiet der A. vertebralis eintreten. Gerade das vestibuläre Kerngebiet reagiert sehr empfindlich auf Störungen der Blutversorgung, denn es nimmt im lateralen Anteil des Hirnstamms einen großen Raum ein und wird auch bei zirkumskripten hypoxischen Läsionen leicht betroffen. Die Symptome können variieren von einer geringen Unsicherheit bei bestimmten Kopfhaltungen über Drehgefühl beim Blick nach oben bis zum plötzlichen Hinstürzen (Drop attack). Neben vestibulären Symptomen treten auch Symptome aus benachbarten Strukturen auf, wie Sehstörungen, Kopfschmerzen, Pyramidenzeichen, okulomotorische Störungen, retikuläre Zeichen und Störungen von seiten anderer Hirnnerven (LIEDGREN und ÖDKVIST). An audiologischen Symptomen findet man Tinnitus und fluktuierenden Hörverlust. Die Abgrenzung zu einer Menièreschen Krankheit kann schwierig sein. Schwere Durchblutungsstörungen im vertebrobasilären Gebiet mit gravierenden, z.T. bleibenden Ausfällen, wie z.B. das Wallenberg-Syndrom, bereiten dagegen diagnostisch keine Schwierigkeiten.

Untersuchungsmethode

Von CAUSSE et al. wurde 1979 eine Untersuchungsmethode zur Diagnostik gefäßbedingter Gleichgewichtsstörungen angegeben. Die Autoren gehen davon aus, daß eine *längerdauernde* Irritation des vestibulären Systems nur von einer Durchblutungsstörung herrühren kann. Zwei bis drei Minuten nach einer Halsdrehung seien nur noch vaskuläre Zeichen vorhanden, die propriozeptiven und sympathischen Störungen seien bis dahin abgeklungen. Der Kopf wird bei der Untersuchung maximal retroflek-

Abb. 224. Kopfhaltung bei der Untersuchung nach CAUSSE (1979). (Aus HÜLSE 1983)

tiert und maximal gedreht (Abb. 224). Dadurch soll nach DE KLEYN und NIEUWENHUYSE der Blutfluß in der A. vertebralis der Gegenseite eingeschränkt werden. Andere Autoren halten eine Kompression der A. vertebralis auch auf der ipsilateralen Seite für möglich. In dieser Position wird der Kopf 4 Minuten lang von einer Hilfsperson gehalten. Ein zweiter Untersucher bedient den Schreiber. Die Augenbewegungen werden

– *vor* der Untersuchung registriert zum Ausschluß eines Spontannystagmus.
– 30 Sekunden lang nach Einnahme der Untersuchungsposition zur Feststellung somatischer und vegetativer Befunde.
– 30 Sekunden lang nach Ablauf von 3 Minuten zur Feststellung vaskulärer Auswirkungen.

Als pathologischer vaskulärer Befund wird gewertet, wenn ein Nystagmus oder Kippdeviationen (s. S. 154) nur bei der letzten Registrierung nach 3 min auftreten und wenn sie von der 2. zur 3. Registrierung zunehmen. Besteht bei der ersten Registrierung vor Untersuchungsbeginn ein Spontannystagmus, dann kann ein auch verstärkter Nystagmus in derselben Richtung nicht als pathologisch bewertet werden. *Eine Nystagmusumkehr ist immer pathologisch.* Steht ein Fußschalter zum Starten und Abschalten des Schreibers zur Verfügung, kann der Test von *einer* Person durchgeführt werden. Mechanische Haltesysteme für den Kopf des Patienten werden von den Patienten nicht toleriert und sind außerdem gefährlich.

2. Der somatische Anteil

Während die Augen und das Gleichgewichtsorgan uns Informationen über die Stellung und Bewegung des Kopfes im Raum geben, wird die Information über die Stellung des Kopfes in Beziehung zum Rumpf über ein komplexes System aus Muskel-, Sehnen- und Gelenkfühlern des Halsbereiches (BRANDT) vermittelt. Dazu existieren wahrscheinlich auch direkte Verbindungen von den sensiblen Halsafferenzen zu den Vestibulariskernen, insbesondere des Nc. vestibularis lateralis (Abb. 225) (BOYLE 1980, TEN BRUGGENCATE et al. 1972). Indirekte Verbindungen verlaufen über die Purkinje-Zellen des Kleinhirns zu den Vestibulariskernen. HIKUSAKA und MAEDA fanden 1973 Verbindungen von sensiblen Halsafferenzen zum Abduzenskern. BIEMOND konnte schon 1939 beim Hasen durch Reizung der Nervenwurzeln C2 bis C4 einen Nystagmus zur gereizten Seite auslösen.

Entsprechend der Einbindung sensibler Afferenzen in das vestibuläre Regelsystem (zervikovestibuläre Interaktion, BRANDT) führt eine Störung dieser Afferenzen zu seitenbetontem Schwindel, Ataxie, Fallneigung usw. Diese Symptome sind einer einseitigen Labyrinthläsion sehr ähnlich. DE JONG hat im Selbstversuch die Wirkung der Ausschaltung sensibler Afferenzen durch Lokalanästhesie beschrieben. Es kam zuerst zu einer Schwebeempfindung gefolgt von einer Fallneigung zur ausgeschalteten Seite. Im Liegen bestand ein Kippgefühl zur anästhesierten Seite.

HÜLSE beobachtete einen Patienten, bei dem wegen zweier Neurinome die hinteren Nervenwurzeln von C2 und C3 durchtrennt werden mußten. Postoperativ fand er einen deutlichen Spontannystagmus mit etwa 2 Hz zur gesunden Seite mit entsprechenden lageabhängigen Schwindelbeschwerden. Der Spontannystagmus wurde, ähnlich wie im Tierversuch, sehr rasch kompensiert und zwar schneller als ein Spontannystagmus, der durch Ausschaltung eines Labyrinthes entsteht.

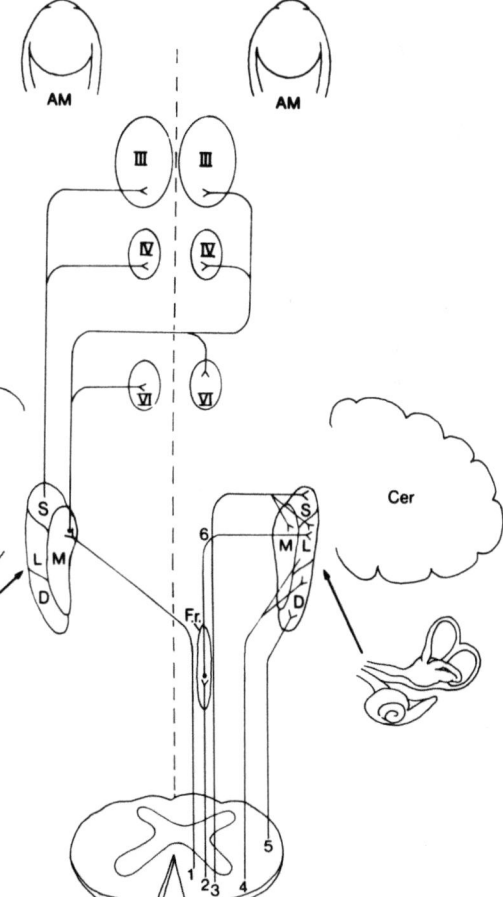

Abb. 225. Verbindungsbahnen von sensiblen Halsafferenzen zu den Kernen des Hirnstamms (Aus HÜLSE 1983). *AM,* Augenmuskelkerne III, IV, VI; *S,* Nucleus vestibularis superior Bechterew; *M,* Nucleus vestibularis medialis Schwalbe; *L,* Nucleus vestibularis lateralis Deiters; *D,* Nucleus vestibularis descendens Roller; *Cer,* Cerebellum; *F.r.,* Formatio reticularis.

Untersuchungsmethode

Das Beschwerdebild des zervikalen Schwindels wird analog den Störungen der peripheren Gleichgewichtsorgane erst dann evident, wenn es zu einer pathologischen Seitendifferenz im Erregungsmuster zervikaler sensibler Afferenzen kommt. Diese entsteht bei Patienten, die zervikalen Schwindel haben, bei bestimmten Kopfhaltungen oder plötzlichen Kopfbewegungen. Die auslösende Kopfhaltung oder -bewegung kann von den Patienten genau benannt werden, denn sie wird gewohnheitsmäßig vermieden. Bei der Untersuchung werden diese sogenannten *Schwindelhaltungen* nun als erstes eingenommen und die Augenbewegungen mit der Frenzelbrille beobachtet. Im Anschluß erfolgt der *Lagerungstest* nach HALLPIKE-STENGER (s. S. 70), bei dem verschiedene extreme Kopfhaltungen jeweils durch rasche Körperbewegungen abgelöst werden.
Den Abschluß der Untersuchung bildet der *Halsdrehtest* (Neck-torsion-test), beschrieben von GREINER, CONRAUX und MOSER. Der Kopf wird vom Untersucher manuell fixiert und der Körper jeweils um etwa 60° zur Seite gedreht. Eine Erregung der Gleichgewichtsorgane findet dabei nicht statt. Tritt ein Nystagmus auf, so ist er entweder zervikal ausgelöst, oder ein latent vorhandener Spontannystagmus wurde durch die zervikale Provokation manifest.

Ablauf des Halsdrehtestes

Jeder Schritt dauert 30 Sekunden.

1. Schritt: Kopf gerade und Körper gerade zum Ausschluß eines Spontannystagmus.

2. Schritt: Der Stuhl wird bei fixiertem Kopf 4-5mal langsam hin und her gedreht (Periodendauer ca. 10s).

3. Schritt: Der Stuhl wird in 2-3 Sekunden 60° nach rechts gedreht und dort gehalten. Dies entspricht einer Kopfhaltung links.

4. Schritt: Der Stuhl wird in 2-3 Sekunden 120° nach links gedreht und dort gehalten. Dies entspricht einer Kopfhaltung rechts.

5. Schritt: Der Stuhl wird zur Geradeaus-Stellung zurückgedreht, und der Kopf nach oben gerichtet (Blick zur Decke).

6. Schritt: Der Kopf bleibt nach oben gerichtet. Der Stuhl wird um 60° nach rechts gedreht. Dies entspricht einer Kopfhaltung links oben.

7. Schritt: Der Kopf bleibt nach oben gerichtet; der Stuhl wird um 120° nach links gedreht. Dies entspricht einer Kopfhaltung rechts oben.

8. Schritt: Ausgangsposition.

9. Schritt: Der Stuhl wird noch einmal hin und her gedreht mit einer Periodendauer 5 s.

Ein beim Halsdrehtest auftretender Nystagmus wird eingeteilt in:

Zervikalnystagmus I. Grades: Wenn er nur bei den schnellen Pendelbewegungen des Stuhles (Schritt 9) auftritt.

Zervikalnystagmus II. Grades: Wenn er auch bei langsamer Rotation zu sehen ist (Schritt 2).

Zervikalnystagmus III. Grades: Wenn ein Nystagmus auch dann besteht, wenn der Stuhl in Lateralposition 30 Sekunden lang gehalten wird (Schritte 3-7).

Modifikationen dieser Untersuchung findet man bei MC CABE 1975 und VAN DE CALSEYDE 1977.
Die Auswertung des elektronystagmografisch aufgezeichneten Halsdrehtests ist sehr schwierig. Es ist fast immer eine starke Augenunruhe vorhanden, die die Erkennung der kleinen Nystagmusschläge beträchtlich erschwert. Zusätzlich kommt es trotz einer guten Fixation des Kopfes durch den Untersucher zu geringen Bewegungen während der Stuhldrehung. Der dadurch auftretende Bewegungsartefakt darf maximal 1-2 Sekunden dauern. Zur Dokumentation des Halsdrehtests wird der beobachtete Nystagmus mit den Symbolen von FRENZEL in ein Schema eingetragen (Abb. 226), aus dem auch die Stuhlstellung ersichtlich ist. Wird nur der Zervikalnystagmus III. Grades untersucht, dann kann ein vereinfachtes Schema verwendet werden (Abb. 227).

Zur Auswertung gelten folgende Regeln:

1. Ein Zervikalnystagmus I. Grades kommt bei 30-40% aller Gesunden vor.
2. Der Zervikalnystagmus schlägt in der Regel gegen die Richtung der Stuhldrehung.

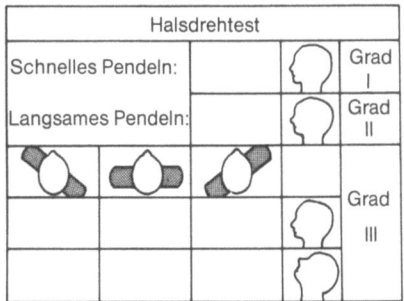

Abb. 226. Schema zur Dokumentation des Halsdrehtestes. Dargestellt ist der fixierte Kopf und die zur jeweiligen Seite gedrehte Schulter.

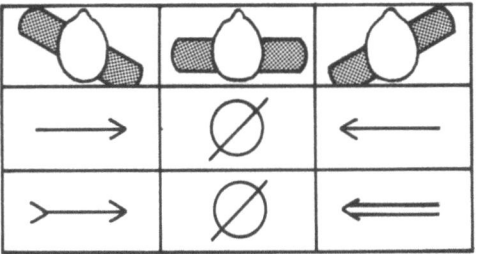

Abb. 227. Pathologischer Befund im Halsdrehtest mit Nystagmusumkehr. Vereinfachtes Schema zur Darstellung des Zervikalnystagmus III. Grades.

3. Besteht bei allen Untersuchungsschritten ein Nystagmus in dieselbe Richtung, dann handelt es sich wahrscheinlich um einen richtungsbestimmten Provokationsnystagmus, dessen Ursache meist ein Spontannystagmus ist.
4. Als eindeutig pathologisch wird angesehen, wenn es während der Untersuchung zu einer Nystagmusumkehr kommt (Abb. 227).
5. Ein lang anhaltender Nystagmus mit crescendo-decrescendo-Charakter kann auch vaskulär sein. Die Durchführung einer Untersuchung nach CAUSSE mit der verlängerten Untersuchungsdauer ist hier zweckmäßig.

3. Der vegetative (sympathische) Anteil
(syndrom sympathique cervicale supérieur)

Die Arteria vertebralis wird auf ihrem Verlauf durch den Hals von einem autonomen, sympathischen Nervengeflecht begleitet (Plexus vertebralis). Seine Fasern kommen als Rami communicantes albi aus dem Vorderhorn des Rückenmarks und als Rami communicantes grisei aus dem Ganglion cervicale caudale et mediale. 1866 wurde dieses Nervengeflecht von HIRSCHFELD erstmals beschrieben, der annahm, es handle sich um einen einzelnen Nerven, den Nervus vertebralis. Die genaue Herkunft und Zusammensetzung wurde 1878–1899 von dem Pariser Physiologen FRANÇOIS FRANCK untersucht. Der Plexus vertebralis hieß deshalb auch „FRANCKscher Nerv".

BARRE und LIEOU beschrieben 1926 und 1928, daß pathologische Veränderungen an der HWS und an der zervikalen Muskulatur zu einer Irritation des Plexus vertebralis führen können. Bis heute ist aber umstritten, ob eine solche Irritation direkt das Gleichgewichtskerngebiet beeinflußt oder indirekt durch Kaliberveränderungen der A. vertebralis und ihrer Äste und damit über eine Veränderung der Durchblutung zu dieser Störung führt. TOROK und KUNERT fanden am Tier Potentialveränderungen im Gleichgewichtsorgan nach taktiler, chemischer und elektrischer Reizung des Nervengeflechts, die nur über das efferente vestibuläre System geleitet worden sein konnten. Die Potentialänderungen hatten eine sehr kurze Latenz und kurze Dauer und *könnten somit dem Sekundenschwindel entsprechen,* der bei Patienten mit halsbedingten Gleichgewichtsstörungen gelegentlich bei Kopfbewegungen auftritt.

Eine spezielle Untersuchungsmethode für den autonomen Anteil halsbedingter Gleichgewichtsstörungen gibt es nicht. Es ist aber anzunehmen, daß sie beim Halsdrehtest miterfaßt werden.

Zusammenfassend läßt sich feststellen, daß drei Systeme am Zustandekommen des halsbedingten Schwindels beteiligt sind: das vaskuläre, das neurogen-somatische und das neurogen-vegetative. Es ist anzunehmen, daß bei pathologischen Veränderungen am Hals *mehrere* dieser Systeme irritiert werden und dadurch das bunte Bild der Symptome zustandekommt. Halsbedingte Gleichgewichtsstörungen sind wahrscheinlich viel häufiger als dies allgemein angenommen wird, denn die Diagnostik am Hals ist schwierig und oft unergiebig. Bei jüngeren Patienten fehlen fast immer röntgenologisch nachweisbare Veränderungen.

> Das Fehlen röntgenologisch nachweisbarer Veränderungen an der HWS darf nicht dazu führen, den Hals aus den differentialdiagnostischen Erwägungen bei der Suche nach einer Schwindelursache auszuscheiden.

Zwei Untersuchungsmethoden stehen zur Verfügung: Der Halsdrehtest nach GREINER, CONRAUX und MOSER, der als Basisuntersuchung zu empfehlen ist, sowie der Halsdrehtest nach CAUSSE, der besonders den vaskulären Anteil halsbedingter Gleichgewichtsstörungen erfaßt. Zusammen mit einer gründlichen Anamnese sind diese Untersuchungen sehr hilfreich bei der Diagnostik.

Übersichtsarbeiten: Hülse 1983; Junghanns 1978; Moser et al. 1972; Decher 1969; Torklus und Gehle 1975.

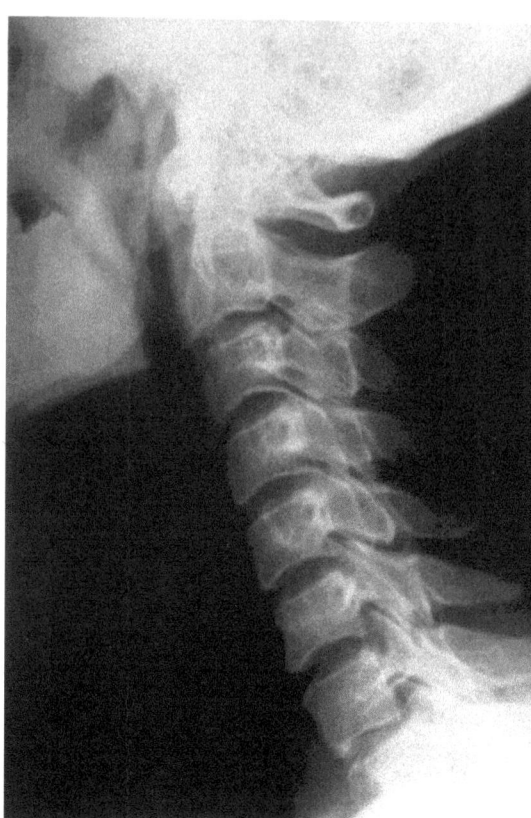

Abb. 229. Übersichtsaufnahme der HWS in der Sicht von der Seite*

4. Die Röntgenuntersuchung der HWS

Zervikale Gleichgewichtsstörungen können von allen Abschnitten der Halswirbelsäule hervorgerufen werden. Besonders wichtig sind die Veränderungen an der oberen HWS (C I–C 3) und am kranio-zervikalen Übergang.

Nicht selten findet man bei typischen Beschwerden von seiten der oberen HWS röntgenologisch nur Veränderungen an der unteren HWS (GEHLE).

Ausgangspunkt der Röntgenuntersuchung der oberen HWS sind demnach die klassischen Übersichtsaufnahmen der *ganzen* Halswirbelsäule in der Sicht von vorn (Abb. 228) und von der Seite (Abb. 229). Sie werden von beiden

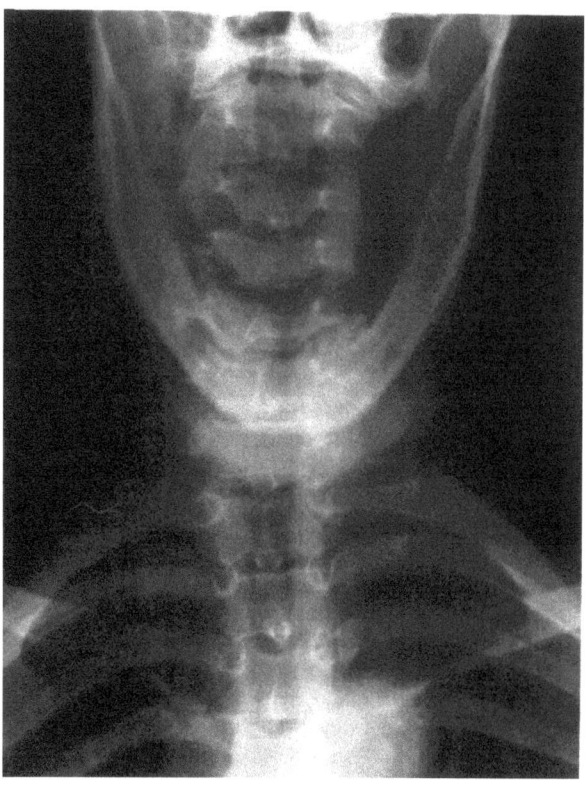

Abb. 228. Übersichtsaufnahme der HWS in der Sicht von vorne*

---

* Die Röntgenaufnahmen verdanken wir Herrn Prof. Dr. FREY, Leiter der zentralen Röntgenabteilung der Poliklinik Innenstadt der Universität München

Seiten ergänzt durch zwei Standardaufnahmen in Schrägsicht (Abb. 230). Auf diesen Aufnahmen stellen sich die Foramina intervertebralia dar. Durch sie laufen die dorsalen Wurzeln der zervikalen sensiblen Nerven. Die Foramina costotransversaria, durch die die A. vertebralis verläuft, sind röntgenologisch nicht darstellbar. Findet man aber Einengungen der F. intervertebralia durch knöcherne Anomalien oder durch degenerative Erkrankungen, so kann man auf ähnliche Veränderungen im Bereich der F. costotransversaria und damit auf eine Einengung der A. vertebralis schließen.

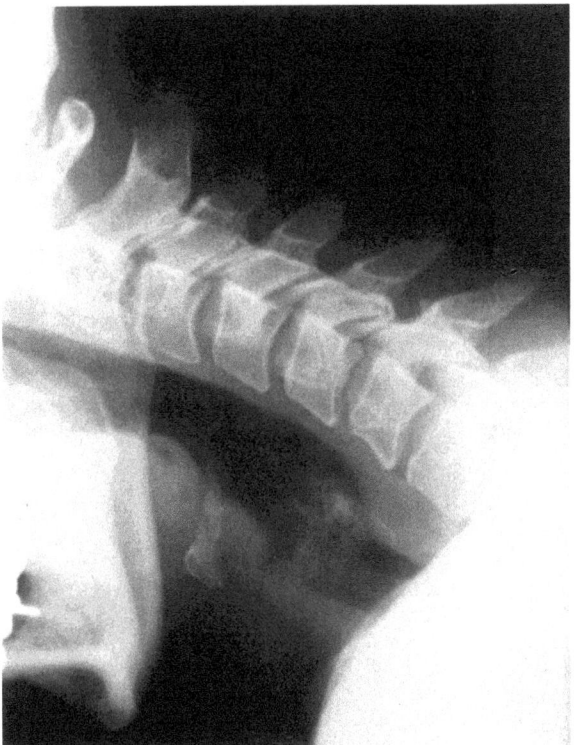

Abb. 231. Seitliche Funktionsaufnahme in maximaler Anteflexion*

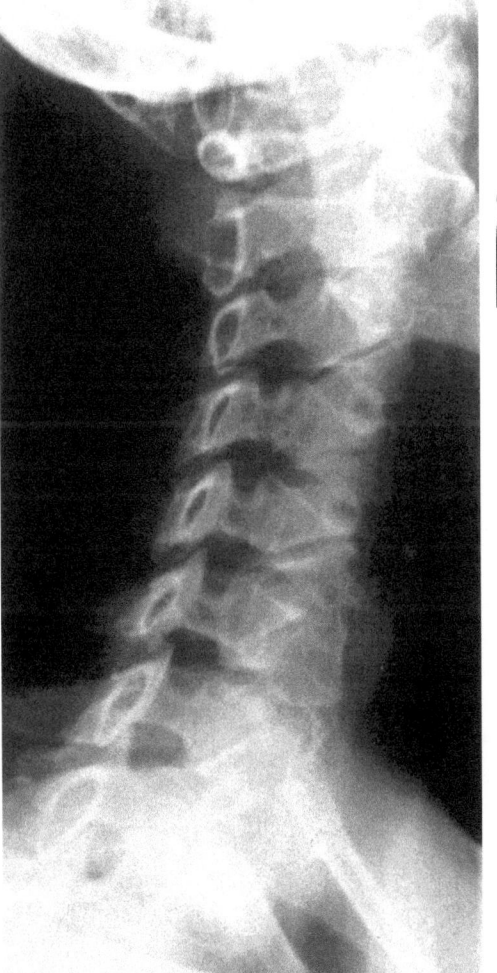

Die Röntgenuntersuchung wird fortgesetzt durch seitliche Funktionsaufnahmen in maximaler Ante- und Retroflexion (Abb. 231 u. 232) sowie a.p. Funktionsaufnahmen bei Seitwärtsneigung des Kopfes (Abb. 233). Diese Aufnahmen machen Gelenkblockaden sichtbar (TORKLUS und GEHLE) und zeigen Dislokationen von Atlas und Axis, die in der normalen Kopfhaltung nicht sichtbar sind.

Der okzipito-zervikale Übergang wird entweder konventionell in a.-p. Sicht bei geöffnetem Mund dargestellt (Abb. 234) oder anhand von Schichtaufnahmen (Abb. 235).

Spezialaufnahmen

Abb. 230. Übersichtsaufnahme der HWS in halbschräger Sicht*

– Schädel axial in submento-okzipitalem Strahlengang (Abb. 236). Bei dieser Aufnahme wird der gesamte Atlasbogen dargestellt. Ok-

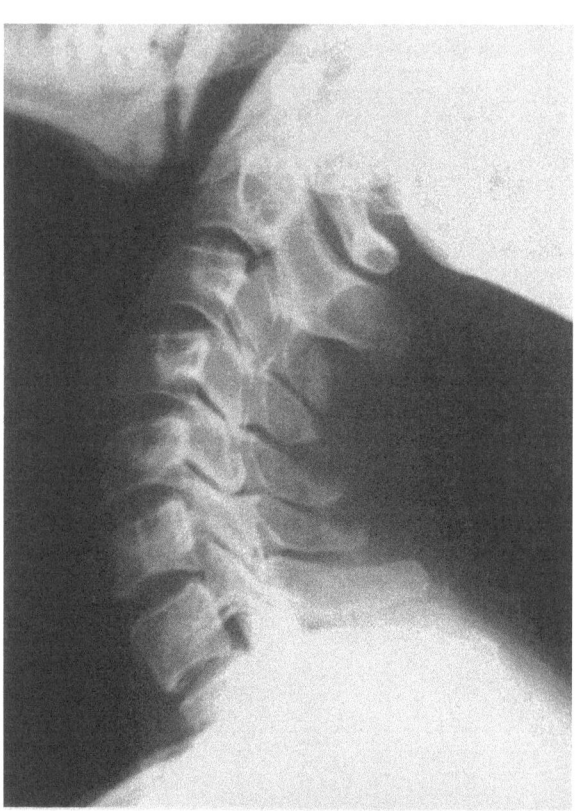

Abb. 232. Seitliche Funktionsaufnahme in maximaler Retroflexion*

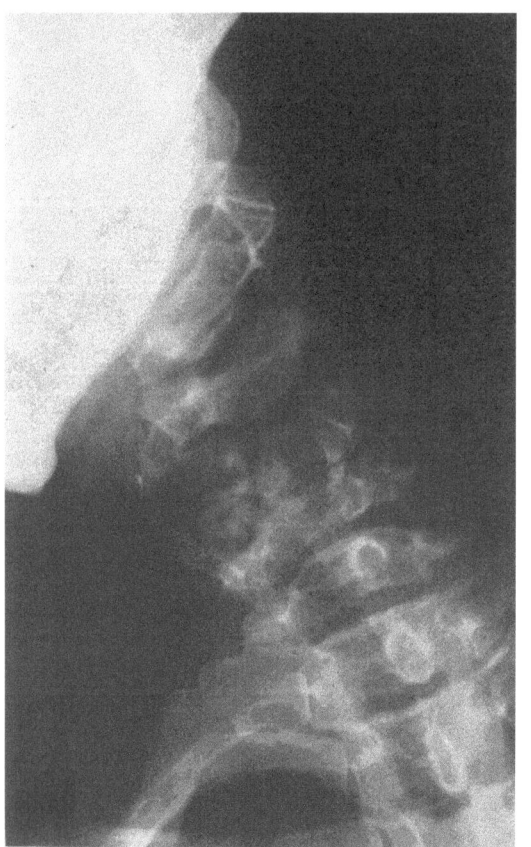

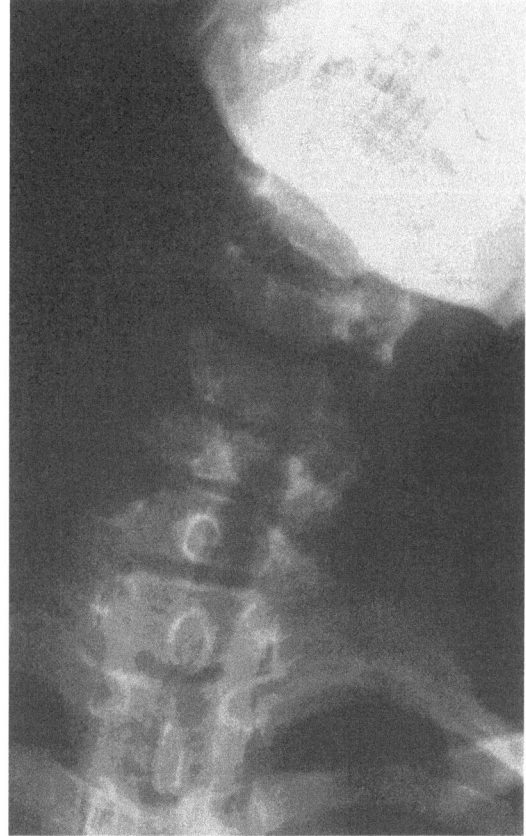

Abb. 233. Funktionsaufnahme der HWS von vorne bei Seitwärtsneigung des Kopfes*

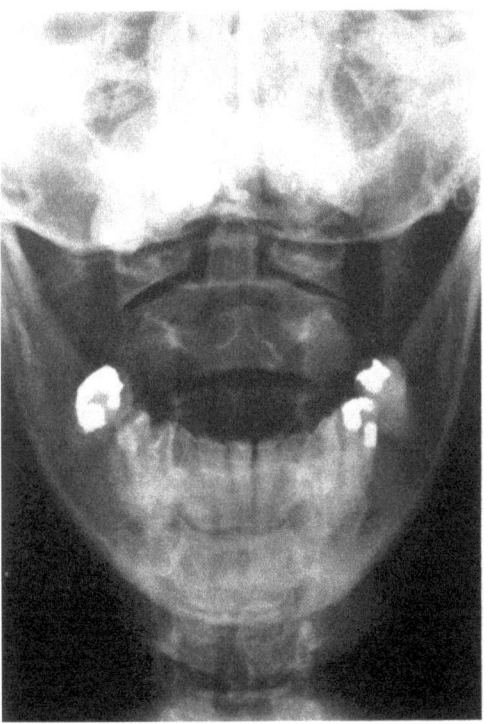

Abb. 234. Aufnahme des okzipito-zervikalen Übergangs von vorne durch den geöffneten Mund*

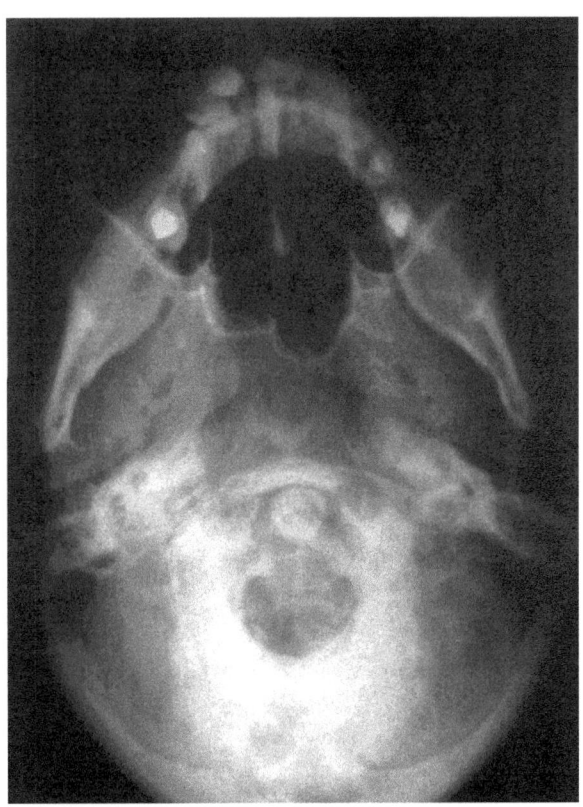

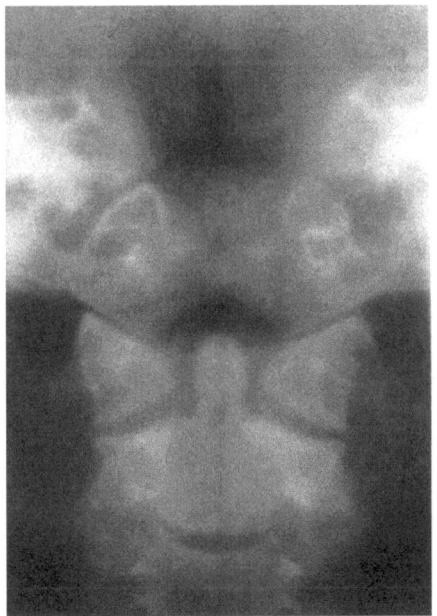

Abb. 235. Schichtaufnahme des okzipito-zervikalen Übergangs von vorne*

Abb. 236. Schädelaufnahme axial in submentookzipitalem Strahlengang zur Darstellung des Atlasbogens*

kulte Frakturen des Atlasrings und des Querfortsatzes sowie angeborene Spaltbildungen des Atlas werden so sichtbar gemacht.

– Schädel seitlich (Abb. 237): Auf dieser Aufnahme wird der Kopf-Hals-Übergang von der Seite dargestellt und meßbar. Anhand der Mc Gregor-Basallinie (Verbindung von hartem Gaumen zum Occiput) kann eine basiläre Impression nachgewiesen werden. Sie liegt vor, wenn der Dens axis diese Linie um mehr als 5 mm überschreitet. Es handelt sich dabei meist um eine okzipitale Dysplasie, die in etwa 1% vorkommt. Der normal konfigurierte Dens axis tritt durch die mangelnde Ausbildung der Schädelbasis in das Foramen occipitale magnum, wodurch anfallsartige Gleichgewichtsstörungen bei Druck des Dens auf den Hirnstamm resultieren können.

Sekundär kann eine basiläre Impression durch zerstörende Knochenprozesse im Occiput entstehen, wobei es zu einer basilären Impression durch Invagination kommt. Dies wird bei er-

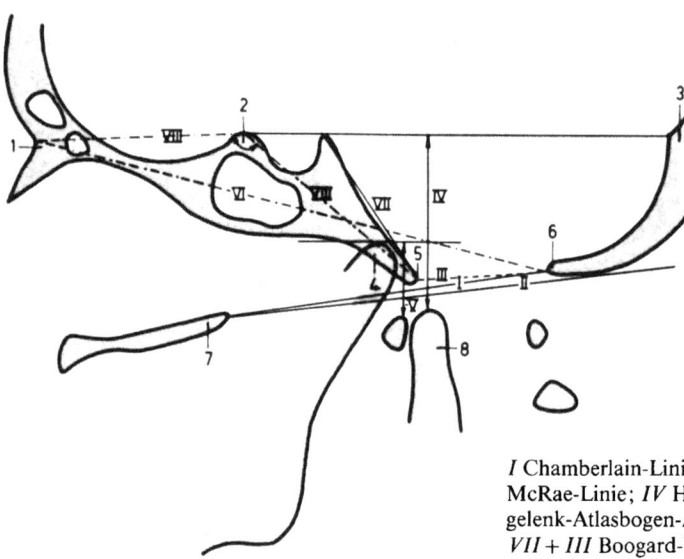

Abb. 237. Schema der seitlichen Schädelaufnahme zur Darstellung einer basilaren Impression. (Aus TORKLUS u. GEHLE 1975)

I Chamberlain-Linie; *II* McGregor-Linie; *III* McRae-Linie; *IV* Höhenindex von Klaus; *V* Kiefergelenk-Atlasbogen-Abstand; *VI* Boogard-Linie; *VII + III* Boogard-Winkel; *VIII* Welcker-Winkel
1 Nasion; *2* Tuberculum sellae; *3* Eminentia cruciformis der Protuberantia occipitalis interna; *4* Kiefergelenkköpfchen; *5* Basion; *6* Opisthion; *7* Palatum durum; *8* Densspitze

weichenden Knochenprozessen wie M. Paget, Osteogenesis imperfecta und Osteomalazie (TORKLUS und GEHLE) aber auch bei zerstörenden Prozessen wie Cholesteatom, Chordom u. a. gesehen.

Übersichtsarbeiten: Torklus und Gehle 1975, Meinekke 1978

E. Die galvanische Reizung

PURKINJE beschrieb schon 1820, daß man mit galvanischem Strom vom Mastoid her ein Schwindelgefühl auslösen kann. Dieser Strom polarisiert Sinneszellen im Gleichgewichtsorgan und Nervenzellen des Ganglion vestibulare Scarpae im inneren Gehörgang. Er verändert auf diese Weise die Grundfrequenz der Aktionspotentiale, die zum Gleichgewichtskerngebiet geleitet werden. Strom erzeugt somit eine Seitendifferenz des Erregungsmusters in den Gleichgewichtskerngebieten und damit Nystagmus und Fallneigung.
Bei Ausfall eines Gleichgewichtsorgans ist die galvanische Reizung des Nervus vestibularis noch möglich, bei Läsion des Nervus vestibularis erlischt die galvanische Reaktion. Zusammen mit der thermischen Prüfung vermag die galvanische Reizung eine Läsion des Endorgans von einer Läsion des Nervus vestibularis zu unterscheiden, was besonders bei der Diagnostik von Tumoren des Nervus vestibularis (Akustikusneurinom) entscheidend ist.

Methode: Die Reizung erfolgt mit einer Gleichspannungsquelle. Die negative Kathode und die positive Anode sind verbunden mit weichen Zinnplatten von mindestens 5×5 cm Größe. Die Metallplatten müssen biegsam sein, damit sie sich gut an die Haut anlegen, und sie müssen von einer in Kochsalzlösung getränkten Stoffhülle bedeckt sein. Sie werden von einer Helferin, die selbst Gummihandschuhe tragen muß, gehalten.

Zu kleine Elektroden oder eine zu kleine Auflagefläche erzeugen eine zu große Stromdichte und damit unangenehme Hautsensationen und sogar Verbrennungen.

Über ein Potentiometer wird der Strom langsam gesteigert. Zuerst wird die Reizschwelle an einem Ohr aufgesucht und dann überschwellig gereizt. Um Unfälle zu vermeiden, muß sichergestellt sein, daß auch bei Fehlbedienung des Stromversorgungsgerätes nur maximal 12 mA Strom fließen können. Die Registrierung des Nystagmus erfolgt mit Gleichstrom (DC-Ableitung) und mit Fotoelektronystagmografie.

a) Schwellenreizung

Bei der *bipolar-binauralen galvanischen Reizung* liegt die Kathode am Mastoid eines Ohres und die Anode am anderen Mastoid. Bei dieser Reizung liegt die Schwelle für die Auslösung eines Nystagmus bei 1–2 mA. Bei der *unipolar-monauralen Reizung* liegt eine Elektrode am Ohr (Mastoid) und die andere am Vorarm. Die normale Schwelle für die Auslösung eines Nystagmus liegt bei 1–4 mA. Der Unterschied zwischen dem Schwellenwert des rechten und des linken Gleichgewichtsorgans kann 2,75 ± 2 mA betragen. Schwellenwerte > 4 mA sind als pathologisch zu beurteilen.

Klinisch *muß* die unipolar-monaurale Reizung durchgeführt werden, denn nur mit ihr kann man einseitige Defekte des Nervus vestibularis im Frühstadium eines Akustikusneurinoms entdecken (PFALTZ 1981). Die folgende Beschreibung bezieht sich auf diese Reizart.
Der Nystagmus ist immer zur Kathode (−) gerichtet. Er muß fotoelektrisch aufgezeichnet werden (s. S. 58). Die elektronystagmografische Aufnahmetechnik ist bei galvanischer Reizung nicht anwendbar, weil sich Reizstrom und Ableitstrom durch Stromleitung entlang der Haut überlappen.
Die Patienten empfinden Dauerschwindel, solange der Strom anhält. Es besteht eine Fallneigung zur Anode.

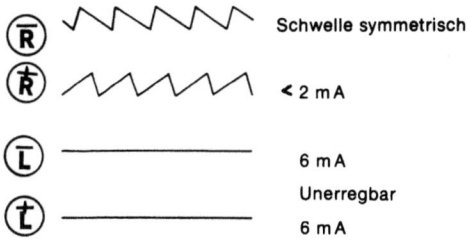

Abb. 238. Galvanische Reaktion bei retrolabyrinthärer Läsion links (aus PFALTZ 1980).

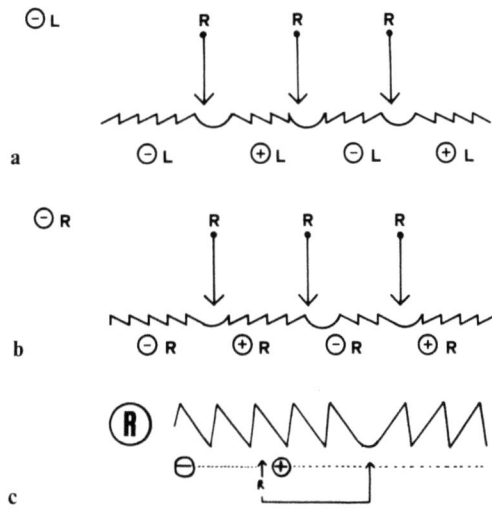

Abb. 239 a–c. Umkehrphänomen bei überschwelliger galvanischer Reizung. (Aus PFALTZ 1980) a Normales Umkehrphänomen links; b normales Umkehrphänomen rechts; c pathologisches Umkehrphänomen rechts.
Zeichenerklärung: −L = Kathode links; +L = Anode links; −R = Kathode rechts; +R = Anode rechts; R = Zeitpunkt der Umpolung

Schwellenunterschiede von mehr als 5 mA zwischen rechtem und linkem Ohr gelten als pathologisch. Liegt die Schwelle über 4 mA, dann liegt eine Teilläsion des Nervus vestibularis vor. Läßt sich ein Nystagmus nicht auslösen, dann besteht eine komplette Läsion des Nervus vestibularis auf der Seite der Kathode (Abb. 238).

b) Überschwellige Reizung

Wird ein um 2 mA überschwelliger galvanischer Reiz plötzlich umgepolt, dann tritt mit der extrem kurzen Latenz von 0,01 s eine Umkehr der Nystagmusrichtung ein (Umkehrphänomen) (Abb. 239). Die Nystagmusfrequenz ist im Anschluß an die Umpolung erhöht und geht im Verlauf von ca. 10 s auf ihren Ausgangswert zurück.
Der Patient verspürt einen Ruck in Richtung der Anode. Das Umkehrphänomen wird mit hoher Papiergeschwindigkeit (5–10 cm/s) aufgezeichnet. Bewertet wird die Zeit bis zum Umschlagen des Nystagmus und das Verhältnis

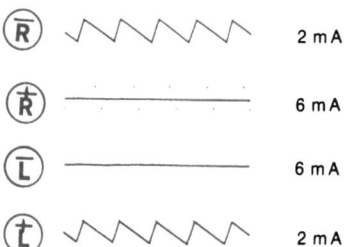

Abb. 240. Galvanische Reaktion bei Hirnstammläsionen links (aus Pfaltz 1980) mit pathologischem Ausfall einer Nystagmusrichtung bei Schwellenreizung.

zwischen Rechts- und Linksnystagmus. Übersteigt die Latenz eine Sekunde, dann liegt eine Schädigung des Hirnstamms oberhalb der Gleichgewichtskerne oder eine Schädigung im Kleinhirn vor.

Der Ausfall einer Nystagmusrichtung weist auf eine einseitige Läsion im zentralen vestibulären System (Kerngebiet) hin (Abb. 240). Der Nystagmus ist dabei zur gesunden Seite gerichtet. Bei Läsionen subkortikaler und kortikaler Strukturen kann ein Richtungsüberwiegen zur gesunden Seite auftreten, hingegen kein Nystagmusausfall in einer Richtung.

Ein verzögertes Umkehrphänomen bei gleichzeitig stark erhöhter Nystagmusfrequenz und hoher Amplitude findet sich bei zentralen Läsionen, die bis ins Mittelhirn reichen, z. B. bei multipler Sklerose. Läsionen in der Pons können auch eine Veränderung der Nystagmusform und der Frequenz hervorrufen (Dysrhythmie).

Einen Überblick über den zeitlichen Ablauf einer unipolar-monauralen Reizung gibt Tabelle 2.

Es ist auffallend, daß diese Untersuchungsmethode auf der einen Seite eine hohe Aussagekraft und eine hohe diagnostische Sicherheit hat, auf der anderen Seite aber kaum Eingang in die Routinediagnostik selbst großer Gleichgewichtszentren fand.

Dies hat mehrere Gründe:
- Sehr häufig werden gravierende methodische Fehler gemacht.
   a) die Elektroden werden zu klein gewählt oder falsch angebracht, dann entstehen bei Stromfluß unangenehme Empfindungen an der Haut, ja sogar Verbrennungen

Tabelle 2. Zeitlicher Ablauf einer galvanischen Reizung (monaural-unipolar)

Grundsätzlich soll mit der kathodischen Reizung begonnen werden.

I. Schwellentest
   A. Kathode rechts –R
   1. *Langsames* Erhöhen der Stromstärke bis zur Schwelle
   2. Erhöhung der Stromstärke um 2 mA für 30 s zur Messung der Nystagmusstärke (dient der späteren Beurteilung eines Richtungsüberwiegens).
   3. *Langsame* Reduzierung der Stromstärke auf Null
   B. Intervall von einigen Sekunden bis der postgalvanische Nystagmus verschwunden ist
   C. Kathode links –L
   Gleiches Vorgehen wie bei A)

II. Überschwellige Untersuchung
   A. Kathode rechts –R
   1. langsame Erhöhung der Stromstärke bis 2 mA über die Schwelle; nach 30 s
   2. Umpolung. Die Kathode wird zur Anode +R nach 15 s:
   3. Umpolung +R→–R; nach 15 s
   4. Umpolung –R→+R; nach 15 s
   5. *Langsame* Reduzierung der Stromstärke auf Null
   B. Pause von 30 s
   C. Kathode links –L
   Ablauf wie A 1–5

   b) unangenehme Empfindungen entstehen auch bei zu schneller Steigerung der Stromstärke
- Bei monaural-unipolarer Reizung ist die Amplitude des galvanischen Nystagmus relativ gering. Dies erschwert die Interpretation der Untersuchung.
- Die fotoelektrische Registrierung ist für das Personal schwierig zu erlernen. Gerade in der Anfangszeit kommen häufig Fehlableitungen zustande.
- Die Untersuchung kann nur von 2 Personen ausgeführt werden.

Bei Vermeidung methodischer Fehler und guter Einarbeitung kann dieser „retrolabyrinthäre" Test wertvolle Beiträge zur Diagnostik leisten.

Übersichtsarbeiten: Pfaltz 1969 und 1980; Henriksson, Pfaltz, Torok und Rubin 1972.

Kapitel VI

Die gutachterliche Bewertung vestibulärer Befunde

Die Begutachtung von Gleichgewichtsstörungen gehört zu den schwierigsten Aufgaben des Hals-Nasen-Ohren- und des neurologischen Fachgebietes. Probleme bei der Untersuchung, bei der Reproduzierbarkeit der Untersuchungsergebnisse, bei der Bewertung der Befunde und die mangelnde interdisziplinäre Kooperation machen die Begutachtung vestibulärer Störungen heute noch zu einer Ermessenssache. Vergleichbare objektive Befunde werden zudem von den Patienten subjektiv sehr unterschiedlich empfunden.

Da fehlerhafte Begutachtungen erhebliche finanzielle Folgen für Verunfallte und Versicherungsträger mit sich bringen, ist die Verantwortung des Gutachters hoch. Gutachtenspatienten müssen deshalb besonders gründlich untersucht werden. Auf störende Einflüsse wie Simulation, Aggravation, sedierende und toxische Substanzen muß besonders aufmerksam geachtet werden.

I. Untersuchungsgang

Der Untersuchungsgang ist unterschiedlich, je nachdem ob *Schwindelbeschwerden* zu *beurteilen* sind oder ob eine symptomlose *Gleichgewichtsstörung ausgeschlossen* werden soll, z.B. im Rahmen einer audiologischen Begutachtung.

A. Ein sogenanntes Ausschlußgutachten muß folgende Untersuchungen beinhalten

a) Mindestens eine Prüfung aus dem Bereich des vestibulospinalen Systems, z.B. den Romberg-Test oder den Unterbergerschen Tretversuch.

b) Untersuchung der Blickfolgebewegung, ausgeführt mit dem Finger des Untersuchers, der vor den Augen des Patienten hin- und hergeführt wird. Dieser Test dient zum Ausschluß eines okulären Fixationsnystagmus, einer Augenmuskelparese, einer groben Störung im langsamen Blickfolgesystem und einer groben Schielstellung der Augen.

c) Untersuchung mit der Frenzelbrille entsprechend dem auf S. 170 vorgestellten Schema. Es beinhaltet die Untersuchung des Spontannystagmus, des Blickrichtungsnystagmus, des Kopfschüttelnystagmus, des Lage- und Lagerungsnystagmus und die thermische Labyrinthprüfung.

Besteht bei den Untersuchungen bis zur thermischen Prüfung kein pathologischer Befund und zeigen die ersten Spülungen des rechten und des linken Ohres mit Wasser von 44 °C einen kräftigen, annähernd seitengleichen Nystagmus, dann kann die Untersuchung beendet werden.

Besteht ein pathologischer Befund bei den Untersuchungen bis zur thermischen Prüfung und – oder ist die thermische Reaktion auf die Spülungen mit 44 °C nicht annähernd seitengleich, dann muß die Spülung mit Wasser von 30 °C fortgesetzt werden.

Es gibt keine feste Grenze zwischen einem seitengleichen, annähernd seitengleichen und pathologisch seitendifferenten Befund. Eine geringe Seitendifferenz kann bereits pathologisch sein, wenn auf der Seite der schlechteren Erregbarkeit eine z.B. unfall- oder tumorbedingte Schwerhörigkeit besteht, und wenn andere vestibuläre Befunde zu dieser geringen Seitendifferenz passen, wie z.B. ein Spontan- oder richtungsbestimmter Provokationsnystagmus zur stärker erregbaren Seite.

B. Ein Gutachten über Schwindel muß folgende Untersuchungen enthalten

a) Mehrere vestibulospinale Untersuchungen, möglichst mit entsprechender Dokumentation, z. B.
– Romberg- oder Unterberger-Test aus der Gruppe der Steh- und Gehversuche
– Zeigeversuch nach BÀRÀNY oder Schreibtest nach FUKUDA/STOLL als Schulter-Arm-Test.
b) Untersuchung der Blickfolgebewegung mit dem Finger zum Ausschluß eines Fixationsnystagmus, einer Augenmuskelparese und einer Schielstellung der Augen.
c) Untersuchung mit der Frenzelbrille entsprechend dem auf S. 170 vorgestellten Schema. Die Untersuchung muß die Suche nach Spontannystagmus, Blickrichtungsnystagmus, Kopfschüttelnystagmus sowie die Lage- und Lagerungsprüfung beinhalten. Die thermische Prüfung wird beim Schwindelgutachten elektronystagmografisch (s. Punkt 4) registriert.
d) Elektronystagmografische Untersuchung: Sie muß enthalten:

1. Untersuchung des Spontannystagmus jeweils 20 Sekunden ohne und 20 Sekunden mit Rechenaufgabe
   – mit geöffneten Augen im Dunkeln oder mit Abdeckung der Augen.
   – mit geschlossenen Augen.
2. Untersuchung der optokinetischen Reaktion mit einer Reizeinheit, die auch die Netzhautperipherie erfaßt. Eye tracking-Geräte sind ungenügend.
3. Untersuchung des Blickfolgeverhaltens mit einem Pendel oder einem sinusförmig schwingenden Lichtpunkt (Sinusblickpendeltest).
4. Thermische Reizung mit 44 °C *und* mit 30 °C. Nach Ablauf des Nystagmusmaximums, d. h. in der 70.–90. Sekunde nach Spülbeginn, muß für 10 Sekunden ein Lichtpunkt fixiert werden zur Messung der visuellen Fixationssuppression. Der Test ist nur sinnvoll, wenn ein deutlicher thermischer Nystagmus sichtbar ist.
5. Mehrfach im Verlauf der Untersuchung ist die Eichung zu überprüfen, um grobe Veränderungen des korneoretinalen Potentials im Verlaufe der Untersuchung auszuschließen.

II. Bewertung der Befunde

Sowohl bei der Ausschlußuntersuchung als auch beim Schwindelgutachten ist jede durchgeführte Untersuchung mit ihrem Ergebnis im Gutachten aufzuführen. Die Bewertung erfolgt nach den von STOLL 1979 und 1982 aufgestellten Tabellen.

In der ersten Grundtabelle (Tabelle 3) werden die pathologischen Befunde aus den einzelnen Untersuchungsgruppen einander zugeordnet. Daraus ergibt sich die Intensitätsstufe der Erkrankung.

In der zweiten Grundtabelle werden die anamnestischen Angaben den Intensitätsstufen zugeordnet (Tabelle 4). Im Idealfall stimmt die anamnestisch ermittelte Intensitätsstufe mit der durch die Untersuchungsbefunde ermittelten Intensitätsstufe überein.

Nun muß anamnestisch erfaßt werden, bei welcher körperlichen Belastung die gefundene Gleichgewichtsstörung auftritt. So wird die *Belastungsstufe* ermittelt (Tabelle 5).

Belastungsstufe 1 bedeutet, daß die Beschwerden bereits bei niedriger Belastung vorhanden sind, z. B. bei langsamen Bewegungen, beim Aufrichten aus der liegenden Haltung oder bei leichten Arbeiten im Sitzen. Diese Belastungsstufe 1 kommt täglich ständig vor und ist unvermeidbar. Liegt eine starke Gleichgewichtsstörung bereits bei dieser niedrigen Belastungsstufe vor, so bedeutet das eine erhebliche Minderung der Lebensqualität und der Arbeitsfähigkeit bzw. die Arbeitsunfähigkeit.

Belastungsstufe 4 bedeutet, daß die Beschwerden erst bei sehr hohen Belastungen, z. B. im Sport, auftreten oder bei heftigen ungewohnten Körperbewegungen. Sie kommen im täglichen Leben selten vor, sind vermeidbar und haben deshalb eine entsprechend geringere Minderung der Erwerbsfähigkeit (MdE) zur Folge.

Nach Ermittlung der Intensitäts- und Belastungsstufe kann der Grad der MdE anhand von Tabelle 6 abgelesen werden.

Wird das Gutachten für *die gesetzliche Rentenversicherung* erstellt, ist bei der Ermittlung der Belastungsstufe der Beruf des Verunfallten zu berücksichtigen.

Beispiel: Die Ausübung von Sport ist als vermeidbar anzusehen, für einen Sportlehrer stellt sie jedoch eine täglich notwendige Belastung dar. Er wird deshalb

Tabelle 3. Aus STOLL 1979

	Abweichreaktionen		Objektive Befunde			
			Spontannystagmus	Provokationsnystagmus	therm. Erregbarkeitsstörung	pathologisches ENG
4	nicht prüfbar		+++	+++	+++	+++
	Unterberger	+++				
3	Romberg	++	++	+++/*	0/+	++
	Schreibtest	+				
	Gehen nur mit fremder Hilfe					
2	Unterberger	++	+	+++/*	0/+	++
	Romberg	+				
	Gehen (∞) +, (••)	++				
1	Erschwertes Gehen und Stehen		0/+	++	0/+	+
	(••)	+				
	(>>)	+				
0	0		0	+	0/+	0/+

Intensitätsstufen (linke Spalte)

+++, ++, + = mehr oder weniger deutlicher Befund
(••) Augen geschlossen
(∞) Augen geöffnet
(>>) ein Fuß vor dem anderen
0 = kein auffälliger Befund
* = Provokationsnystagmus vorhanden bzw. Spontannystagmus durch Provokation verstärkt

Tabelle 4. Intensität labyrinthärer Regulationsstörungen. (Aus STOLL 1979)

Intensitätsstufen		subjektive Angaben
0	Weitgehend beschwerdefrei	Benommenheit, Gefühl der Unsicherheit
1	Leichte Unsicherheit, geringe Schwindelbeschwerden	Schwanken, Stolpern
2	Deutliche Unsicherheit, starke Schwindelbeschwerden	Fallneigung, Ziehen nach einer Seite
3	Erhebliche Unsicherheit, sehr starke Schwindelbeschwerden	Fremder Hilfe bedürftig Unfähig, Tätigkeiten allein auszuüben
4	Heftiger Schwindel, vegetative Erscheinungen	Übelkeit, Erbrechen, Orientierungsverlust

nicht in Belastungsstufe 4, sondern in Belastungsstufe 1 eingereiht. Die Änderung der Belastungsstufe muß im Gutachten begründet werden. Andererseits wird ein Patient mit einem Beruf, in dem rasche, ungewohnte Körperbewegungen zwar vorkommen, jedoch nur *gelegentlich*, nicht von Stufe 4 auf Stufe 1 kommen, sondern nur auf Stufe 3.

Bei der Begutachtung für Gerichte und Rentenversicherungen wird anhand der Belastungs- und Intensitätsstufe die Minderung der Erwerbsfähigkeit in % ermittelt. Sie wird als Empfehlung weitergegeben.
In der *privaten Unfallversicherung* werden die Körperschäden nach festen Prozentsätzen der

Tabelle 5. Aus STOLL 1979

	Belastungsstufen	Attribute	Beispiele aus dem Alltag
0	Keine Belastung		Ruhelage
1	Niedrige Belastung	alltäglich ständig kaum vermeidbar	Langsame Kopf- und Körperbewegungen, Drehen im Bett, Aufrichten aus sitzender od. liegender Haltung, leichte Arbeiten im Sitzen (Schreiben)
2	Mittlere Belastung	alltäglich häufig schwer vermeidbar	Waschen u. Anziehen, Bücken u. Aufrichten, Gehen, Treppensteigen, leichte Arbeiten im Stehen
3	Hohe Belastung	nicht alltäglich selten vermeidbar	Heben von Lasten, Gehen im Dunkeln, Autofahren (nachts, im Nebel oder auf unebener Straße), Fahren auf vibrierenden Maschinen (Baggerfahren)
4	Sehr hohe Belastung	ungewöhnlich sehr selten absolut vermeidbar[a]	Rasche Körperbewegungen, Stehen u. Gehen auf Gerüsten (Kranführen), Karussellfahren, sportliche Übungen (wie Radfahren, Tanzen, Reiten, Skifahren, Schwimmen usw.).

[a] Sofern eine derartige Belastung nicht mit der Ausübung des Berufes verbunden ist.

Tabelle 6. Aus STOLL 1979

Intensitätsstufen						
Heftiger Schwindel, vegetative Erscheinungen	4	100	80	60	40	30
Erhebliche Unsicherheit, sehr starker Schwindel	3	80	60	40	30	20
Deutliche Unsicherheit, starke Schwindelbeschwerden	2	60	40	30	20	10
Leichte Unsicherheit, geringe Schwindelbeschwerden	1	40	30	20	10	<10
Weitgehend beschwerdefrei trotz objektivierbarer Symptome	0	<10	<10	<10	<10	<10
		0	1	2	3	4
		Ruhelage	Niedrige Belastung	Mittlere Belastung	Hohe Belastung	Sehr hohe Belastung

Belastungsstufen

abgeschlossenen Versicherungssumme bewertet (sogenannte Gliedertaxe). So wird der vollständige Verlust des Gehörs auf beiden Seiten mit 60% der abgeschlossenen Versicherungssumme berechnet. Ein Hörverlust von 20% bds. wird dementsprechend mit ⅕ von 60% der Versicherungssumme an den Versicherten ausbezahlt.

Das vestibuläre System ist in der Gliedertaxe nicht aufgeführt. Unseres Erachtens ist aber davon auszugehen, daß heftiger Schwindel, d. h. eine Unfähigkeit, alleine zu stehen und zu gehen, eine Invalidität von 100% bedeutet. Ein vollständiger Verlust des „Gleichgewichts" bewirkt also eine vollständige Invalidität, entsprechend einer Arbeitsunfähigkeit (MdE 100%) in der gesetzlichen Rentenversicherung. Die nach den Tabellen von STOLL errechneten MdE-Werte können nach Umrechnung in einen Bruch direkt für die private Unfallversicherung eingesetzt werden.

Beispiel: Eine Gleichgewichtsstörung, die mit einer MdE von 20% bewertet wird, führt in der privaten Unfallversicherung zur Auszahlung von ⅕ *der gesamten* Versicherungssumme (s. auch audiolog. Beispiel S. 126).

Die private Unfallversicherung berücksichtigt im Gegensatz zur gesetzlichen Rentenversicherung den Beruf des Erkrankten nicht, d.h. die Belastungsstufen dürfen nicht übersprungen werden. Der als Beispiel erwähnte Sportlehrer bleibt in Belastungsstufe 4, auch wenn heftige Bewegungen bei ihm täglich vorkommen.

III. Sonderfälle

Einige Fälle sind so schwierig zu beurteilen, daß sie gesondert besprochen werden müssen. Es sind dies Arbeiter am Hochbau, Piloten, Taucher, Kraftfahrer und Patienten mit einer Ménièreschen Krankheit.

A. Arbeiter am Hochbau

Erleidet ein Arbeiter am Hochbau, der Tätigkeiten an exponierten Stellen, wie z.B. auf einem Gerüst, ausüben muß, eine vestibuläre Störung durch Unfall oder Erkrankung, dann ist er so lange arbeitsunfähig, wie die Zeichen der vestibulären Störung feststellbar sind bzw. noch nicht vollständig kompensiert sind, *auch dann,* wenn er selbst schon wieder arbeiten möchte.

Wenn ein vestibulärer Defekt allmählich kompensiert, dann ist neben der thermischen Seitendifferenz der *Kopfschüttelnystagmus* das letzte Zeichen der abgelaufenen Störung. Verschwindet auch dieser, und sind andere Störungen nicht nachweisbar, dann ist der Patient wieder arbeitsfähig, *auch wenn die thermische Seitendifferenz* weiterhin besteht.

Grund
– Auch Gesunde haben häufig eine Seitendifferenz bei der thermischen Prüfung.
– Die Seitendifferenz kann vor dem Unfall schon bestanden haben.
– Das Verschwinden des Kopfschüttelnystagmus zeigt die *vollständige Kompensation* eines Defektes durch ein intaktes und ausgleichsfähiges ZNS an.

Bei Patienten mit starker Augenunruhe kann die Bestimmung des Kopfschüttelnystagmus unter der Frenzelbrille nicht zuverlässig genug sein. Hier muß die Drehstuhlprüfung ergänzend eingesetzt werden. Ist der postrotatorische Nystagmus nach Abbremsung aus 90° rechts- und linksgerichteter Drehgeschwindigkeit seitengleich und kräftig, und bestehen außer der thermischen Seitendifferenz keine pathologischen Befunde, dann ist der Patient arbeitsfähig.

Die Entscheidung für die Arbeitsfähigkeit am Gerüst kann nur getroffen werden, wenn bei drei aufeinanderfolgenden Untersuchungen im Abstand von mindestens einer Woche negative Befunde erhoben werden.

Die Kompensationsleistung des ZNS wird durch Alkoholgenuß, und zwar bereits durch kleine Mengen, ganz oder teilweise aufgehoben. Ein Patient, dem die Arbeitsfähigkeit neu erteilt wird, muß schriftlich und am besten gegen Unterschrift darauf hingewiesen werden, daß er sich durch Alkoholgenuß in Absturzgefahr begibt.

B. Piloten

Findet man bei einem Piloten eine Gleichgewichtsstörung, dann muß die Beurteilung differenziert vorgenommen werden:

a) Eine Störung im okulomotorischen System macht einen Piloten arbeitsunfähig, solange sie besteht.
b) Eine Störung der thermischen Erregbarkeit macht einen Piloten flugunfähig, solange ein Spontannystagmus und ein Lage- bzw. Lagerungsnystagmus bestehen. Hat er nur noch ei-

nen Nystagmus bei kräftigem Kopfschütteln und sind die Befunde bei allen experimentellen *physiologischen* Untersuchungen seitengleich und kräftig, dann ist die Flugfähigkeit für Piloten in Düsen- und Propellerverkehrsmaschinen gegeben, denn heftige Kopf- bzw. Körperbewegungen kommen bei ihnen nicht vor. Anders ist es bei Helikopterpiloten, Piloten von Düsen-Militärflugzeugen, Piloten, die Kunstflug betreiben und Segelfliegern. Bei ihnen treten heftige Kopfbewegungen zwar auch selten auf, sie unterliegen aber hohen und rasch wechselnden G-Belastungen. Es ist nicht auszuschließen, daß eine kompensierte Störung unter forcierter, wechselnder G-Belastung dekompensiert. Darüber hinaus müssen diese Piloten zur Luftraumbeobachtung starke Neigungen des Kopfes nach seitlich oben und hinten ausführen. Dadurch kann es über die Nackenreflexe zu Nystagmus kommen. Diese Piloten sind somit erst dann flugtauglich, wenn *alle* Zeichen einer Gleichgewichtsstörung verschwunden sind.

Privatflugzeugpiloten (PP-Lizenz) müssen sich wie die Militär- und Verkehrsflugzeugpiloten in regelmäßigen Abständen einer medizinischen Prüfung unterziehen. Dabei wird das vestibuläre System oft zu wenig beachtet. Eine gründliche Untersuchung mit der Leuchtbrille muß Bestandteil dieser Prüfung sein. Alle vestibulären Störungen führen zur Fluguntauglichkeit, solange sie nachweisbar sind.

– Als Barotrauma des Innenohres oder „alternobaric vertigo" werden plötzlich einsetzende Schwindelbeschwerden bezeichnet, die vor allem beim Aufstieg immer dann auftreten, wenn der Druck in einem der beiden Mittelohren größer als 50 cm Wassersäule ist (REINHOLZ).
– In seltenen Fällen kommt es beim Abstieg zur Ruptur des runden oder ovalen Fensters, erkennbar an den bleibenden audiologischen und vestibulären Symptomen. Eine solche Perforation muß möglichst schnell operativ verschlossen werden.
– Kommt es erst *nach* Beendigung eines Tauchvorgangs zu Schwindel, dann muß an eine Caisson-Krankheit gedacht werden, die durch Ausperlen von Stickstoff oder Luft im Gefäßsystem entsteht.

Unter Wasser führt eine plötzlich einsetzende Gleichgewichtsstörung zu einem völligen Verlust der Orientierung, denn die Schwerkraft als Richtungsweiser nach unten und oben ist im Wasser aufgehoben. Tritt noch ein Nystagmus hinzu, der die optische Wahrnehmung stört, dann kann ein Taucher den Weg zur Wasseroberfläche nicht mehr finden. Ähnliches gilt auch für Schwimmer in tiefem Gewässer.

> Ein Patient mit den Zeichen einer Gleichgewichtsstörung bzw. mit Schwindelanfällen in der Anamnese ist tauch- und schwimmunfähig.

C. Taucher

Taucher sind besonderen Gefahren ausgesetzt, die nicht allgemein bekannt sind. Die Zunahme des Tauchsports bringt es mit sich, daß sich der Arzt sowohl mit der Frage der Befähigung zum Tauchsport als auch mit den vestibulären Störungen, die beim Tauchsport auftreten, auseinandersetzen muß.

– Durch die Druckveränderungen beim Tauchen kommt es bei ungenügendem Druckausgleich über die Tuben zum *Barotrauma des Mittelohres*. Ab einer Druckdifferenz von 100 mmHg kann es zur Trommelfellperforation und nachfolgend durch eindringendes kaltes Wasser zu einem starken thermischen Reiz kommen.

D. Kraftfahrer

1. Auto

Die Frage, ob Personen mit Störungen im vestibulären System ein Kraftfahrzeug steuern dürfen, ist nicht eindeutig geklärt. Folgende Feststellungen können aber getroffen werden:

– Eine Störung im okulomotorischen System, die nur das langsame Blickfolgesystem betrifft, macht nicht fahruntüchtig, da die Aufgaben des langsamen Blickfolgesystems vom schnellen sakkadischen System übernommen werden können.
– Ein vestibulärer Nystagmus macht *nicht* fahruntüchtig, solange er vom optischen System bei Fixation vollständig unterdrückt wer-

den kann. Besteht eine Unfähigkeit, den vestibulären Nystagmus durch Fixation zu unterdrücken (Störung im visuellen Fixationstest), dann ist der Kranke *fahruntüchtig*, weil nach raschen Kurvenfahrten das Bild der Straße wegen des dabei auftretenden, perrotatorischen Nystagmus verschwimmt. Gefährlich ist in diesem Fall auch das Fahren bei Nacht und in einem schlecht beleuchteten Tunnel. Die Kranken haben in diesen Situationen wenig oder keine optischen Fixationspunkte. Die Unfallgefahr wegen Sehunschärfe ist groß.

Die Fixationssuppression muß mit einem kräftigen experimentellen Nystagmus von mindestens 20°/s Geschwindigkeit der langsamen Phase (GLP) geprüft werden. Um einen Nystagmus dieser Stärke zu provozieren, muß ggf. mit Wasser von 20 °C gereizt werden. Im Gutachten ist die Stärke des zur Suppression *verwendeten* und des bei Fixation *noch vorhandenen* Nystagmus in °/s GLP anzugeben.

Formulierungsbeispiel (Abb. 190): Ein thermischer Nystagmus nach links mit einer Stärke von 30°/s GLP wird durch Fixation um 70% auf 9°/s supprimiert.

2. Motorrad

Ein Motorradfahrer muß beim Fahren und mehr noch beim Stehen das „Gleichgewicht" sehr gut halten können. Deshalb müssen bei der Begutachtung hohe Anforderungen gestellt werden. Jeder Spontannystagmus und jede Störung im okulomotorischen System macht fahrunfähig. Erleidet ein Motorradfahrer einen einseitigen Labyrinthausfall, dann ist er fahruntüchtig bis auch der Kopfschüttelnystagmus abgeklungen ist. Eine Ménièresche Krankheit macht den Motorradfahrer fahruntüchtig.

3. Bus- und Tanklastkraftwagenfahrer

Eine Gleichgewichtsstörung bei dem Fahrer eines Omnibusses und eines Tanklastwagens stellt eine Gefährdung der Allgemeinheit dar. Bei der Begutachtung müssen deshalb dieselben hohen Bedingungen für die Anerkennung der Fahrtüchtigkeit gestellt werden wie an Motorradfahrer.

> War die Fahrtüchtigkeit aufgrund einer vestibulären oder okulomotorischen Störung eingeschränkt, dann kann sie nur dann wieder erteilt werden, wenn in drei aufeinanderfolgenden Untersuchungen im Abstand von mindestens einer Woche negative Befunde erhoben wurden.

E. Der Patient mit einer Ménièreschen Krankheit

Die Beurteilung der Arbeits- und Fahrfähigkeit bei Patienten mit Morbus Ménière ist wegen des Anfallcharakters der Erkrankung und wegen der schwierigen Nachweisbarkeit im Intervall sehr problematisch. Zweifellos besteht *im Anfall* Fahr- und Arbeitsunfähigkeit. Da Anfälle in unregelmäßigen Abständen auftreten, müßte man die Arbeits- und Fahrfähigkeit generell ablehnen. In Anbetracht langdauernder anfallsfreier Intervalle kann diese radikale Beurteilung aber nicht aufrechterhalten werden. Folgende Hilfslinien erleichtern die Beurteilung:

1. Einige wenige Patienten mit einer Ménièreschen Krankheit haben kurz vor dem Anfall eine Aura in Form von verstärktem Druckgefühl und Tinnitus im betroffenen Ohr, deren Bedeutung sie sehr gut kennen. Diese Vorankündigung gibt ihnen die Zeit, an den Straßenrand zu fahren und anzuhalten und dem Arbeiter an einer Maschine die Zeit, den Arbeitsplatz zu verlassen und sich zu setzen. Daraus ergibt sich, daß Arbeits- und Fahrtüchtigkeit nur dann gegeben ist, wenn der Patient eine Aura beschreibt und deren Symptome auch während einer konzentrierten Tätigkeit erkennen kann. Die Erkennung eines verstärkten Tinnitus am lärmreichen Arbeitsplatz dürfte z.B. sehr schwierig sein. Die Versetzung an einen ruhigeren Arbeitsplatz wäre anzustreben.

2. Bus- und Tanklastkraftfahrer, Piloten sowie Motorradfahrer mit Ménièrescher Krankheit sind fahr- bzw. fluguntüchtig.

3. Bei vorwiegend sitzender Tätigkeit und leichter Lagerarbeit ist in der Regel Arbeitsfähigkeit gegeben; sie muß aber in jedem Einzelfall anhand einer genauen Berufsanamnese geklärt werden.

4. Bei der Beurteilung der Arbeitsfähigkeit sind auch psychische Faktoren abzuwägen, weil die Patienten mit den unverhofft auftretenden Anfällen zwar körperlich, jedoch psychisch nicht fertig werden.
Beispiel: Ein Patient mit Morbus Ménière ist in einem Büro vorwiegend sitzend tätig. Er ist grundsätzlich arbeitsfähig und auch arbeitswillig. Seine Arbeitsfähigkeit ist aber eingeschränkt, weil er 15 km Weg zur Arbeit mit dem Kfz zurücklegen muß. Er hat Angst, diese Strecke zu fahren, weil er einmal wegen eines Anfalls beinahe einen Unfall verursacht hätte. Diese Angst und damit die Einschränkung der Arbeitsfähigkeit an diesem Arbeitsplatz muß berücksichtigt werden. Im Gutachten wurde diese Beeinträchtigung der Arbeitsfähigkeit genau beschrieben. Der Arbeitgeber fand daraufhin eine Mitfahrgelegenheit für seinen Angestellten. Eine Umschulung erübrigte sich.

5. Ein Patient mit einer Ménièreschen Erkrankung darf nicht schwimmen, denn der sehr heftig einsetzende Schwindel und das begleitende Erbrechen kann zum Ertrinken führen.

Sehr schwirig ist die Beurteilung, wenn die Symptome einer Ménièreschen Krankheit zwar geklagt, aber nie nachgewiesen wurden. Solche Patienten muß man anhalten, in oder gleich nach einem Anfall einen HNO-Arzt aufzusuchen. Es gibt auf Grund des mannigfaltigen Erscheinungsbildes der Erkrankung keine statistischen Angaben, wie lange die Befunde nach einem Anfall nachweisbar sind. Bei der Arztdichte z. B. in der Bundesrepublik Deutschland ist aber zu erwarten, daß es einem Patienten bei meist längerem Krankheitsverlauf gelingt, die Symptome zu objektivieren.

Übersichtsliteratur: Feldmann 1976, Stoll 1979.

Kapitel VII

Störfaktoren bei der Gleichgewichtsuntersuchung

Das Ergebnis einer Gleichgewichtsuntersuchung kann von vielen Faktoren beeinflußt werden, so z. B. durch:
- Willentliche Störmanöver des Patienten
- Störfaktoren von Seiten der Vigilanz
- Störfaktoren durch Medikamente und Toxine.

I. Störmanöver

Manche Patienten versuchen, Befunde zu simulieren oder zu aggravieren, wenn ein pathologischer Befund Vorteile für sie bringt, z. B. bei der Beurteilung ihrer Arbeitsfähigkeit und bei der Begutachtung von Unfallfolgen.
Die in der Audiologie bekannte *Dissimulation*, d. h. die Vertuschung pathologischer Befunde durch Personen, deren Berufsausübung durch einen pathologischen Befund gefährdet ist, wie z. B. Piloten, ist bei der Gleichgewichtsuntersuchung nicht möglich.
Am häufigsten werden die vestibulospinalen Untersuchungen wie Steh-, Geh- und Schreibteste willentlich gestört, deren Untersuchungsziel für die Patienten erkennbar ist. Die Simulation und Aggravation ist meist so plump, daß sie leicht erkannt wird. Es gibt Patienten, die nicht schwanken, wenn sie sich unbeobachtet glauben oder wenn sie abgelenkt sind. Uns hat sich deshalb bewährt, Gutachtenspatienten auf einem kurzen Weg, z. B. zur Hörprüfung, zu begleiten. Dabei kann das Gleichgewicht oft besser beurteilt werden als im Blindgang, Romberg- und Unterberger-Test.
Der Nachweis einer Simulation oder Aggravation ist schwierig bei intelligenten Personen, die schon häufig untersucht wurden und den Untersuchungsablauf kennen. Zur Unterscheidung hilft dem Untersucher die Kenntnis gestörter Bewegungsmuster.

1. Ein Patient mit einer Störung im vestibulären System kann in der Regel alleine, wenn auch unsicher stehen und gehen, sofern er nicht gerade einen akuten Labyrinthausfall oder Ménière-Anfall erlitten hat.
Patienten mit einer mittelstarken Kleinhirnataxie können ebenfalls alleine gehen und stehen. Ist die Kleinhirnataxie so ausgeprägt, daß der Patient geführt werden muß, dann sind auch andere zerebelläre Symptome wie Intentionstremor und Dysdiadochokinese erkennbar. Ein solcher Patient kann nicht mehr schreiben.
Eine ausgeprägte Fallneigung mit einer Unfähigkeit, alleine zu gehen und zu stehen, findet man auch bei spastischen Paresen der unteren Extremität (Mono- oder Paraspastik) und bei der fortgeschrittenen Polyneuropathie.
2. Berührt man einen Patienten mit vestibulärer Ataxie im Romberg-Test, so schwankt er sofort weniger, weil er einen zusätzlichen Orientierungspunkt spürt.
Ein Simulant schwankt verstärkt in die Richtung der Berührung, denn er weiß, daß dort jemand steht, der ihn notfalls auffangen kann.
Die Schwankungen eines Patienten mit ausgeprägter Kleinhirnataxie oder spastischer Parese bessern sich durch eine zusätzliche Orientierung nicht.
3. Rascher Richtungswechsel gelingt Simulanten immer gut, Ataktikern immer schlecht. Man provoziert einen raschen Richtungswechsel, wenn man mit dem Patienten am Untersuchungszimmer „aus Versehen" vorbeiläuft und umkehren muß.
4. Wird der Romberg-Test fotografisch dokumentiert (s. S. 24), so wird ein Simulant bei mehrfacher Durchführung des Testes überführt, da er ein pathologisches Schwankungsbild nicht reproduzieren kann.

Ganz besonders wachsam ist auf Störversuche im Verlauf einer elektronystagmografischen Ableitung zu achten. Die Patienten fühlen sich

132 Störfaktoren bei der Gleichgewichtsuntersuchung

Abb. 241. Schlagfeldverlagerung beider Augen bei willkürlichem Schielen durch Konvergenzbewegung.

im Dunkelraum unbeobachtet und unternehmen alles, um die Ableitung zu stören. Sie schließen die Augen beim optokinetischen Test und bei der Aufforderung, die Augen geöffnet zu halten, sie schielen oder fixieren einen imaginären Punkt. Nur die Wachsamkeit des Untersuchers und die Kenntnis von Störbildern im ENG bewahrt vor Fehlbeurteilungen.

Willkürliches Schielen ist nur bei monokulärer Ableitung an der symmetrisch konvergierenden Schlagfeldverlagerung der Augen zu erkennen (Abb. 241), während pathologisches Schielen in der Regel unsymmetrisch auftritt.

Unsymmetrische, d. h. nicht konjugierte Augenbewegungen können nicht simuliert werden.

Schlagfeldverlagerungen können nur bei großer Schreibbreite und Registrierung mit Zeitkonstanten von mindestens 5 Sekunden oder besser mit DC-Ableitung erkannt werden.

Das Fixieren eines imaginären Punktes geschieht bei der thermischen Prüfung oft reflektorisch aus Angst vor dem Drehgefühl, aber auch als beabsichtigtes Störmanöver. Fixation führt zu einer plötzlichen Abnahme der Nystagmusamplitude bei gleichbleibender oder erhöhter Frequenz (Abb. 242). Bei monokulärer Ableitung führt sie gleichzeitig zu einer Schlagfeldverlagerung beidseits nach innen. Durch Ablenkung des Patienten (Anreden oder Jendrassikscher Handgriff) wird die Fixation aufgehoben.

Das *willkürliche Augenschließen* im optokinetischen Test führt zu einem abrupten Sistieren des Nystagmus, weil der Reiz entfällt, und zu einem ebenso plötzlichen Einsetzen des Nystagmus, wenn die Augen wieder geöffnet werden (Abb. 243). Ein pathologischer Befund im optokinetischen Test äußert sich dagegen

Abb. 243. Veränderung des optokinetischen Nystagmus beim Schließen *(O)* und Öffnen *(X)* der Augen.

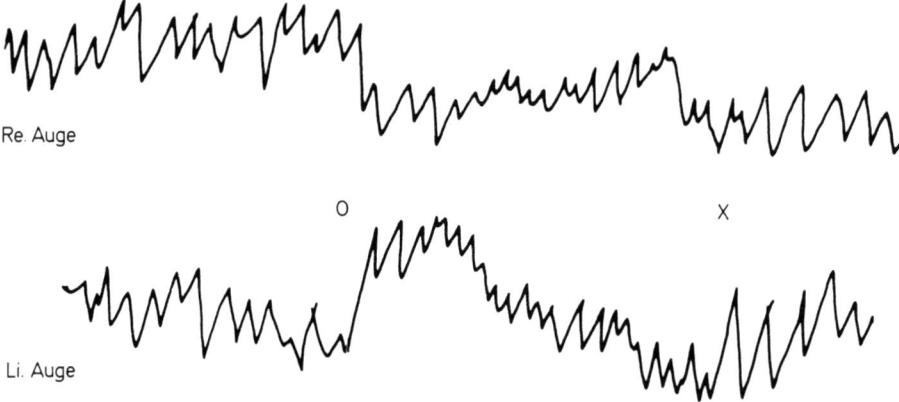

Abb. 242. Veränderung des Nystagmusablaufs beim Fixieren eines imaginären Punktes. *O:* Beginn der Fixation; *X:* Ende der Fixation

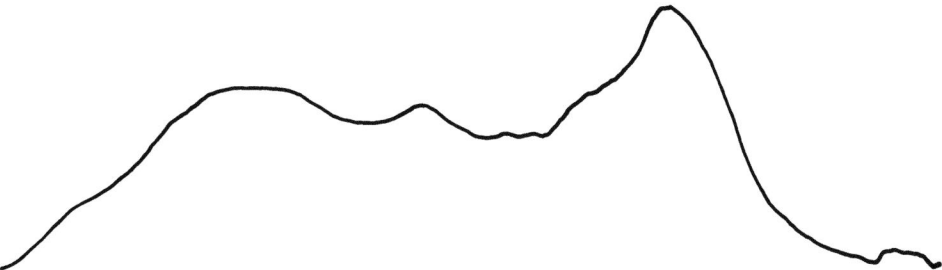

Abb. 244. Charakteristische langsame Wellenbewegung des korneo-retinalen Potentials bei Müdigkeit.

durch ein *langsames* Sistieren des Nystagmus (s. Abb. 189 S. 96).
Hin- und Herblicken sowie der Versuch, durch die Projektionsstreifen hindurchzublicken, erzeugt Befunde wie bei einer zentralen Gleichgewichtsstörung.

II. Vigilanz

Müdigkeit ist der Hauptfeind der Gleichgewichtsuntersuchung, da der Nystagmus von der Vigilanz in hohem Maße abhängt (s. S. 61). Durch Vigilanzminderung wird der Nystagmus folgendermaßen beeinträchtigt:
– zuerst verschwindet ein Spontannystagmus
– dann ist ein schwacher bis mittelstarker pathologischer Befund im Halsdrehtest nicht mehr zu erkennen
– im weiteren nimmt die Reizantwort bei experimenteller Untersuchung ab, und zwar die Antwort auf physiologische Reize stärker als die Antwort auf unphysiologische Reize. Ein rotatorischer Starkreiz – z. B. Stop aus 90° Drehgeschwindigkeit – löst noch bei Müdigkeit einen Nystagmus aus, dessen Abklinggeschwindigkeit aber erhöht ist.
– die thermische Reaktion nimmt von Spülung zu Spülung stärker ab (s. Abb. 107 S. 61).
– der optokinetische Nystagmus ist durch Müdigkeit umso geringfügiger gestört, je mehr Netzhautfläche vom Reiz erfaßt wird. Die optokinetische Reaktion mit kleinen Reizfeldern und vor allem der willkürlich ablaufende Sinusblickpendeltest werden dagegen von Müdigkeit stark beeinflußt.
Verminderte Vigilanz ist auch zu erkennen am Auftauchen charakteristischer langsamer Wellenbewegungen, die nur bei Ableitung mit langer Zeitkonstante (mehr als 3 s) erfaßt werden. Sie verschwinden und machen dem Nystagmus Platz, wenn man den Patienten anspricht (Abb. 244).
Maßnahmen zur Aufrechterhaltung der Vigilanz sind bereits ausführlich beschrieben worden (s. S. 62). Gelingt es trotz der Rechenaufgaben nicht, die langsamen Wellen zu beseitigen, so ist die elektronystagmografische Untersuchung wertlos und muß am ausgeruhten Patienten wiederholt werden.

III. Medikamente

Jedes Medikament mit sedierender Wirkung beeinträchtigt die Gleichgewichtsuntersuchung. Es sind dies:
– alle Medikamente gegen Reisekrankheit (Abb. 245)

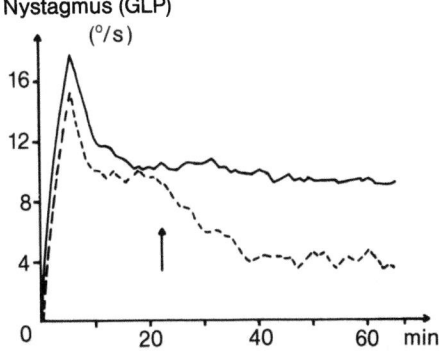

Abb. 245. Abnahme eines thermischen Nystagmus nach Injektion (↑) eines Antivertiginosums (Diphenhydramin). Aus SCHERER/BSCHORR 1980.
—— Placebo –; – – Verumgruppe

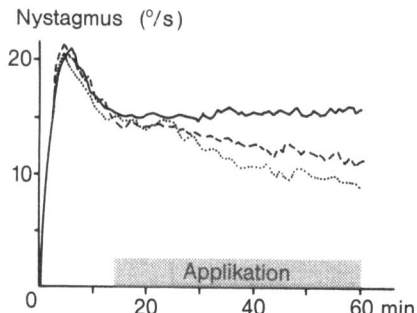

Abb. 246. Abnahme eines thermischen Nystagmus —— unter der Wirkung durchblutungsfördernder Medikamente (Bencyclan – – – und Naftidrofuryl ....). Aus SCHERER/SCHMIDMAYER/HIRCHE 1978.

- alle Antihistaminika und deren Derivate
- alle Psychopharmaka
- alle Schlafmittel
- viele Schmerzmittel, besonders die barbiturathaltigen
- viele Medikamente, welche die Hirndurchblutung verbessern (Abb. 246)
- Betablocker und Koronartherapeutika
- Antikonvulsiva

Diese Medikamente müssen, soweit vertretbar, zwei Tage vor einer elektronystagmografischen Untersuchung abgesetzt werden. Können Medikamente nicht abgesetzt werden, wie z. B. Betablocker und Antikonvulsiva, dann ist der Untersuchungsbefund mit entsprechender Einschränkung zu versehen. Bei der Einbestellung der Patienten muß auf sedierende Medikamente hingewiesen werden (s. S. 172).

IV. Beeinflussung der Untersuchung durch Toxine

Es gibt chemische Substanzen wie manche Antibiotika und Zytostatika, die das Gleichgewichtsorgan toxisch schädigen. Von ihnen soll hier nicht die Rede sein, denn ihre schädigende Wirkung wird mit der Gleichgewichtsuntersuchung nachgewiesen. Es gibt dagegen Gifte, welche die Untersuchung behindern, allen voran die „Genußgifte" Alkohol und Nikotin. Sie verändern das Untersuchungsergebnis nachhaltig!

Alkohol beeinflußt das vestibuläre System bereits in der sehr geringen Konzentration von unter 0,1‰ Blutalkoholgehalt. Mit einer Alkoholwirkung auf das vestibuläre System ist bereits zu rechnen, wenn Alkohol am Abend vor der Untersuchung getrunken wurde. Viele Patienten sind an alkoholische Getränke zum Mittagessen gewöhnt. Eine Gleichgewichtsuntersuchung im Anschluß daran ist vollkommen wertlos, auch wenn die getrunkene Alkoholmenge gering war.

A. Alkoholinduzierte Befunde

1. Divergierender Lagenystagmus (Positional Alcohol Nystagmus – PAN I)

Er entsteht, wenn der Blutalkoholgehalt 0,38‰ übersteigt und hält an, bis er unter 0,33‰ abfällt (MONEY). Dieser Nystagmus schlägt zur rechten Seite, wenn man rechts liegt und zur linken – wenn man links liegt (Abb. 247).

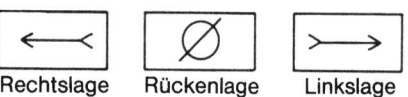

Abb. 247. PAN I (divergierender Lagenystagmus).

Nach einer Pause von ca. 1–2 Stunden, in der kein Nystagmus besteht, erscheint ein

2. Konvergierender Lagenystagmus (PAN II)

Er entsteht, wenn der Blutalkoholgehalt bis auf ca. 0,2‰ abgefallen ist und hält länger an, als Alkohol im Blut nachweisbar ist (MONEY). Der Nystagmus schlägt bei Rechtslage nach links und bei Linkslage nach rechts (Abb. 248). Der alkoholbedingte Lagenystagmus entsteht dadurch, daß die auf Winkelgeschwindigkeit spezialisierten Bogengangsrezeptoren in Re-

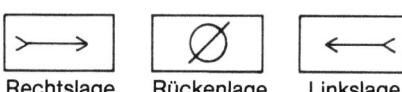

Abb. 248. PAN II (konvergierender Lagenystagmus).

zeptoren zur Messung der Schwerkraft (Gravi-Rezeptoren) umfunktioniert werden. Physiologischerweise ist das spezifische Gewicht der Endolymphe und das der Cupula gleich. Dadurch reagiert die Cupula nicht auf eine Änderung der Schwerkraft. Alkohol (chemisch: leichtes Wasser) diffundiert in die Endolymphe und verringert ihr spezifisches Gewicht. Die Cupula wird relativ schwerer und wirkt nun als Schwerkraftrezeptor ähnlich einem Otolithen. Den Beweis für diese Theorie erbrachten MONEY und VON BAUMGARTEN mit Deuterium (Synonym: schweres Wasser). Trinkt man eine dem Alkohol äquivalente Menge an Deuterium, dann tritt exakt der umgekehrte Effekt auf. Statt PAN I entsteht PAN II. Gibt man äquivalente Dosen von Alkohol und Deuterium gleichzeitig, dann entsteht kein Lagenystagmus.

Bei labyrinthlosen Menschen wurden PAN I und PAN II nicht beobachtet.

Wahrscheinlich werden auch die ausfahrenden Bewegungen des Angetrunkenen durch die „übergewichtige" Cupula hervorgerufen.

3. Zentrale Störungen

Neben dem rein physikalischen Effekt auf das Gleichgewichtsorgan verursacht Alkohol noch eine sehr typische toxische zentrale Störung. Physiologischerweise ist das optische dem vestibulären System übergeordnet und damit der Vorrang einer Willkürbewegung der Augen vor einem reflektorischen Nystagmus sichergestellt, d. h. *ein Nystagmus verschwindet bei Fixation.* Diese Regel ermöglicht es uns, während einer Kurvenfahrt Zeitung zu lesen.

> Alkohol entkoppelt das optische und das vestibuläre System. Damit kann trotz Fixation ein vestibulärer Nystagmus bestehen.

Es ist vorstellbar, daß alkoholisierte Autofahrer beim Durchfahren einer Kurve von der Fahrbahn geraten, weil das Bild der Straße wegen des vestibulären Nystagmus verschwimmt.

> Die Störung der visuellen Fixationssuppression ist ein sehr empfindlicher Parameter für die Alkoholwirkung (s. S. 96).

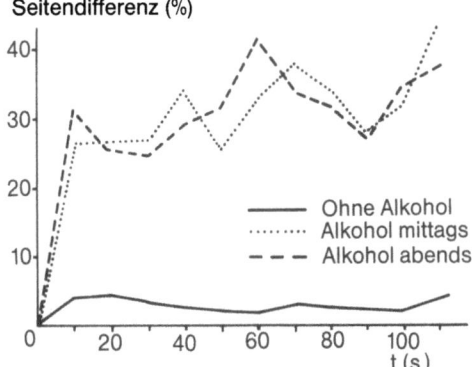

Abb. 249. Seitendifferenz im optokinetischen Test mit beschleunigter Reizung mit und ohne Alkoholwirkung. Bei dieser Untersuchung wurde Alkohol mittags getrunken und ca. 2 Stunden später eine Gleichgewichtsprüfung durchgeführt, oder Alkohol abends getrunken und die Untersuchung am Morgen, ca. 13 Stunden später, durchgeführt. (Aus SCHERER, HOLTMANN 1983).

4. Veränderung der Reaktion auf experimentelle Reize

Neben der klassischen Alkoholwirkung PAN I und II und der Störung der visuellen Fixationssuppression führt Alkohol zu einer gravierenden Veränderung der Reaktion auf experimentelle Reize:

– Der optokinetische Nystagmus wird deformiert und zeigt noch Stunden nach Alkoholgenuß eine hochsignifikante Seitendifferenz (Abb. 249).
– Im Pendeltest findet man neben einer zentralen Nystagmusschrift eine auffallende Seitendifferenz (Abb. 250).
– Bei der thermischen Prüfung nimmt eine bestehende Seitendifferenz erheblich zu und kann die Richtung wechseln (Abb. 251). Der Alkohol kann eine Seitendifferenz auch erst entstehen lassen.

Aus der Kenntnis der Alkoholwirkung kann man folgern:

> 1. Jeder pathologische Befund kann durch Alkohol ausgelöst sein.
> 2. Jeder pathologische Befund kann durch Alkohol verstärkt und in seiner Richtung umgekehrt werden.

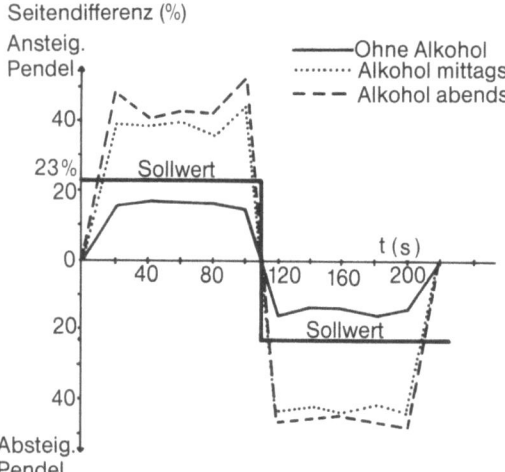

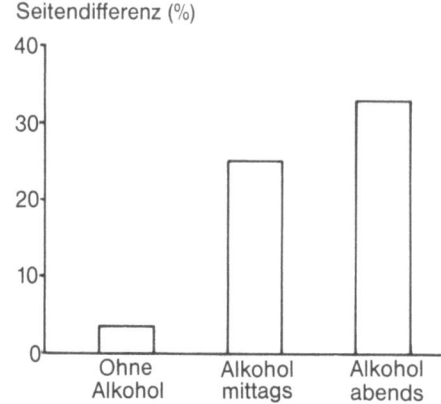

Abb. 250. Seitendifferenz der Nystagmusantwort im Pendeltest bei zu- und abnehmender Reizstärke mit und ohne Alkoholeinwirkung (SCHERER, HOLTMANN 1983).

Abb. 251. Seitendifferenz der Reizantwort bei der thermischen Prüfung mit und ohne Alkoholeinwirkung (SCHERER, HOLTMANN 1983).

Daraus ergibt sich folgende Empfehlung:
Bei einer Begutachtung, bei der der vestibuläre Befund einen wesentlichen Einfluß auf die Minderung der Erwerbsfähigkeit hat, *muß* die Blutalkoholkonzentration bestimmt werden.

B. Einschätzung der Blutalkoholkonzentration anhand anamnestischer Angaben

Die Blutalkoholkonzentration C kann mit der Formel $C = \dfrac{A}{p \times r}$ errechnet werden (MÖLLER).

C = Konzentration in Promille (‰)
A = Aufgenommene Alkoholmenge in g. Sie wird errechnet aus der Menge und der Konzentration des Getränkes.
p = Gewicht des Patienten bzw. Probanden
r = Konstante (bei weibl. Personen 0,55, bei männlichen 0,68).

Beispiel: Getrunken wurde von einer 70 kg schweren Gutachtenspatientin ½ Liter 12%iger Wein am Abend, d. h. 10 Stunden vor der gutachterlichen Untersuchung.
A: 1 Liter 12%iger Wein enthält 12 g Alkohol; ½ l = 6 g. A = 6 g

$$C = \frac{6}{70 \times 0{,}55} = 1{,}6‰$$

Die Elimination und Verbrennung des Alkohols beginnt sofort. Der Abfall des Blutalkoholgehaltes beträgt bei uneingeschränkter Leberfunktion im Mittel 0,15‰ pro Stunde. Zur Zeit der Untersuchung (10 Std. nach Einnahme) ist demnach mit einer Alkoholkonzentration von 0,1‰ (1,6-(10 × 0,15) = 0,1‰) im Blut zu rechnen. Es besteht ein PAN II (konvergierender Lagenystagmus), der noch mindestens 4–5 Stunden lang die Untersuchung stören wird.

C. Nikotininduzierte Befunde

Die Wirkung von Nikotin auf das vestibuläre System ist noch nicht ausreichend erforscht. Auf das Zentralnervensystem und die peripheren autonomen Nervenzellen wirkt Nikotin depolarisierend, d. h. erregend, und in höheren Dosen lähmend. Wegen seiner Wirkung gleichzeitig am sympathischen und parasympathischen System ist das Bild der Nikotinwirkung sehr komplex (MÖLLER).
Die Schwankungen eines Gesunden, die elektronisch auf einer Meßplattform gemessen werden, nehmen deutlich zu nach Inhalation einer Zigarette (Abb. 252). Außerdem potenziert Nikotin die Alkoholwirkung auf das vesti-

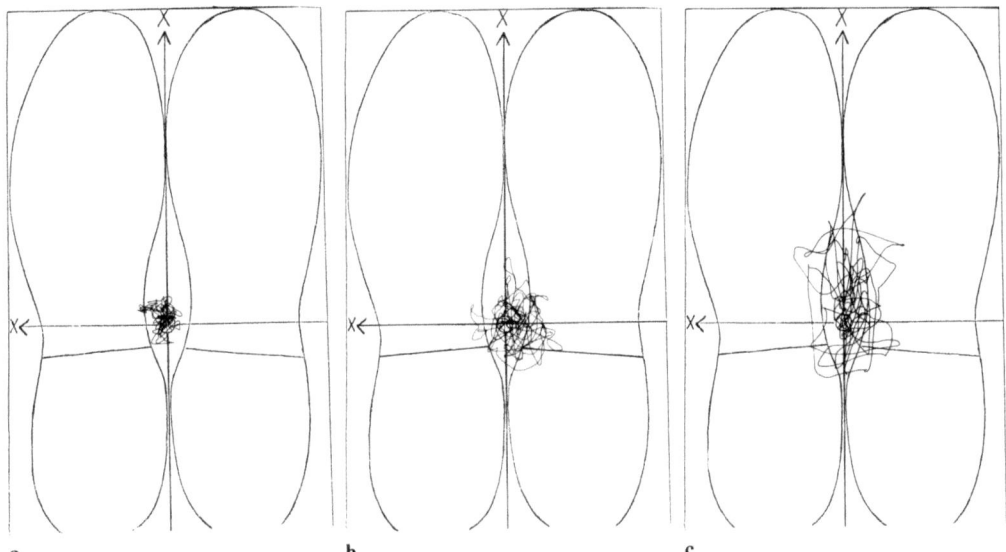

Abb. 252. a Schwankung beim Rombergtest ohne Toxinwirkung; **b** 10 min nach Genuß von 10 ml 45%igem Schnaps; **c** nach Genuß von Schnaps und Inhalation einer Zigarette.

buläre System. Die Schwankungsintensität im Romberg-Test nimmt unter gleichzeitigem Einfluß von Alkohol und Nikotin deutlich mehr zu als die Addition der Einzelwerte ausmachen würde.

D. Koffeininduzierte Befunde

Koffein wirkt in den üblichen Dosen von 50–100 mg stimulierend auf das ZNS und der narkotisierenden Wirkung des Alkohols entgegen. Es ist zu vermuten, daß Koffein selbst das vestibuläre System beeinflussen kann. Inwieweit Koffein die Wirkung von Alkohol auf das vestibuläre System reduzieren kann, ist noch nicht ausreichend untersucht.

Kapitel VIII

Nystagmusanalyse

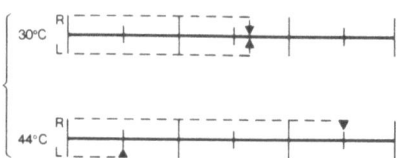

Abb. 253. Darstellung einer Seitendifferenz bei der thermischen Reaktion mit dem Parameter „Reaktionsdauer" nach HENRIKSSON, gemessen in Minuten.

Für die meßtechnische Erfassung und die Bewertung des elektronystagmografisch registrierten Nystagmus gibt es bisher keine allgemein anerkannten Regeln. Zur Auswertung wird der Nystagmus üblicherweise in seine Elemente zerlegt, die einzeln oder in verschiedenen Kombinationen beurteilt werden. Entweder wird die gesamte Reizantwort erfaßt oder nur Teilbereiche von ihr. In der Regel wird das Maximum der Reizantwort zur Beurteilung herangezogen, je nach Fragestellung eventuell auch die gesamte Reizantwort. Wird ein Nystagmus nicht aufgezeichnet sondern mit der Frenzelbrille beobachtet, dann kann der Erfahrene die Intensität der vestibulären Reaktion abschätzen, der Anfänger muß die Nystagmusschläge auszählen.

Die Wahl der Parameter zur Beurteilung wird von der Art des Reizes, von der Fragestellung und von der zur Verfügung stehenden Zeit abhängen. Eine Abteilung mit mehreren Angestellten wird aufwendige Parameter heranziehen können, die die Intensität des Nystagmus sehr gut wiedergeben, während sich die Praxis auf schnell zu bestimmende Parameter beschränken muß.

Im Folgenden wird die Aussagekraft der einzelnen Parameter besprochen, aus der sich ihr Anwendungsbereich ergibt.

I. Die Dauer der Reizantwort

Dieser Parameter wurde vor Einführung der Elektronystagmografie durch JUNG und noch lange danach nahezu ausschließlich gemessen. Von HENRIKSSON wurde er auch zur Bewertung der thermischen Reaktion empfohlen (Abb. 253). In den letzten Jahren verliert er an Bedeutung, weil

a) bei Beobachtung mit der Frenzelbrille der *letzte* Nystagmusschlag und damit die Dauer der Reizantwort schwierig zu bestimmen ist.
b) elektronystagmografisch bis zum Ende der Reaktion aufgezeichnet werden muß mit großem Aufwand an Zeit und Registrierpapier.
c) bei gleicher Nystagmusdauer die Nystagmusintensität doch unterschiedlich sein kann. Darauf haben bereits MITTERMEIER und CHRISTIAN 1954 hingewiesen.

Nach MULCH ist die Dauer der Nystagmusreaktion jedoch geeignet zur Feststellung eines Richtungsüberwiegens.

Empfehlung: Der Parameter „*Reaktionsdauer*" ist in den meisten Fällen unzweckmäßig. Für kurze Reaktionszeiten, z. B. für die postrotatorische Reaktion, ist er bedingt geeignet.

II. Die Schlagzahl-Parameter

Es wird die Zahl der Nystagmusschläge während der gesamten Reizantwort oder in einem definierten Zeitabschnitt bestimmt. Wird die *gesamte* Reaktion ausgezählt, erhält man die *Gesamtschlagzahl*. Meist wird die Schlagzahl nur im Maximum der Reaktion oder bei der thermischen Reaktion im Intervall von der 60. bis zur 90. Sekunde nach Spülbeginn bestimmt. Wird die Schlagzahl auf eine Sekunde bezogen, erhält man die Nystagmusfrequenz (F = Schlagzahl/Zeitspanne).

1. Gesamtschlagzahl

Sie ist ein wesentlich besseres Maß für die Intensität einer vestibulären Antwort als die

Reaktionsdauer. Allerdings muß, wie bei der Bestimmung der Reaktionsdauer, das Ende der vestibulären Reaktion abgewartet werden. Die elektronystagmografische Registrierung erlaubt eine fehlerfreie Auszählung, soweit die Nystagmusschläge von Artefakten unterschieden werden können. Bei der Nystagmusbeobachtung mit der Frenzel-Brille wird das Zählen der Schläge um so schwieriger, je höher die Frequenz ist, d.h. die Fehler nehmen mit steigender Frequenz zu. Ab 3 Hz werden bis zu 20% Abweichung von den elektronystagmografisch gemessenen Werten festgestellt (WÖLFLE/SCHERER).

Empfehlung: Der Parameter *Gesamtschlagzahl* wird heute nur noch selten bei Routineuntersuchungen verwendet, da es Parameter gleicher Qualität gibt, die schneller zu bestimmen sind. Für wissenschaftliche Untersuchungen und bei automatischer Nystagmusanalyse ist der Parameter als *zusätzliches* Maß der Nystagmusintensität nach wie vor geeignet. Es sind Einschränkungen in der Dynamik des Parameters zu beachten, die auf Seite 140 beschrieben werden.

2. Schlagzahl bzw. Frequenz in einem umschriebenen Zeitabschnitt

MULCH fand bei der thermischen Prüfung an Gesunden eine hohe Korrelation zwischen der Schlagzahl im Maximum der Reaktion und der Gesamtschlagzahl. Diese Beobachtung gestattet es, statt der Gesamtschlagzahl einen umschriebenen Zeitabschnitt, in dem das Maximum der Reaktion enthalten sein muß, zur Auszählung der Nystagmusschläge zu verwenden. Für die thermische Untersuchung hat man sich auf ein Zeitfenster von 30 Sekunden geeinigt. Es liegt bei der Nystagmusbeobachtung mit der *Frenzel-Brille* zwischen der 60. und 90. Sekunde nach Spülbeginn (Abb. 254a) und wird bei *elektronystagmografischer Registrierung* auf das Maximum der Reaktion gelegt (Abb. 254b). Diese beiden Zeitfenster können übereinstimmen, bei verzögerter oder verkürzter Reaktion liegen sie aber auf verschiedenen Phasen des Nystagmusablaufs. Die Festlegung des Zeitfenster auf die 60. bis 90. Sekunde nach Spülbeginn für die Nystagmusbeobachtung

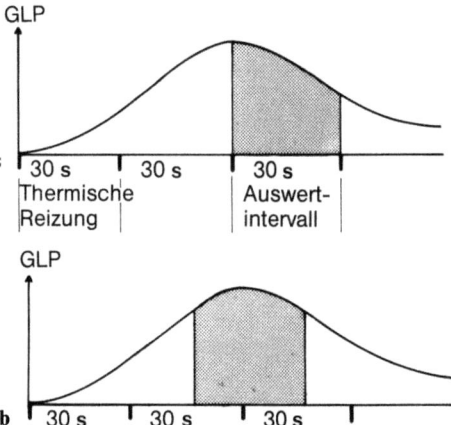

Abb. 254a, b. Auswertung einer thermischen Reaktion; a im festgelegten Intervall der 60.–90. Sekunde nach Spülbeginn, wie es bei der Nystagmusbeobachtung mit der Frenzelbrille verwendet wird; b mit variablem Intervall von 30 Sekunden Dauer am Maximum der Reaktion, wie es bei elektronystagmografischer Registrierung verwendet wird.

mit der Frenzel-Brille kann demnach zu einem Fehler führen, der nur durch Registrierung der Nystagmusschläge verhindert werden kann.

Empfehlung: Für die Auszählung der Nystagmusschläge bei der Untersuchung mit der Frenzel-Brille verwende man einen einfachen

Abb. 255. Handzähler zur Dokumentation der Nystagmusschlagzahl.

Nystagmusanalyse

Handzähler (käuflich als Leukozytenzähler) (Abb. 255). Ausgezählt wird der Zeitbereich von der 60. bis zur 90. Sekunde nach Spülbeginn. Daraus ergibt sich folgende Regel:

30 Sekunden spülen
30 Sekunden warten
30 Sekunden zählen

Die Vorteile der leichteren Bestimmbarkeit des Parameters Schlagzahl bzw. Frequenz werden durch erhebliche Nachteile geschmälert. Zu ihrem Verständnis muß man sich die Zusammenhänge vor Augen führen, durch die ein Nystagmus variieren kann. Wie bereits auf Seite 30 demonstriert, entsteht ein physiologischer Nystagmus als Kompensationsleistung der Augen im Verlauf einer Kopfbewegung. Nachdem die Augen sich nicht so weit drehen können wie der Kopf bzw. der Körper, muß die Kopfdrehung a) in Abbildung 256 gleichsam „zerhackt" werden. Es ist unbedeutend, ob die Kopfbewegung seltener mit großer Amplitude b) oder häufiger mit kleiner Amplitude c) zerhackt wird. Die Nystagmusstärke bleibt gleich.

Addiert man die Amplituden aller Nystagmusschläge zur Gesamtamplitude, dann erhält man für jeden Moment der Nystagmuskurve das Ausmaß der bis dahin abgelaufenen Kopfbewegung. (Dies gilt nur, wenn die Kopfbewegung mit offenen Augen erfolgt. Die Kompensationsleistung muß dann 100% sein).

Das heißt:

> Die Kompensationsleistung wird allein durch die Summe der Amplituden, also durch die Gesamtamplitude repräsentiert.

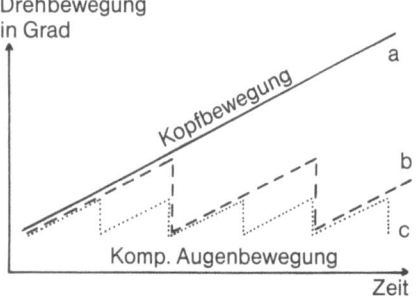

Abb. 256. Kompensation einer Kopfbewegung. *(a)* durch Gegenbewegung der Augen, die selten mit großer Amplitude *(b)* oder häufig mit kleiner Amplitude *(c)* zerhackt wird.

Die Frequenz (Zerhackrate) und die Einzelamplitude sind nur Varianten innerhalb dieser Regel. Sie werden vom Zentralnervensystem nach Bedarf moduliert.

Daraus folgt:

> Die Frequenz ist eine variable Größe, die für sich betrachtet kein Abbild der Nystagmusstärke ist. Nur in Kombination mit der Nystagmusamplitude entspricht sie der zugrundeliegenden Kopfbewegung (bei geöffneten Augen).

Finden wir in zwei Nystagmuskurven dieselbe Frequenz vor, so bedeutet dies *nicht* einen Nystagmus gleicher Stärke, wie aus Abb. 256 klar hervorgeht. Es kommt häufig vor, daß die Frequenz des links- und rechtsgerichteten Nystagmus bei einer und derselben Person unterschiedlich ist. *Eine Bewertung dieses Nystagmus allein anhand der Frequenz ist fehlerhaft.*

Die alleinige Berücksichtigung der Frequenz weist noch eine weitere Schwäche auf. Die Steigerungsfähigkeit (Dynamik) der Frequenz erreicht unter Umständen ihre Grenze, bevor die Nystagmusstärke ihren Höhepunkt erreicht hat. Diese Grenze, von der an die Frequenz nicht mehr zunehmen kann, obwohl der Reiz noch weiter zunimmt (Abb. 257), ist individuell sehr verschieden. Sie ist zudem von Faktoren wie Müdigkeit, Medikamenten oder Toxinen abhängig. Die Nystagmusstärke kann dann nur durch Erhöhung der Amplitude anwachsen.

> Die Frequenz gibt die Stärke eines Nystagmus nicht in allen Bereichen einer vestibulären Reaktion wieder.
> Schemata, die die Frequenz zugrundelegen, können die Bewertung einer vestibulären Reaktion irreleiten.

Empfehlung: Wird ein Nystagmus mit der Frenzel-Brille beobachtet, dann zählt der *Unerfahrene* die Nystagmusschläge, bis er gelernt hat, zusätzlich zur Frequenz auch die Amplitude abzuschätzen und in die Bewertung miteinzubeziehen.

Wird ein Nystagmus elektronystagmografisch abgeleitet, dann soll die Frequenz zur Beurteilung der Reaktionsstärke *nicht* herangezogen werden, denn es gibt bessere und ebenso rasch zu bestimmende Parameter.

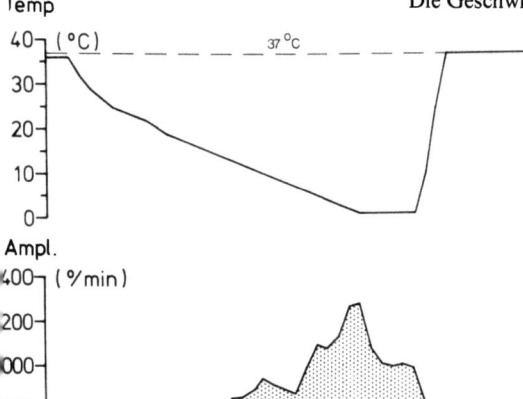
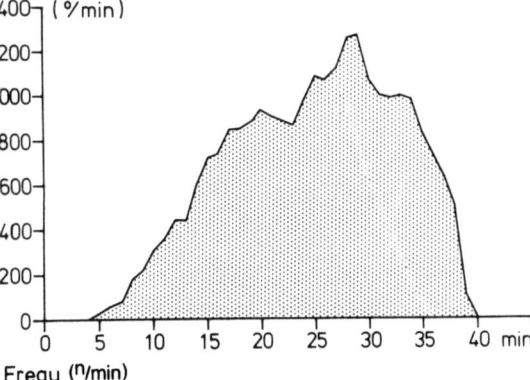
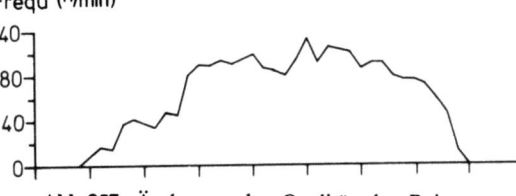

Abb. 257. Änderung der Qualität der Reizantwort bei langsamer Steigerung des thermischen Reizes *(obere Kurve)*. Während die Nystagmusamplitude *(mittlere Kurve)* ansteigt, solange der Reiz zunimmt, folgt die Frequenz *(untere Kurve)* der Reizsteigerung nur bis zur 15. Minute und bleibt dann gleich.

III. Die Geschwindigkeit der langsamen Nystagmusphase (GLP)

Seit langem ist bekannt, daß die Geschwindigkeit der langsamen Nystagmusphase eng mit der Auslenkung der Cupula und damit direkt mit dem vestibulären Reiz korreliert (DOHLMAN 1926). Außerdem korreliert die GLP eng mit der Nystagmusamplitude (MULCH).
Im angloamerikanischen Sprachraum wird die Geschwindigkeit der langsamen Nystagmusphase als SPV (= Slow phase velocity) abgekürzt. Eine entsprechende Abkürzung ist die im Deutschen noch nicht gebräuchliche GLP, die im vorliegenden Buch verwendet wird.

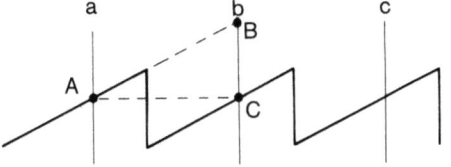

Abb. 258. Berechnung der GLP, s. Text.

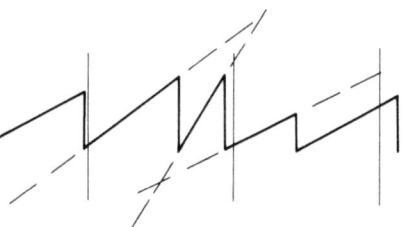

Abb. 259. Bildung eines Mittelwertes aus mehreren Schlägen bei unregelmäßigem Nystagmus.

Die GLP kann nur bei elektronystagmografischer Registrierung des Nystagmus bestimmt werden. Voraussetzung ist eine Eichung der Augenbewegung entsprechend Kapitel IV, S. 60.
Man mißt die GLP, indem man die langsame Nystagmusphase auf dem Registrierpapier verlängert und ihre Schnittpunkte A und B mit 2 Sekundenlinien a und b markiert (Abb. 258). Durch Punkt A legt man eine Horizontale und markiert deren Schnittpunkt C mit Sekundenlinie B.
Die Strecke $C-B$ gibt in Millimetern an, um wieviel sich das korneoretinale Potential in einer Sekunde verändert hat. Die Veränderung des korneoretinalen Potentials in Millimetern muß nun anhand der Eichung (s. S. 60) in Winkelgrad Augenbewegung umgerechnet werden. Bei der sogenannten biologischen Eichung (1 mm entspricht 1 Winkelgrad), die wir empfehlen, entspricht die Strecke $C-B$ in Millimetern dem *Winkel der Augenbewegung pro Sekunde*.
Wenn benachbarte Nystagmusschläge eine sehr unterschiedliche GLP aufweisen, müssen drei oder mehr Nystagmusschläge ausgewertet und daraus der Mittelwert gebildet werden (Abb. 259). Voraussetzung für die Berechnung der GLP ist eine horizontale Grundlinie der Ableitung. Eine ansteigende Grundlinie (Drift) verstärkt fälschlich die GLP, eine fallende ver-

142 Nystagmusanalyse

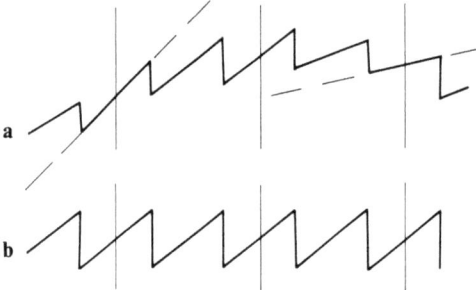

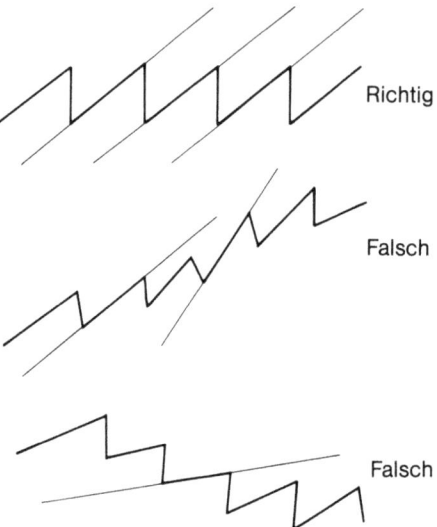

Abb. 260. a Veränderung der GLP bei ansteigender und abfallender Kurve. b dieselbe Kurve bei Registrierung mit kurzer Zeitkonstante.

ringert sie (Abb. 260a und 161). Bei der Untersuchung unruhiger Personen mit langer Zeitkonstante oder bei DC-Ableitung kann es vorkommen, daß die Kurve ständig driftet und eine Auswertung der GLP nicht zuläßt. Man kann sich behelfen, indem man

a) das korneoretinale Potential zusätzlich mit kurzer Zeitkonstante ableitet (Abb. 260b).
b) Zur Auswertung des Nystagmus die Summe der Amplituden in einem bestimmten Areal heranzieht (s. S. 144).

Die hohe Korrelation der GLP mit dem vestibulären Reiz und die leichte sowie rasche Bestimmbarkeit sind die Gründe für die Beliebtheit dieses Parameters. Allerdings gelten einige Einschränkungen:

a) Die GLP ist in hohem Maße abhängig vom Wachheitsgrad. Bei Müdigkeit kann die GLP weit absinken.
b) Ein sich schnell ändernder Reiz, z. B. der Stop aus einer Drehung heraus oder ein schneller Pendelreiz kann von der GLP nicht rasch genug beantwortet werden (genaue Erläuterung hierzu s. S. 104). Die maximale GLP der postrotatorischen Reaktion gibt demnach nicht die maximale Cupulaauslenkung wieder. Außerdem bleibt bei diesen Reizen die Grundlinie selten horizontal. Hier muß die Amplitude der Nystagmusschläge zur korrekten Auswertung herangezogen werden (KORNHUBER).
c) Im Verlauf der Reaktion auf einen längerdauernden Reiz, z. B. den thermischen, treten sehr rasch zentrale, gegengerichtete Ausgleichsvorgänge auf, die die GLP herabsetzen (Abb. 262). Die GLP, in geringerem Maß aber

Abb. 261 Auswertung eines Nystagmus mit dem Parameter GLP. Die Auswertung ist nur dann richtig, wenn die Grundlinie des Nystagmus horizontal verläuft.

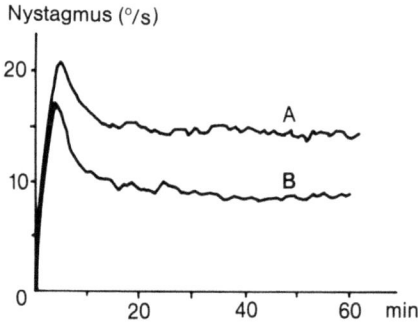

Abb. 262. Unzureichende Wiedergabe eines Adaptationsvorganges auf einen längerdauernden Reiz (SCHERER, SCHMIDTMAYER, BSCHORR)
Kurve A: Verlauf der GLP bei einem thermischen Langzeitreiz. Die gemessene Nystagmusstärke sinkt gegenüber der maximalen Reizantwort nur um 28%.
Kurve B: Verlauf eines zusammengesetzten Parameters (GLP × F). Die gemessene Nystagmusstärke sinkt gegenüber der maximalen Reizantwort um 44%.

auch andere Parameter, korrelieren deshalb nur in der Anfangszeit der Reaktion mit dem vestibulären Reiz.
Beim unerschöpflichen optokinetischen Nystagmus gibt es keine Ausgleichsvorgänge.

d) Die GLP ist nicht geeignet zur Bewertung von Vorgängen, in denen Nystagmusschläge mit deutlichen Pausen voneinander abgesetzt sind, z.B. in manchen Formen von Spontannystagmus und bei Langzeitreizen. In solchen Kurvenverläufen bewertet die *GLP eines einzelnen* Nystagmusschlages den Nystagmus zu hoch. Die Nystagmusstärke muß hier mit zusammengesetzten Parametern z.B. GLP × F bestimmt werden (s. S. 145).

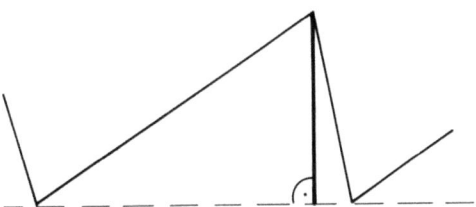

Abb. 263. Verhältnis von rascher Nystagmusphase zur Amplitude (——).

Empfehlung: Die GLP ist der Standardparameter der *Elektronystagmografie*, da sie mit dem Reiz korreliert und leicht mit Lineal und Bleistift zu bestimmen ist. Nur mit Einschränkungen ist sie für die postrotatorische Reaktion auf einen Stop aus einer Drehung heraus zu verwenden. Bei Nystagmuskurven, in denen Pausen zwischen den einzelnen Nystagmusschlägen vorkommen, ist ein zusammengesetzter Parameter vorzuziehen.

Sofern nicht mit halb- oder vollautomatischer Nystagmusanalyse die gesamte vestibuläre Reaktion ausgewertet werden kann, was zweifellos das beste Ergebnis brächte, wird
1. die thermische Reaktion ausgewertet
    a) durch Bestimmung der durchschnittlichen GLP im festgelegten Zeitraum 60.–70. Sekunde nach Spülbeginn oder besser
    b) durch Bestimmung der durchschnittlichen GLP in einem Zeitraum von 10 Sekunden am Maximum der Reaktion. Die Bestimmung der GLP in einem größeren Zeitraum ist nicht nötig, weil nach MULCH eine sehr hohe Korrelation zwischen einer GLP pro 10 Sekunden und einer GLP pro 30 Sekunden besteht.
2. die perrotatorische Reaktion ausgewertet durch Bestimmung der durchschnittlichen GLP in einem Zeitraum von 10 Sekunden in der zweiten Hälfte der Beschleunigungsphase.
3. die optokinetische Reaktion ausgewertet
    a) bei Reizung mit konstanter Geschwindigkeit des Reizmusters durch Bestimmung der durchschnittlichen GLP anhand von 3 Nystagmusschlägen
    b) bei Reizung mit beschleunigten Reizen durch Bestimmung der GLP an mehreren festgelegten Zeitpunkten zur Erfassung des *Verlaufs* der Reizantwort.

Abb. 264. Erläuterung s. Text.

IV. Die Nystagmusamplitude

Die Amplitude eines Nystagmusschlages ist die Senkrechte vom oberen Umkehrpunkt der Kurve auf die Grundlinie (Abb. 263). Diese Senkrechte kommt der schnellen Nystagmusphase so nahe, daß annäherungsweise ihre Länge mit der Amplitude übereinstimmt. Bei Ableitung mit längeren Zeitkonstanten wird die Grundlinie zudem variabel und die Messung der echten Amplitude damit erschwert. Zur Vereinfachung kann man deshalb sagen:

> Die Länge der schnellen Nystagmusphase darf als Amplitude gelten.

Sie ist das Maß, um wieviel sich das Auge im Verlauf des Nystagmusschlages gedreht hat.
Bei der thermischen Reaktion korreliert nach MULCH die Amplitude sehr gut (mehr als 0,95 von 1) mit der GLP. Allerdings besteht ein sehr wesentlicher Unterschied zwischen der Amplitude und der GLP. Die Amplitude tritt in linearem Maßstab in Erscheinung, d.h. eine Verdoppelung der vom Auge zurückgelegten

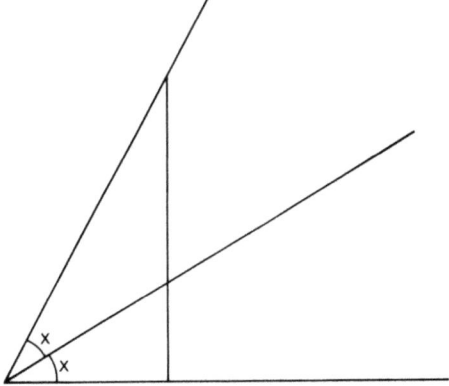

Strecke ergibt eine Verdoppelung der Amplitude.

Die GLP tritt in logarithmischem Maßstab in Erscheinung, d. h. eine Verdoppelung des Winkels der langsamen Nystagmusphase ist mehr als eine Verdoppelung der Geschwindigkeit der Augenbewegung (Abb. 264).

Praktisch wird die Amplitude entweder als *Gesamtamplitude* bestimmt oder als *Summe der Amplitude in einem festgelegten Zeitintervall*.

Bei kurzen und überschaubaren vestibulären Reaktionen wie dem Pendeltest und der postrotatorischen Reaktion, wird die *Gesamtamplitude* bestimmt wie auch immer dann, wenn der Nystagmus vollautomatisch analysiert wird.

Die *Summe der Amplituden in einem bestimmten Intervall* wird immer dann bestimmt, wenn die vestibuläre Reaktion lang dauert (z. B. die thermische Reaktion in der 60.–70. Sekunde), oder wenn eine wellenförmig verlaufende Grundlinie die Messung der GLP nicht zuläßt. Die Amplitude wird hier bestimmt beginnend von einem beliebigen Punkt und immer endend an einem Punkt gleicher Höhe. Der Auswertfehler bei ansteigender Kurve wird durch den Fehler bei absteigender Kurve aufgehoben.

Die Amplitude wird angegeben als Gesamtamplitude oder als „durchschnittliche Amplitude pro Sekunde", d. h. die im Zeitraum gemessene Summe der Amplituden wird durch die Zahl der Sekunden dividiert. Zu beachten ist, daß die Meßgenauigkeit mit der Länge des Auswertintervalls zunimmt.

Auswertmethoden: Die Bestimmung der Amplitude ist ohne Hilfsmittel zeitaufwendig. Man benützt ein Blatt Papier, an dessen freiem Rand die Amplitude eines jeden Nystagmusschlages Stück für Stück aufgetragen wird (Abb. 265). Danach wird die am Papierrand zurückgelegte Strecke gemessen.

Eine billige, aber relativ ungenaue Methode ist die Summierung der Amplituden mit einem Streckenmeßgerät, wie es zum Ablesen von Entfernungen auf einer Landkarte verwendet wird (Abb. 266). Die schnelle Phase eines jeden Nystagmusschlages wird abgefahren, wobei besonders darauf geachtet werden muß, daß das Meßgerät senkrecht steht. Nach Beendigung der Messung wird auf einem Millimeterpapier „zurückgefahren", bis der Zeiger wieder auf Null steht. Die zurückgelegte Strecke ent-

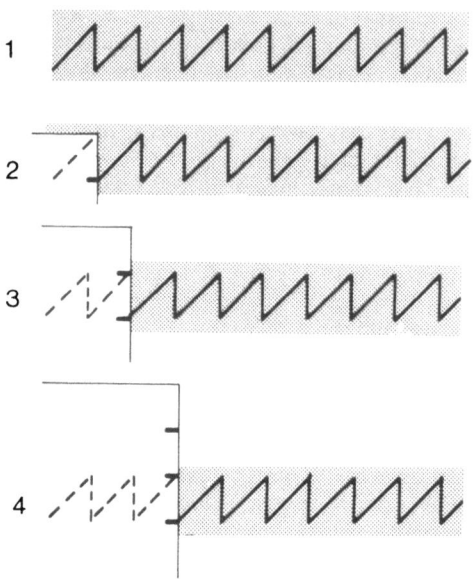

Abb. 265. Messung der Amplitude des Nystagmus durch stufenweises Auftragen auf den Rand eines Papierblattes.

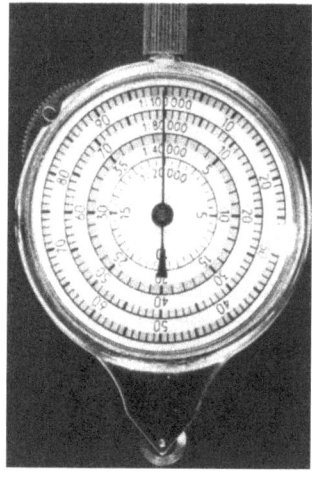

Abb. 266. Amplitudenmessung mit einem Streckenmeßgerät.

spricht der Summe der Amplituden (Fehler bei wiederholter Messung ca. 10%).

Eine ebenfalls verhältnismäßig billige und weit zuverlässigere Methode ist die Messung der Amplitude mit einem Präzisionswiderstand

a

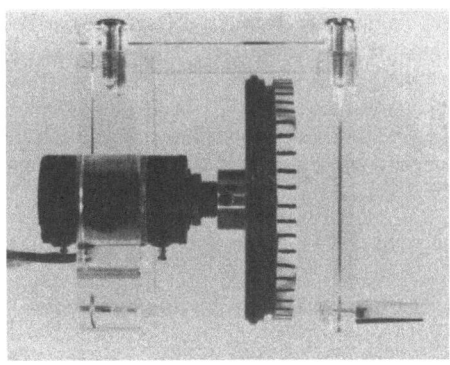

b

Abb. 267 a, b. Amplitudenmessung mit einem Präzisionspotentiometer. **a** Schrägsicht; **b** Seitenansicht.

(SCHERER 1984; Abb. 267). Dabei treibt ein Rad von 6,4 cm Durchmesser ein Zehngangpräzisionspotentiometer von 2 kΩ an. Ein handelsübliches digitales Ohmmeter (Empfindlichkeit 2 kΩ) mißt den zurückgelegten Weg. Die Amplitude kann direkt abgelesen werden.
Messungen durch verschiedene Personen differieren um ±3%, mehrfache Messungen durch dieselbe Personen nur um ±1,5%. Die Zeit für die Auswertung einer postrotatorischen Reaktion von 40 Sekunden Dauer beträgt ca. 30 Sekunden, die Dauer für die Auswertung eines 10 Sekunden-Fensters im Bereich des Maximums einer thermischen Reaktion ca. 10 Sekunden.

Empfehlung: Der Parameter *Amplitude* muß bei der Untersuchung *mit der Frenzel-Brille* herangezogen werden, um *zusätzlich* zur Frequenz die Intensität des Nystagmus abzuschätzen. Die Beurteilung wird mit den von FRENZEL angegebenen Symbolen als fein-mittel- grobschlägiger Nystagmus dokumentiert.
Bei elektronystagmografischer Registrierung ist die Amplitude aus meßtechnischen Gründen der GLP unterlegen, allerdings gibt es neuerdings Hilfsmittel (SCHERER, HOLTMANN, s. o.), die die Bestimmung der Amplitude rasch und sicher zulassen. Statistisch sind die Parameter GLP und Amplitude beim Gesunden gleich zuverlässig (MULCH). Inwieweit sie sich aber bei der Erfassung pathologischer Befunde unterscheiden, ist statistisch noch nicht nachgewiesen. Hier wird sicher die vollautomatische Nystagmusanalyse mit ihren vielen Möglichkeiten Klärung bringen.
Aus theoretischen Überlegungen heraus (s. S. 143) sollte die Amplitude verwendet werden zur Bestimmung

a) kurzer Nystagmusreaktionen, denen ein sich rasch ändernder Reiz zugrundeliegt, wie z. B. der postrotatorischen – und der Pendelreaktion.
b) aller Nystagmuskurven, die keine horizontal verlaufende Grundlinie haben, so daß die Bestimmung der GLP unmöglich ist.

V. Zusammengesetzte Parameter

Um die Schwächen der einzelnen Parameter zu eliminieren und die Genauigkeit der Auswertung zu erhöhen, werden die Meßwerte mehrerer Parameter kombiniert. Allerdings ist dieser Weg bei manueller Auswertung immer mit Zeitaufwand verbunden.
Diese zusammengesetzten Parameter werden mit Begriffen wie „Nystagmusenergie" oder „Nystagmusintensität" bezeichnet, z. B.
Energie = Gesamtamplitude × Frequenz
(PFALTZ, HENDRIKSSON, TOROK, RUBIN).
Energie = GLP × Frequenz
Intensität = Amplitude/Dauer

Empfehlung: Die systematische Anwendung zusammengesetzter Parameter bleibt wegen des hohen Zeitaufwandes der automatischen oder halbautomatischen Nystagmusanalyse vorbehalten. Kombinierte Parameter *müssen* aber angewandt werden, wenn ein Nystagmus von Pausen durchsetzt ist (s. S. 143). Dies ist häufig beim Spontannystagmus, aber auch bei Langzeitreizung der Fall (SCHERER, BSCHORR) (Abb. 258).

VI. Halbautomatische Nystagmusanalyse

Dazu gehören alle Hilfsmittel, die den auf Papier geschriebenen Nystagmus auswerten und das Ergebnis entweder grafisch oder digital anzeigen. Geräte hierzu wurden aus der Überlegung heraus entwickelt, daß ein erfahrener Auswerter einen schwer zu definierenden Nystagmus besser von Artefakten unterscheiden kann als ein Elektronenrechner. Grundsätzlich gilt: je ausgeprägter ein pathologischer Befund ist, um so schwieriger wird die korrekte Auswertung der Nystagmuskurve.

Drei Geräte sind in letzter Zeit veröffentlicht worden:

a) Ein drehbares Fadenkreuz (Abb. 268), das den Winkel der langsamen Nystagmusphase bestimmt und nach Umwandlung des Winkels in Bogenmaß (Tangensfunktion) die durchschnittliche GLP pro Sekunde in 5 Sekundenabschnitten grafisch ausgibt (Abb. 269). Das Fadenkreuz wurde von GRAYBIEL erstmals angegeben. Das Gerät wurde von SCHERER und HAUSMANN weiterentwickelt und mit einem Mikroprozessor versehen.

b) Von SCHMIDT wurde ein Gerät beschrieben, bei dem die Umkehrpunkte der Nystagmuskurve vom Untersucher nacheinander mit ei-

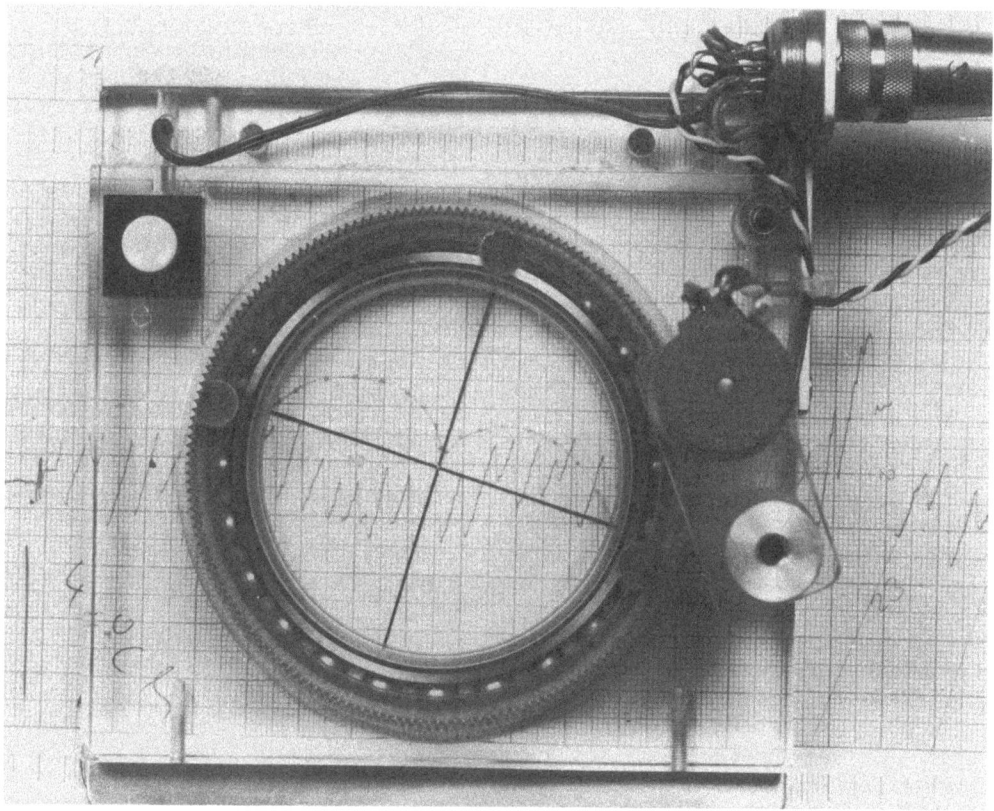

Abb. 268. Drehbares Fadenkreuz zur Bestimmung der langsamen Nystagmusphase nach GRAYBIEL mod. nach SCHERER und HAUSMANN.

VII. Vollautomatische Nystagmusanalyse

Bei diesem Verfahren wird der Nystagmus sofort (on-line) oder mit zeitlicher Verzögerung (off-line) von einem Gerät ausgewertet und das Ergebnis automatisch grafisch dokumentiert. Prinzipiell kann die Analyse analog oder mit einem Digitalrechner erfolgen.

Bei einem Workshop wurden 1983 sieben unterschiedliche Verfahren vorgestellt (MOSER, ALLUM, BERG, KECK, GROHMANN, RANACHER, ROHDE. Der Algorithmus aller Lösungen basiert auf der 1. Ableitung und typischen Parametern um Artefakte und Störungen auszublenden. Ein weiteres System wurde von CLAUSSEN entwickelt.

Alle Analysegeräte sind in der Lage, ein Nystagmussignal auszuwerten. Ein schwieriges, artefaktüberlagertes und schwaches Nystagmussignal wird aber noch nicht ausreichend sicher ausgewertet. Hier ist eine Kontrolle durch den Untersucher nach wie vor notwendig.

Bedingt durch geringe Stückzahlen, durch teuere Peripheriegeräte und erhebliche Preisaufschläge von seiten des Handels, sind die Geräte heute noch zu teuer.

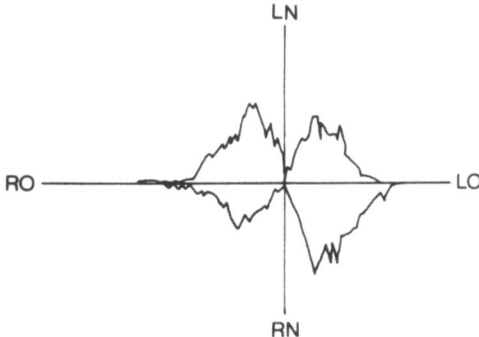

Abb. 269. Ergebnis einer halbautomatischen Nystagmusanalyse. Thermische Prüfung.

nem Hebelarm eingestellt werden. Die Koordinaten der Umkehrpunkte werden damit elektrisch definiert. Das Gerät erstellt aus den Meßwerten eine Kumulationskurve der GLP.
c) Das bereits auf S. 145 von uns vorgestellte sehr einfache und wirkungsvolle Amplitudenmeßgerät (SCHERER, HOLTMANN).

Kapitel IX

Atlas der Elektronystagmografie

Der Atlas dient dazu, den Leser mit typischen elektronystagmografischen Bildern vertraut zu machen. Im einzelnen werden besprochen:

1. Bild eines normalen Elektronystagmommes und dessen Varianten.
2. Artefakte von seiten der Ableittechnik.
3. Artefakte von seiten des Patienten.
4. Normale und pathologische Befunde bei den einzelnen Untersuchungsgängen:

a) Spontannystagmus
b) Okulomotorische Untersuchung:
   Optokinetische Untersuchung
   Sinusblickpendeltest
   Visueller Suppressionstest
c) Halsdrehtest
d) Thermische Prüfung

5. Formularvorschläge

a) für die Untersuchung mit der Frenzelbrille
b) für die elektronystagmografische Untersuchung
c) für die Einbestellung der Patienten.

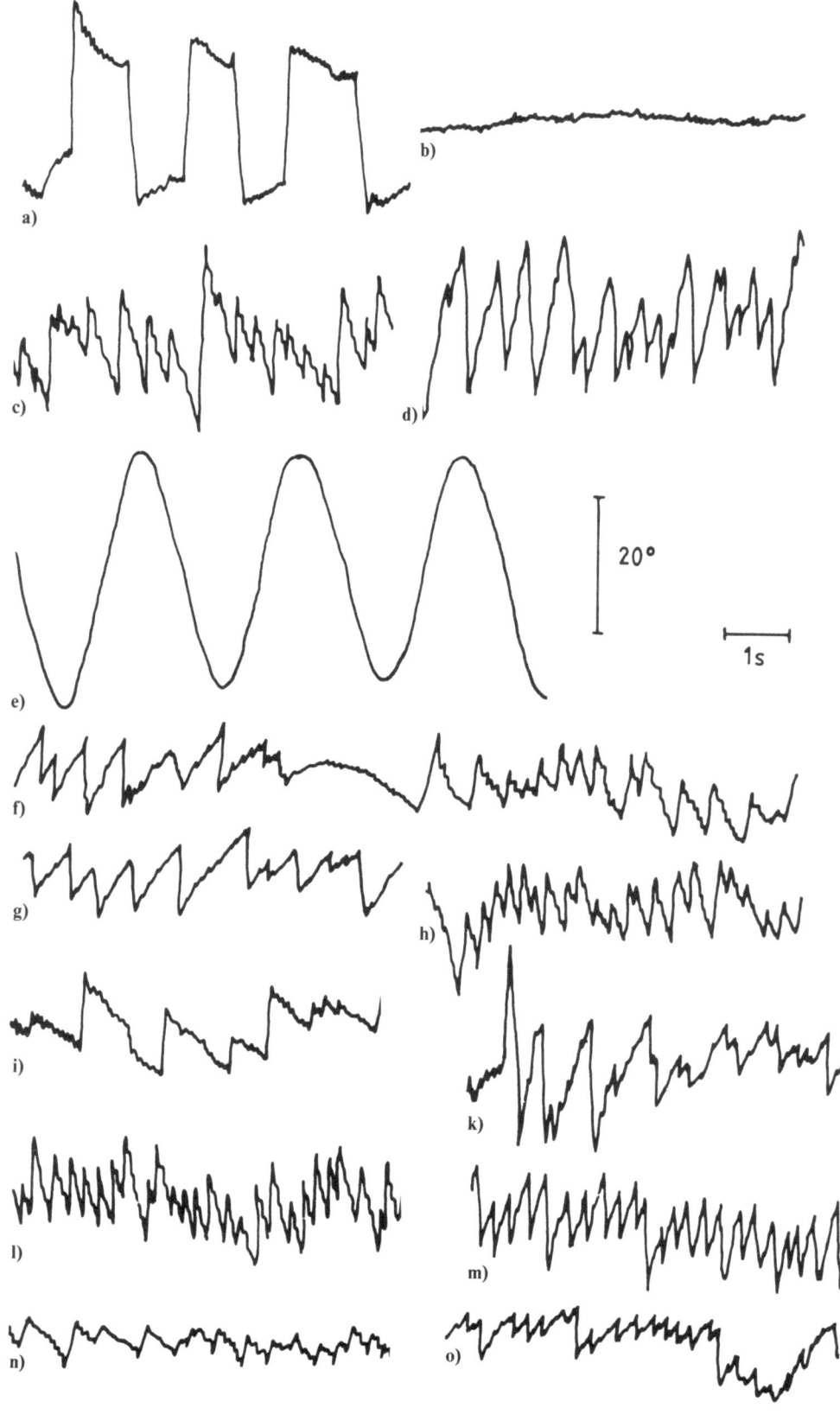

1. Normales Elektronystagmogramm. AC-Ableitung. Zeitkonstante T = 3 s

Überlagerung durch einen niederfrequenten Brumm

a) Blickwinkeleichung: Eine Augenbewegung um 20° hat einen Schreiberausschlag von 20 mm zur Folge.

b) Augenbewegung beim Blick geradeaus im Dunkeln: Ein Spontannystagmus ist nicht sichtbar. Die Kurve ist von einem niederfrequenten Brumm überlagert.

c)-d) Optokinetische Reizung mit 60°/s: Der Nystagmus ist kräftig und etwa seitengleich.

e) Sinusblickpendeltest: Glatte Blickfolgebewegung

f) Pendeltest: Abgebildet ist der Nystagmus im Verlauf einer vollständigen Sinusschwingung. Wie bereits beim optokinetischen Nystagmus und später beim Vergleich h) und k) sichtbar, ergeben sich deutliche Frequenzunterschiede zwischen rechts- und linksgerichtetem Nystagmus. Der rechtsgerichtete Nystagmus hat eine hohe Frequenz bei z. T. niedriger Amplitude, während der linksgerichtete Nystagmus eine niedrige Frequenz bei gleichzeitig großer Amplitude aufweist. Die Summe der Amplitude der einzelnen Nystagmusschläge ist aber beim Pendeltest und beim abgebildeten optokinetischen Nystagmus c) und d) gleich.
Typisch für den Pendelnystagmus ist der bogenförmige Verlauf der Kurve zwischen Links- und Rechtsnystagmus.

g-k) Drehprüfung mit Schwach- und Starkreiz. g) und i) zeigen den Beschleunigungsnystagmus bei Links- bzw. Rechtsdrehung (Schwachreiz 2°/s^2). h) und k) zeigen den Nystagmus bei Stop aus Links- bzw. Rechtsdrehung (Starkreiz). Auffallend bei dieser Untersuchung ist, daß g) und h) (erste Beschleunigung und erste Abbremsung) einen stärkeren Nystagmus hervorrufen als i) und k) (zweite Beschleunigung und zweites Abbremsen). Dies ist ein Müdigkeitseffekt oder die Gewöhnung an den, bei der ersten Untersuchung noch unbekannten Reiz.

l-o) Thermischer Nystagmus in der Reihenfolge 44° rechts (l); 44° links (m); 30° links (n); 30° rechts (o). Die vom linken Gleichgewichtsorgan hervorgerufene thermische Reaktion (m und n) ist etwas schwächer als die vom rechten Gleichgewichtsorgan hervorgerufene. Um das Ausmaß dieser Seitendifferenz bewerten zu können, wird die Summe der Geschwindigkeiten der langsamen Nystagmusphasen (GLP) aus l) und o) = rechtes Gleichgewichtsorgan und die Summe aus m) und n) = linkes Gleichgewichtsorgan in ein Schema p) eingetragen. Dabei wird deutlich, daß der Patient eine kräftige Reaktion hat, und daß sich die Seitendifferenz noch weit innerhalb des 90. Interquantilbereiches befindet, d.h. eine ähnliche SD haben ca. 80% aller Gesunden.

Die Summe aller rechts- und linksgerichteten Nystagmusschläge wird in das Schema q zur Dokumentation des Richtungsüberwiegens eingetragen. Es überwiegen geringfügig die nach rechts gerichteten Nystagmusschläge bedingt durch die kräftige Reaktion bei der 1. Spülung (44° rechts), (s. „Phänomen d. 1. Spülung" S. 84).

Max. GLP / 10 s

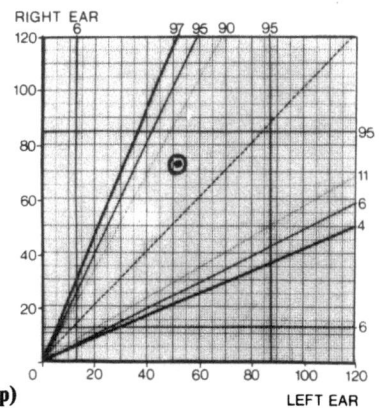

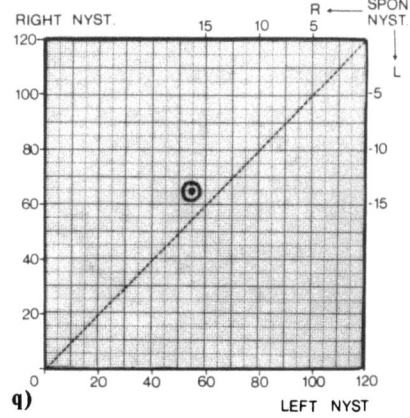

152　Atlas der Elektronystagmografie

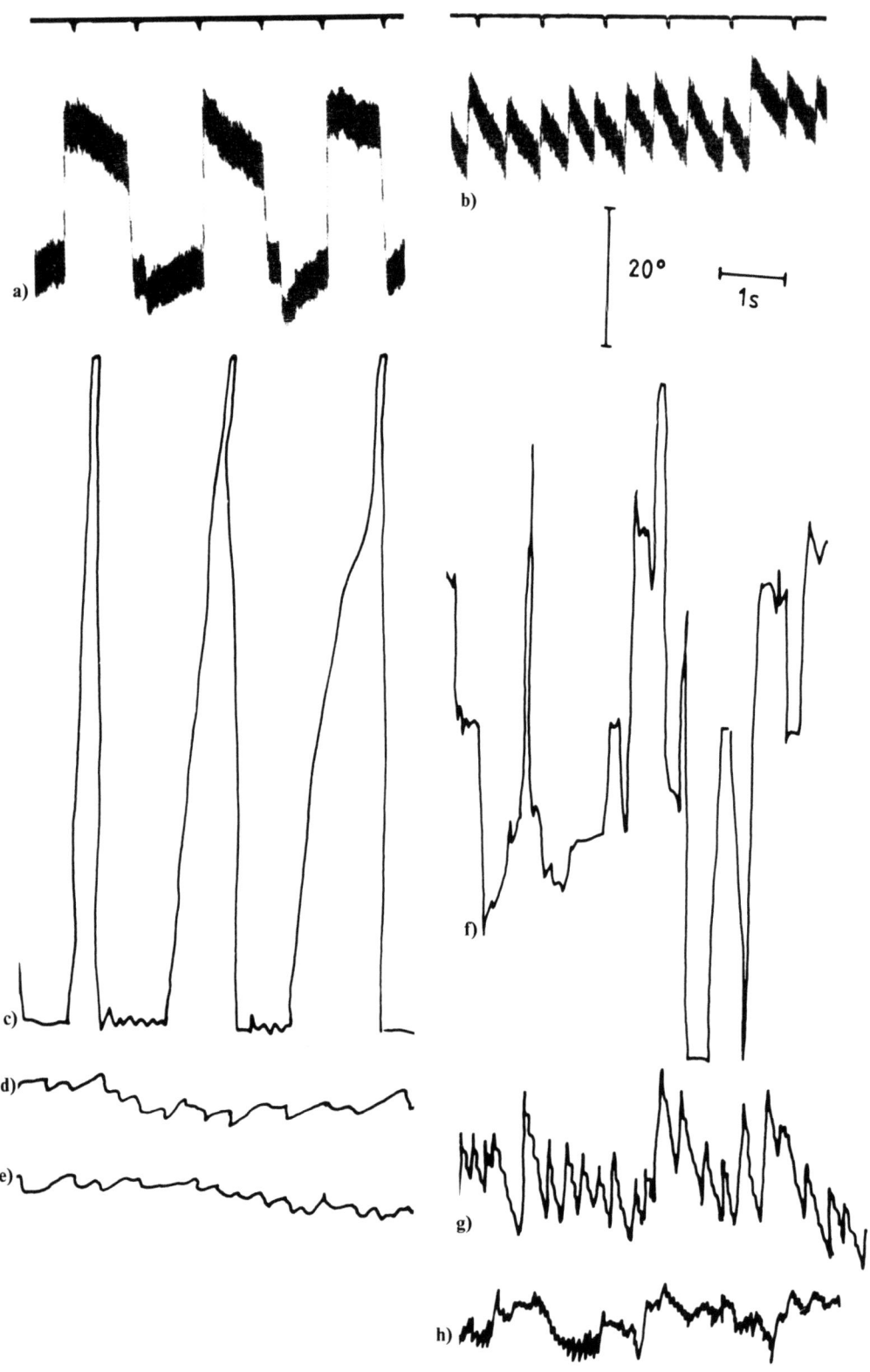

2. Artefakte von Seiten der Ableittechnik

Hochfrequenter Brumm. Hervorgerufen durch die Drossel einer Neonröhre, registriert von einem Schreiber, der diesen Brumm zu schreiben in der Lage ist (Schreiber nach dem Durchpausverfahren)

a) Blickwinkeleichung
b) Rechtsnystagmus

Lockere Elektrode. Wenn eine Elektrode keinen sicheren Kontakt mit der Haut hat, dann erhält man maximale Ausschläge

c) lockere Elektrode
d) und e) Nystagmusregistrierung nach Befestigung der Elektrode.

Defektes Kabel. Ein ähnliches Bild wie bei einer lockeren Elektrode kann man bei gebrochenen Kabeln finden (f).

Niederfrequenter Brumm
– Durch Übersprechen. Das Ableitkabel liegt parallel zu einem Kabel, das 10 Hz Steuersignale leitet (g).
– Durch oszillierende Eingangsoperationsverstärker im Endverstärker (h).

Drift. Eine langsame Spannungsänderung durch eine polarisierende Elektrode überlagert das Nystagmussignal (i).

Falsche Zeitkonstante. Im Gegensatz zu einer korrekt gewählten Zeitkonstante von 5 s in (k) führt die zu kurze Zeitkonstante in (l) von $\tau = 0{,}5$ s zu einer deutlich deformierten Blickwinkeleichung und zu einem deformiertem Nystagmus.

154 Atlas der Elektronystagmografie

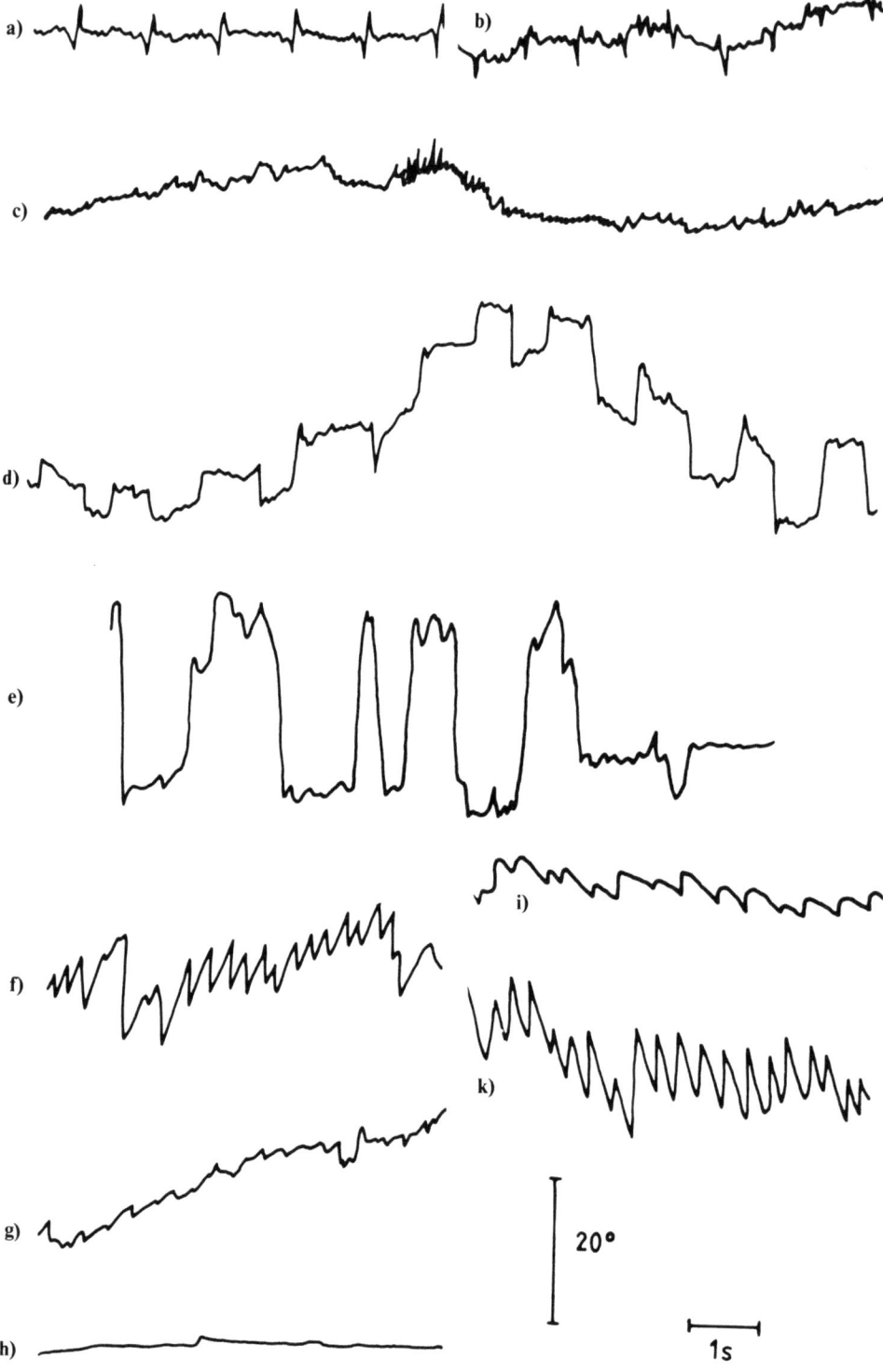

3. Artefakte von Seiten des Patienten (unwillkürlich)

EKG-Einstrahlung. Unter Umständen kann in einer elektronystagmografischen Ableitung ein EKG sichtbar werden, besonders deutlich bei Patienten, die Herzschrittmacher tragen (a). Je ruhiger die Ableitung, umso besser ist der Artefakt zu erkennen. Muskelpotentiale und Augenunruhe überdecken das Bild (b).

Muskelpotentiale. Elektroden für die Elektronystagmografie können als Oberflächenelektroden auch das Summenaktionspotential des M. temporalis aufnehmen. Beim Zusammenbeißen der Zähne treten dann Spitzenpotentiale auf (c).

Augenunruhe. Nervöse und ältere Patienten haben oft eine erhebliche Augenunruhe (d). Es kann sehr schwierig sein, bei diesen Patienten einen Spontannystagmus zu erkennen. Differentialdiagnostisch ist die Augenunruhe abzugrenzen von pathologischen Rechteckpotentialen, wie sie bei Patienten mit zentralen Gleichgewichtsstörungen anzutreffen sind (e). Diese pathologischen Potentiale haben eine Amplitude von mehr als 20°, folgen rascher aufeinander und sind unregelmäßiger.

Fehlsichtigkeit. Bei okulomotorischen Untersuchungen müssen fehlsichtige Patienten ihre Brille tragen. Dies wird an zwei Beispielen demonstriert:
1. Ein rotatorischer Linksnystagmus (f) soll von einem fehlsichtigen Patienten (-2 Dptr.) durch das Fixieren eines Punktes unterdrückt werden. Dies gelingt ohne Brille nicht vollständig (g); mit Brille ist der Nystagmus vollständig unterdrückt (h).
2. Ein optokinetischer Nystagmus ist ohne Brille aufgenommen, schwach (i) und kann für einen pathologischen zentralen Befund gehalten werden. Dieselbe Untersuchung mit Brille zeigt einen regelrechten optokinetischen Nystagmus (k).

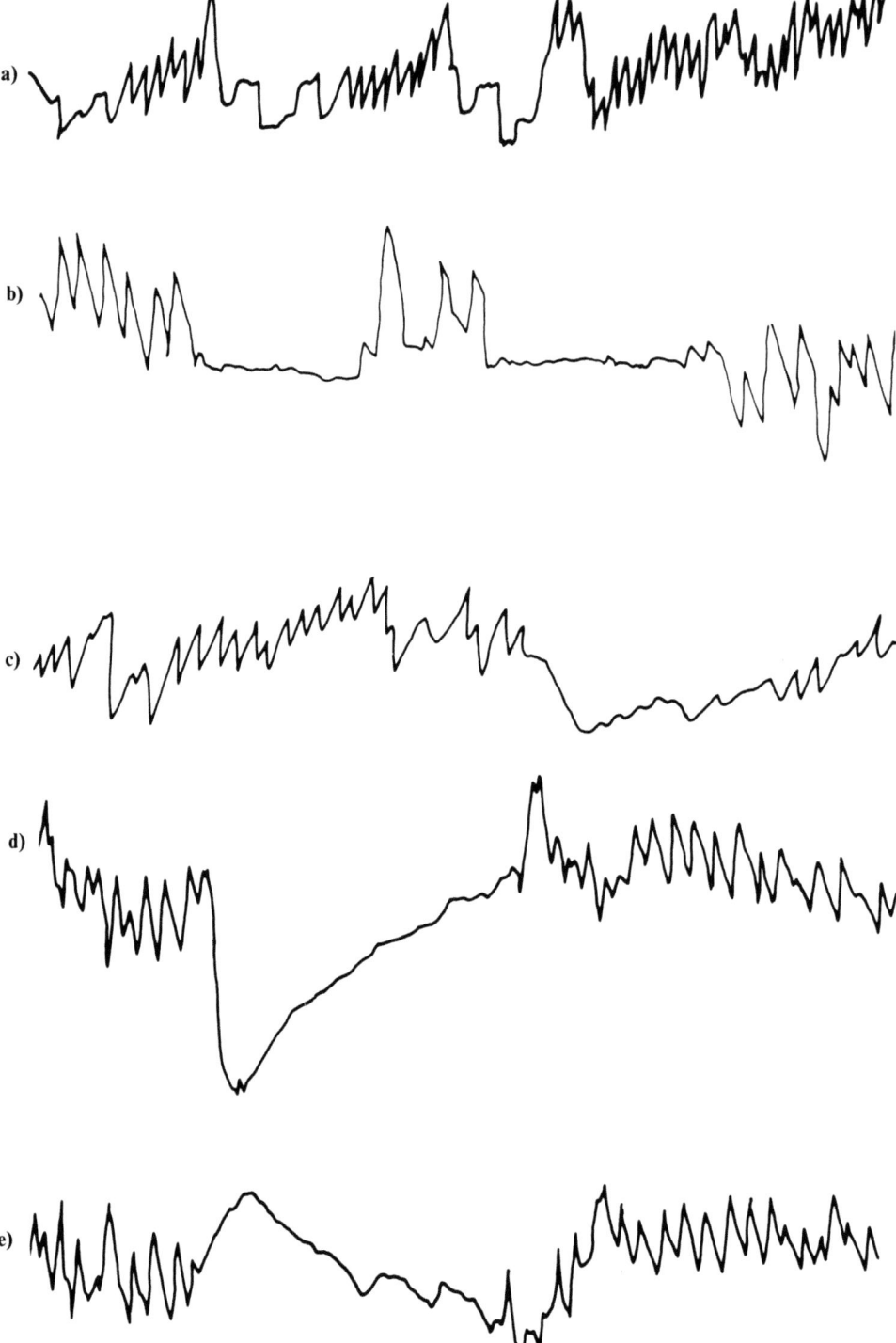

4. Artefakte von Seiten des Patienten (willkürlich)

Blinzeln mit den Augenlidern. Heftiges Blinzeln kann nystagmusähnliche Bilder hervorrufen, besonders wenn die Elektroden nicht exakt in derselben Höhe und zu nahe am Lid befestigt sind (a). Es treten beim Blinzeln dann mechanische Artefakte auf.

Augenschließen bei der optokinetischen Untersuchung. Sistiert ein optokinetischer Nystagmus plötzlich und tritt ebenso plötzlich wieder auf (b), dann ist dies ein sicherer Hinweis, daß im Verlauf der Untersuchung die Augen geschlossen waren.

Willkürliches Konvergieren der Augen. Die routinemäßige Aufforderung, geradeaus zu schauen, wird von manchen Patienten mit starkem Konvergieren (Schielen) beantwortet, um die Ableitung zu stören. Bei binokulärer Ableitung eines thermischen Nystagmus ist dies nicht ohne weiteres zu erkennen (c). Bei monokulärer Ableitung ist die Konvergenzbewegung der Augen an der Konvergenz der Kurven (d) des rechten Auges und (e) des linken Auges gut zu sehen.

a)

b)

c)

d)

e)

f)

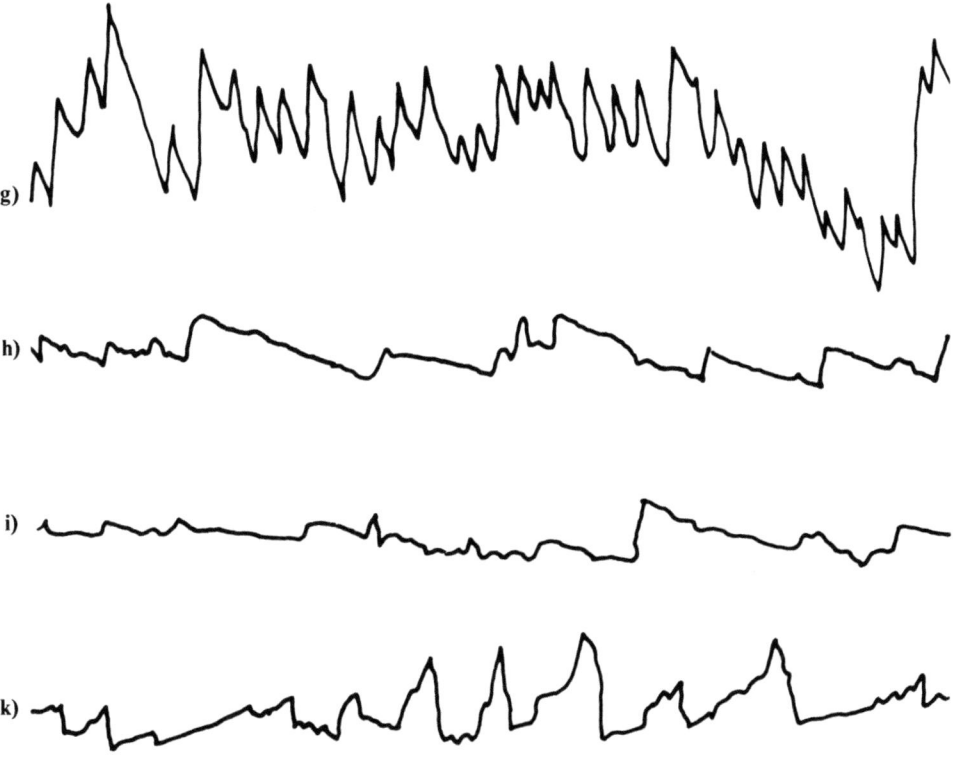

5. Bild eines vestibulären Spontannystagmus

Beim Blick geradeaus in heller Umgebung ist weder ohne (a) noch mit Rechenaufgaben (b) ein Nystagmus sichtbar.

Beim Blick geradeaus im Dunkeln mit geöffneten Augen kommt nach ca. 5 s ein Spontannystagmus nach rechts zur Darstellung (c), der durch Rechenaufgaben deutlicher aber nicht stärker wird (d).

Bei geschlossenen Augen ist der Spontannystagmus verstärkt (e), Rechenaufgaben verbessern das Bild nicht (f).

Die Ursache des Spontannystagmus nach rechts ist ein Ausfall des linken Gleichgewichtsorgans. Während die thermische Reaktion von Seiten des rechten Gleichgewichtsorgans kräftig ist (44 °C rechts: g) und den Spontannystagmus umzudrehen vermag (30 °C rechts: k) verändert die Reizung des linken Gleichgewichtsorgans (h = 44 °C links: i = 30 °C links) keine Veränderung des Spontannystagmus.

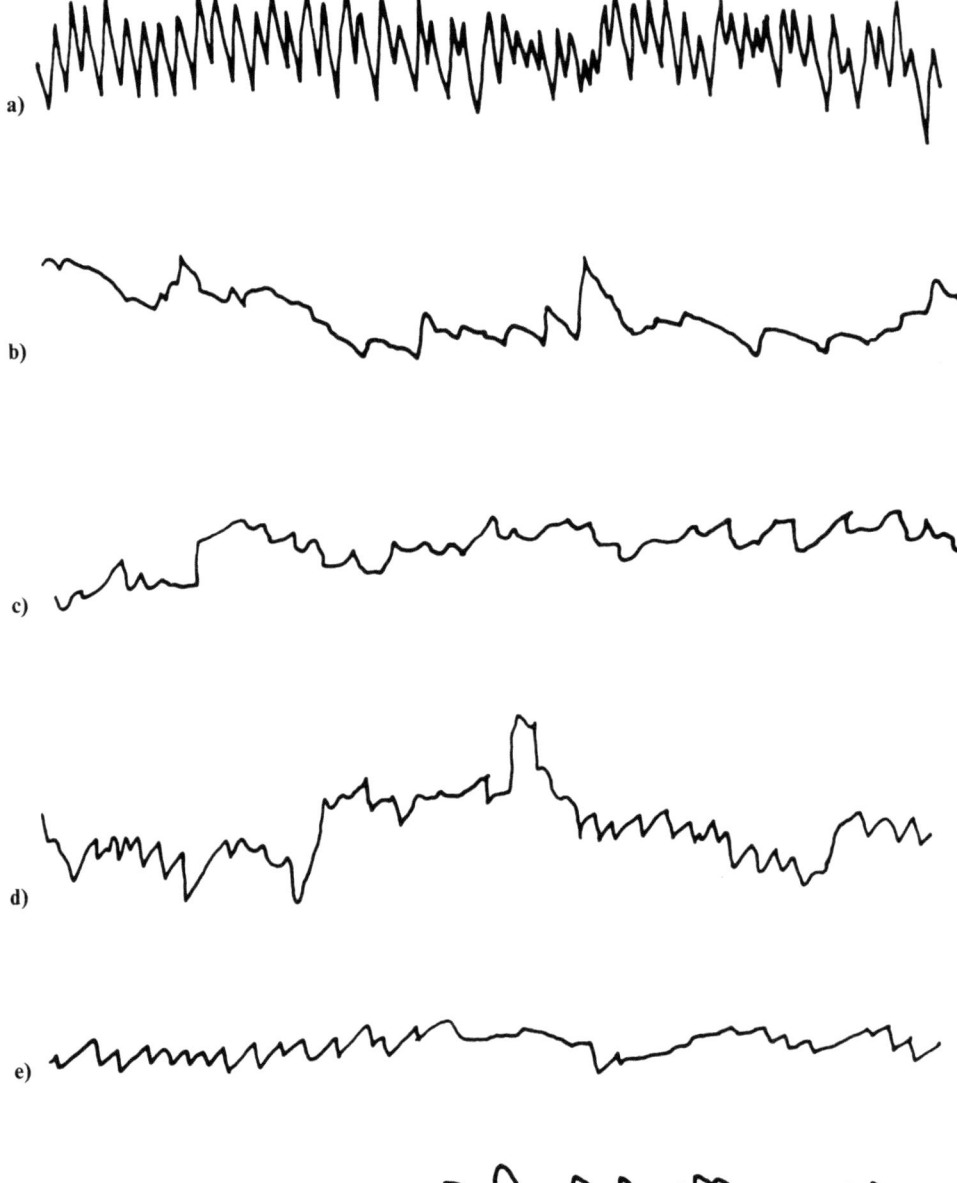

6. Optokinetischer Nystagmus

Normale Reaktion: Sie ist gekennzeichnet durch die Regelmäßigkeit des Gesamtbildes (a). Die Geschwindigkeit der langsamen Nystagmusphase hängt ab von der Geschwindigkeit des Reizes.

Optokinetischer Nystagmus bei einer Störung im okulomotorischen System. Der Nystagmus ist zerfallen. Es fehlt die Regelmäßigkeit. Die Amplitude ist klein.
b) Rechtsnystagmus
c) Linksnystagmus.

Das Bild einer optokinetischen Störung kann entstehen, ohne daß ein pathologischer Befund dahinter steht (d). Bei Wiederholung der Untersuchung nimmt ein pathologischer Befund zu (e), ein Artefakt dagegen ab.

Optokinetischer Nystagmus bei einem okulären Fixationsnystagmus. Bei einem Fixationsnystagmus ist der optokinetische Nystagmus schwer gestört und häufig invers. Der Rechtsnystagmus in (f) wurde von einer Bewegung des Streifenmusters nach rechts ausgelöst. Beim Gesunden entsteht dagegen ein Linksnystagmus.

162 Atlas der Elektronystagmografie

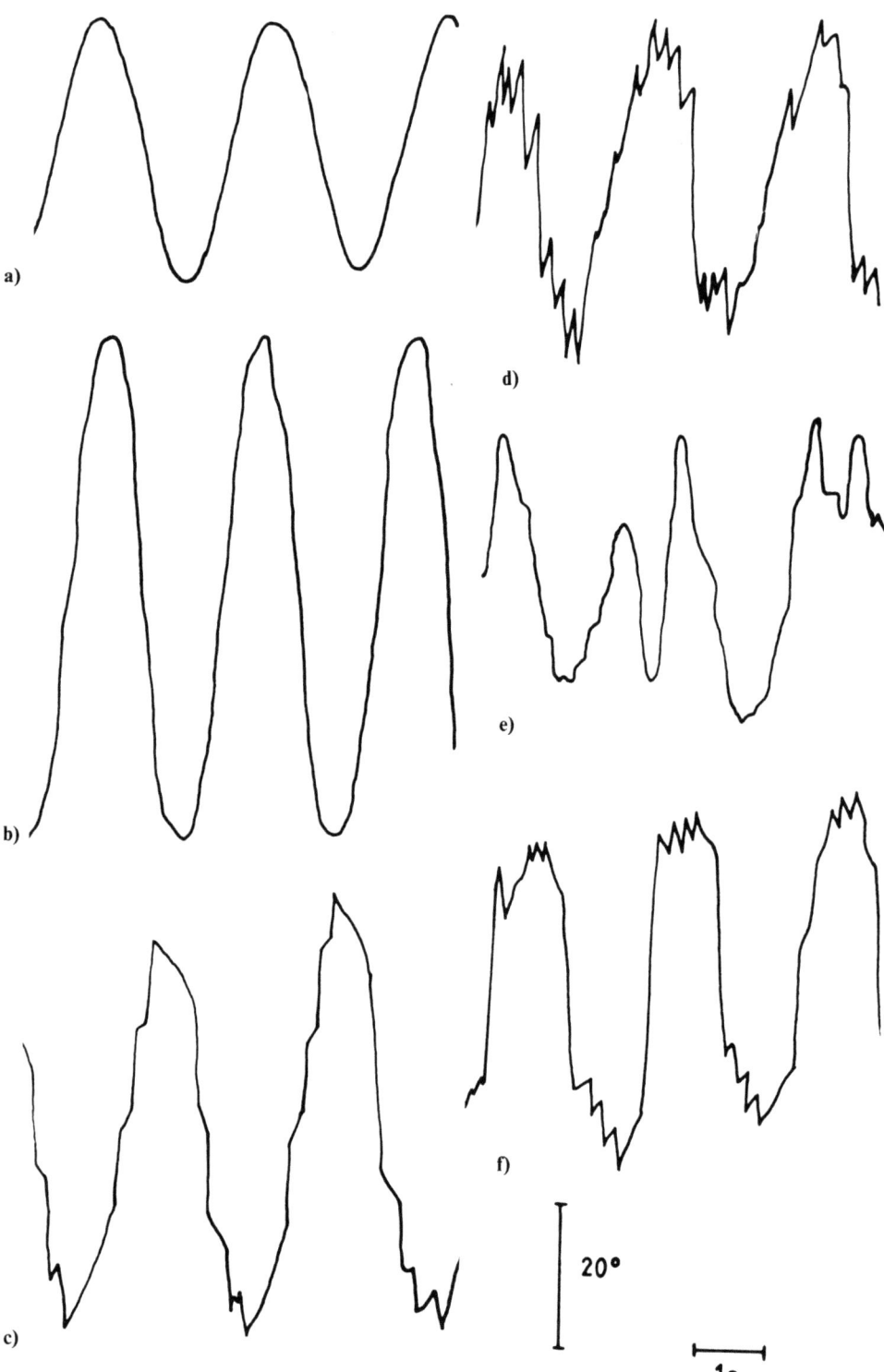

7. Befunde beim Sinusblickpendeltest

Ein Gesunder kann einem schwingenden Pendel mit einer glatten Sinusbewegung der Augen folgen (a), vorausgesetzt, Amplitude und Geschwindigkeit der Pendelbewegung sind nicht zu groß. Es entstehen Stufen im Ablauf der Sinusbewegung, wenn die Amplitude zu groß gewählt wird (b).
Ein Patient mit einer Störung im okulomotorischen System kann der Bewegung des Pendels nicht folgen. Es werden schnelle Aufholbewegungen der Augen (Sakkaden) in den Bewegungsablauf eingeschaltet (c).
Ein starker Spontannystagmus kann die Sinusbewegung der Augen überlagern, wenn bei dem Patienten gleichzeitig eine Störung der visuellen Fixationssuppression vorliegt (d).
Eine schwere Störung im Bereich des Hirnstamms kann dazu führen, daß das okulomotorische System das Auge einem schwingenden Pendel nicht mehr nachführen kann (e).
Ein Blickrichtungsnystagmus ist zu erkennen am gegengerichteten Nystagmus an den Umkehrpunkten der Sinusbewegung (f).

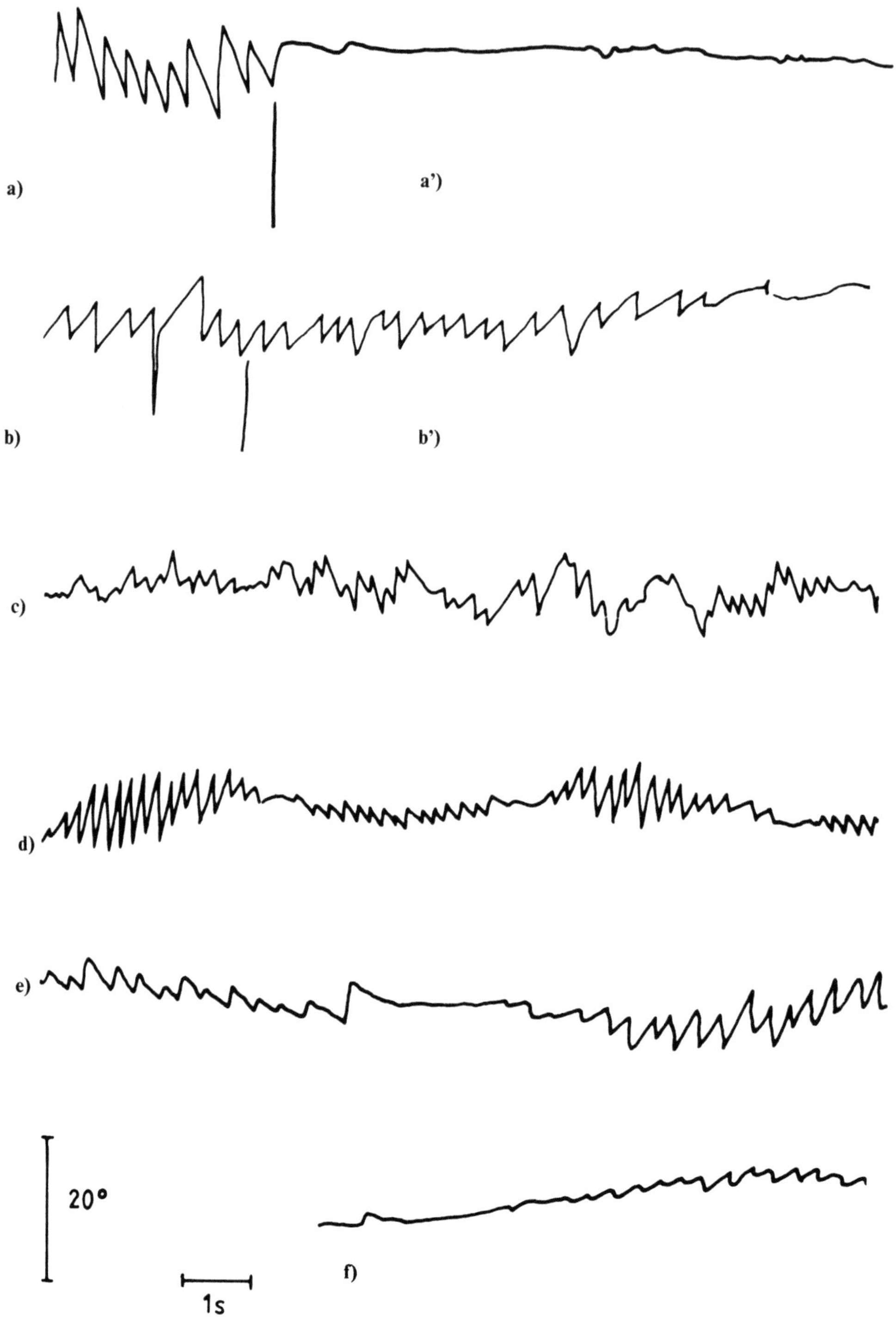

164 Atlas der Elektronystagmografie

a)

a')

b)

b')

c)

d)

e)

20°

1s

f)

8. Befunde bei der visuellen Fixationssuppression

Ein Gesunder kann einen experimentell ausgelösten Nystagmus (a) durch Fixation hemmen (a').

Ein Kranker mit einer Störung im okulomotorischen System kann den Nystagmus (b) nicht (b') oder nicht ausreichend unterdrücken.

Der Befund kann rasch und eindeutig demonstriert werden, wenn man einen Kranken auf einem Drehstuhl oder Drehhocker schnell hin und her dreht und er dabei seinen eigenen Finger fixiert, den er in 30–40 cm Entfernung vor seinen Augen hält. Es entsteht ein, entsprechend der Drehrichtung des Stuhles richtungswechselnder Nystagmus (c).

Die Störung der Suppressionsfähigkeit des Nystagmus kann einseitig oder einseitig verstärkt sein (d).

Ein Vergleich zwischen experimentellem Nystagmus bei Pendelung (e) und dem Nystagmus, der trotz Fixation besteht *(f)*, zeigt, daß die Amplitude des Nystagmus supprimiert wird, nicht die Frequenz.

166 Atlas der Elektronystagmografie

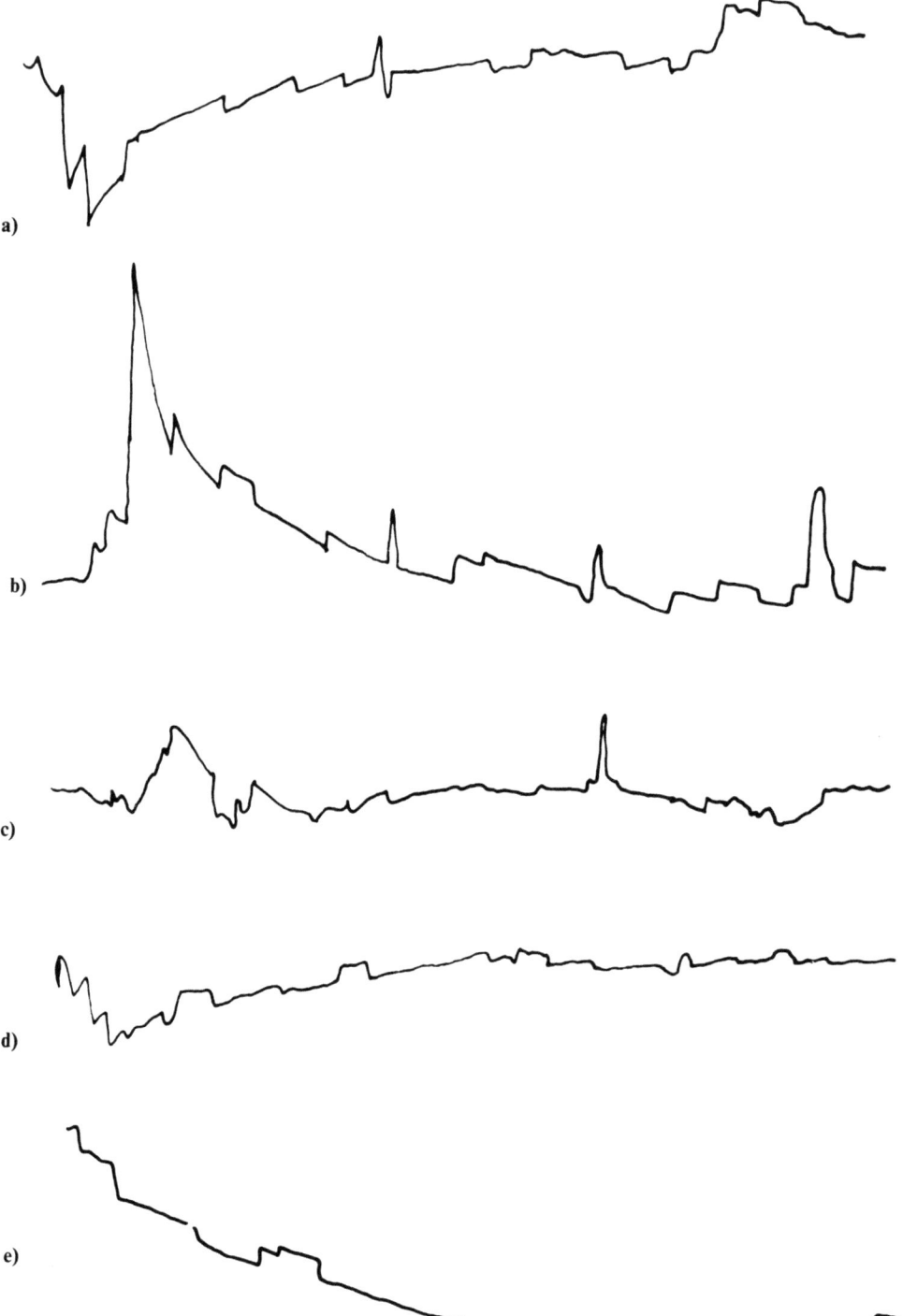

a)

b)

c)

d)

e)

f)

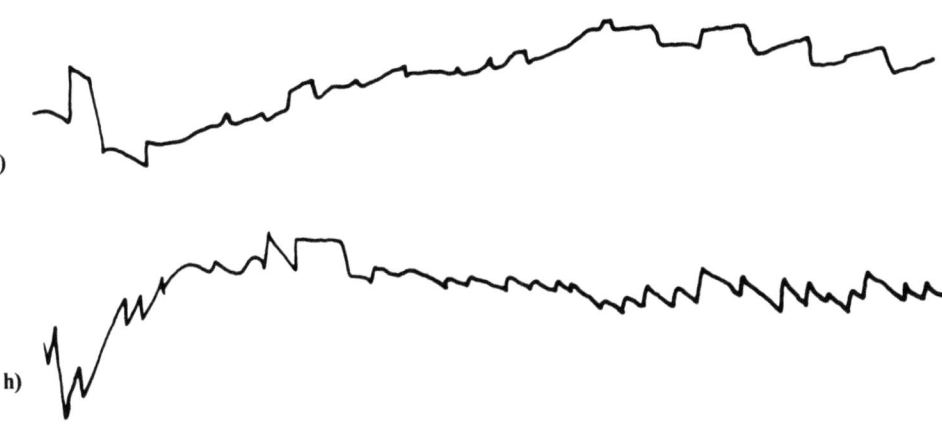

g)

h)

9. Pathologischer Halsdrehtest

Im Normalfall findet man bei Drehung des Körpers gegenüber dem fixierten Kopf keinen Nystagmus. Bei pathologischen Prozessen im Bereich des Halses kann aber ein Nystagmus sichtbar werden. Er hat in der Regel nur eine geringe Amplitude und eine niedrige bis mittelstarke Frequenz.

a–e): Halsdrehtest bei 24jähriger Frau ca. 3 Wochen nach einem leichten Motorradunfall. Restsymptom: Nackenkopfschmerzen und Unsicherheit.

a) Stuhldrehung nach rechts (entspricht Kopfhaltung links): Es ist nach dem kurzen Bewegungsartefakt ein schwacher, beständiger Linksnystagmus sichtbar.

b) Stuhldrehung nach links: es tritt ohne Latenz ein Rechtsnystagmus auf.

c) Kopfdrehung nach oben: Ein Nystagmus ist nicht nachweisbar.

d) Kopfhaltung oben, Stuhldrehung nach rechts: Es kommt zu einem feinschlägigen Linksnystagmus.

e) Kopfhaltung oben: Stuhldrehung nach links: Ein Nystagmus ist nicht nachweisbar.

Befund: Deutlich pathologischer Halsdrehtest besonders bei Kopfhaltung rechts, links und links oben.

f–h) Halsdrehtest bei einem Patienten mit schweren degenerativen Halswirbelveränderungen.

f) Ausgangspunkt. Ein Nystagmus besteht nicht.

g) Stuhldrehung nach rechts: Es entsteht ein Linksnystagmus.

h) Stuhldrehung nach links: Nach einem kurzen Linksnystagmus entsteht ein kräftiger Rechtsnystagmus mit Crescendocharakter.

168 Atlas der Elektronystagmografie

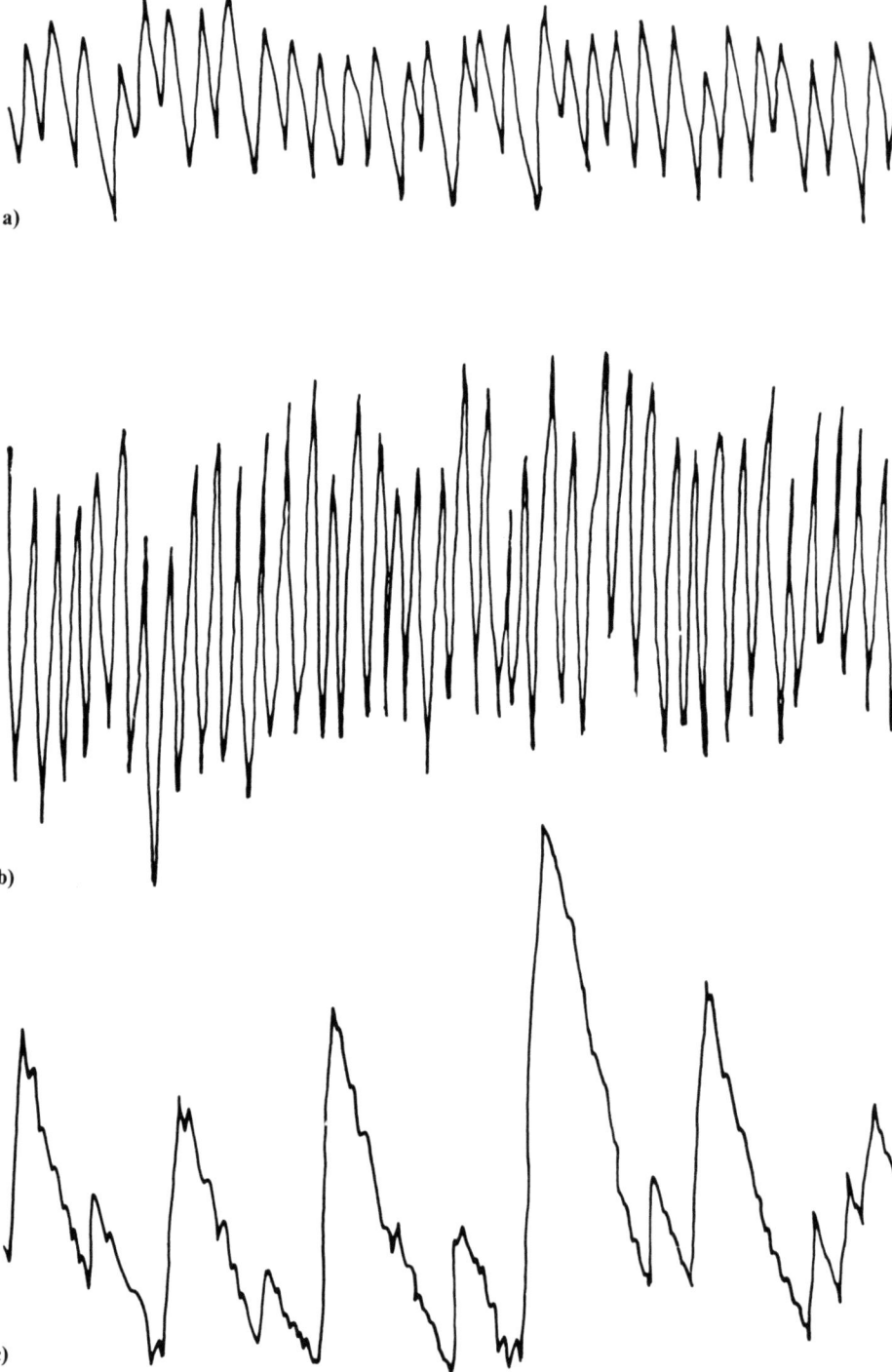

a)

b)

c)

d)

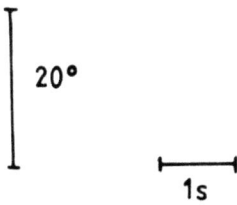

10. Vier Varianten eines thermischen Nystagmus

a) Normaler, kräftiger Rechtsnystagmus am Maximum der thermischen Reaktion.
b) Thermische Übererregbarkeit bei einem Patienten mit traumatischer Schädigung im Bereich des Kleinhirns. Dadurch entfallen hemmende Impulse zum Gleichgewichtskerngebiet.
c) Kindlicher Nystagmus. Er ist gekennzeichnet durch extrem große Amplitude und eine niedrige Frequenz. Die Kurve ist von einem niederfrequenten Brumm überlagert.
d) Ein schwacher thermischer Nystagmus ist überlagert von einer Augenunruhe. Dabei gilt die Regel: Je schwächer ein Nystagmus, umso mehr kann er von einer Augenunruhe überdeckt sein.

Formulare für die Gleichgewichtsprüfung
Für die Auswertung und Dokumentation von Gleichgewichtsprüfungen sind Formulare nötig. Sie sind unterschiedlich, je nach Untersuchungstechnik und Auswertmethode. Auf den folgenden Seiten sind Beispiele angegeben, die sich auf die im Text beschriebenen Untersuchungsmethoden beziehen.

170 Formulare

Gleichgewichtsuntersuchung mit Frenzelbrille

Patient:
geb.

Anamnese: Rombergtest   Unterbergertest
                                                              (50 Schritte)

Fixationsnystagmus?   Ja ☐ Nein ☐
Doppelbilder?   Ja ☐ Nein ☐   Visueller Suppressionstest (Pendelbewegungen)

Spontannystagmus

R ╱‾‾‾‾╲ L   ☐   vollständig   unvollständig
  ╲____╱   Schwindelhaltung   Sinusblickpendeltest

                                     glatte   gestörte
                                     Folgebeweg.   Folgebeweg.

Provokationsnystagmus   **Thermische Prüfung**

☐   ☐   ☐   (Frequenz zählen, Amplitude abschätzen)

Kopfschütteln Tiefes Bücken Sitzend   Re. 44 °C ....
               u. Wiederauf- Kopf zu- Li. 44 °C ....
               richten   rück   Li. 30 °C ....
                                        Li. 30 °C ....
Lagenystagmus   Re. 30 °C ....
                                        Li. 20 °C ....
☐   ☐   ☐   Re. 20 °C ....

Rechtsl. Rückenl. Linksl.   **Beurteilung:**

Lagerungsnystagmus

	rechts	gerade	links
Sitzend			
Kopfhängelage			
Sitzend			

Elektronystagmografie-Befund:

Patient Behandelnder Arzt:
Geb. Stat/Amb/Gutachten

Spontannystagmus: Richtung

Im Sitzen:

Im Liegen:

              Augen auf hell   Augen auf dunkel   Augen zu

Okulomotorische Untersuchungen:

Optokinetische Untersuchung: ———————— Sinusblickpendeltest ————

Visueller Suppressionstest: ————————

Halsdrehtest:

Halsdrehtest			
Schnelles Pendeln:			Grad I
Langsames Pendeln:			Grad II
			Grad III

Rotatorische Untersuchung:

Thermische Untersuchung:

Re. 44 °C .... Li. 44 °C ....
Re. 30 °C .... Li. 30 °C ....

Seitendiff ....%

Richtungs- ....%
überwiegen

Beurteilung:

Max GLP/10 Sek

Rechtes Ohr   Rechts-Nystagmus   R ← Spont. Nyst. (°/Sek.)

Linkes Ohr   Links-Nystagmus

Merkblatt für die neuro-otologische Untersuchung

Sie sind für den .... um .... Uhr zu einer Gleichgewichtsprüfung vorgemerkt. Bitte melden Sie sich in der .... Klinik, Zimmer ....

Besonders wichtig für das Gelingen der sehr zeit- und kostenaufwendigen Untersuchung ist, daß Sie den ganzen Tag vor und am Tag der Untersuchung keinen Alkohol (Bier, Wein, Sekt, Magenbitter usw.) sowie keine Medikamente gegen Durchblutungsstörungen, Schwindel, Schmerzen und Schlafstörungen zu sich nehmen, weil diese Substanzen das Ergebnis der Untersuchung verfälschen.

Wenn die Einnahme von Medikamenten für Sie unbedingt notwendig ist, bitten wir um einen kurzen Anruf unter der Tel.-Nr. ....

Weiter ist zu beachten, daß Sie ausreichend geschlafen haben und Ihre Brille mitbringen, wenn Sie eine Sehstörung haben. Bitte kommen Sie in bequemen Schuhen.

Literatur

Albernaz PLM, Ganaca MM (1972) Use of Air in Vestibular Caloric Stimulation Laryngoscope 82: 2198

Aschan G, Bergstedt M, Stahle J (1956) Nystagmography. Acta oto-laryng (Stockh), Suppl. 129: 7

Babinski J, Weil GA (1913) Desorientation et desequilibration spontanee provoquee. CR Soc Biol (Paris) 74 I: 852–855

Bach L (1895) Über künstlich erzeugten Nystagmus bei normalen Individuen und bei Taubstummen. Arch Augenheilkunde 30: 10

Bárány R (1906) Über die vom Ohrlabyrinth ausgelöste Gegenrollung der Augen bei Normalhörenden, Ohrkranken und Taubstummen. Arch Klin exp Ohr-, Nas- u. Kehlk Heilk 68

Bárány R, Physiologie und Pathologie (Funktionsprüfungen) des Bogengangsapparates bei Menschen. Deuticke-Verlag Leipzig und Wien

Bárány R (1906) Untersuchungen über den vom Vestibularapparat des Ohres ausgelösten Nystagmus und seine Begleiterscheinungen. Mschr Ohrenheilkunde 41: 191

Bárány R (1907) Weitere Untersuchungen über den vom Vestibularapparat des Ohres reflektorisch ausgelösten rhythmischen Nystagmus und seine Begleiterscheinungen. Mschr Ohrenheilkunde 41: 477

Bartels M (1911) Verhandlungen der dtsch otologischen Gesellschaft 20: 214

Baumgarten von J, Baldrighi D, Vogel H, Tümmler R. (1980) Physiological Response to Hyper- and Hypogravity during Roller Coaster Flight. Ariation Space and Environmental Medizin 51 (2), 145

Beidler LM (1971) Handbook of Sensory Physiology. Bd. IV 1: Olfaction. Bd. IV 2: Taste. Springer Verlag, Berlin Heidelberg New York

Benninghoff A (1940) Lehrbruch der Anatomie des Menschen Bd. II 2. Teil Nervensystem. JF Lehmanns-Verlag, München

Biemond A, de Jong JMBV (1969) On cervical nystagmus and related disorders. Brain 92: 437

Biemond A (1939) Proc. kon. ned. Akad. Wet (Amsterdam) 43: 2

Biemond A (1940) Proc. kon. ned. Akad. Wet (Amsterdam) 43: 2

Blegvad B (1962) Caloric Vestibular Reaction in Unconscious Patients Arch Otolaryng 75: 506

Boenninghaus H-G, Frank M (1970) Nystagmusuntersuchungen bei Pendelreizung nach einseitigen Labyrinthausfällen. Laryng Rhinol Otol 10: 623

Boenninghaus H-G (1980) Darstellung vestibulärer Befunde in: Methoden zur Untersuchung des vestibulären Systems. Demeter Verlag, 8032 Gräfelfing

Boenninghaus H-G (1980) Hals-Nasen-Ohrenheilkunde für Medizinstudenten Springer Verlag, Berlin Heidelberg New York

Boyle R, Pompeiano O (1980) Responses of Vestibulospinal Neurons to Sinusoidal Rotation of the Neck. J of Neurophysiology 44: 633

Brandt Th, Büchele W (1983) Augenbewegungsstörungen. G. Fischer Verl., Stuttgart New York

Brown-Sequard C (1860) Course of Lectures on the Physiology and Pathology of the Central Nervous System. Collins Philadelphia

Bruggencate ten G, Teichmann R, Weller E (1972) Neuronal Activity in the Lateral Vestibular Nucleus of the Cat. Pflügers Arch 337: 119

Bruggencate ten G (1972) Experimentelle Neurophysiology. Goldmann Verlag, München

Brünings W (1910) Über neue Gesichtspunkte in der Diagnostik des Bogengangsapparates. Verh dtsch otol Ges (Dresden)

Burian, Fanta H, Reisner H (1980) Neurootologie. G. Thieme-Verl., Stuttgart

Buys E (1909) Notation Graphique du Nystagmus Vestibulaire Pendant la Rotation. Presse Oto-Laryngol 8: 193

Byford GH, Stuart HG (1961) An Apparatus for the Measurement of small Eye Movements. J Physiol 159: 2

Caneghem v. D (1946) Bull soc belge. Otol Laryng Rhinol 88

Capps MJ, Preciado MC, Paparella MM, Hoppe WE (1973) Evaluation of Air Caloric Test as a Routine Examination Procedure. The Laryngoscope 83: 1013

Carmichael L, Dearbom WF (1947) Reading and visual fatique. Boston, Houghton Mifflin Company

Causse JB, Causse J (1979) A New Nystagmographic Test for the Elicitation of Sub- clinical Vertebro – basilar Insufficiency and Poor Cochleo – vestibular Vascularisation. The Journal of Laryngology and Otology 93: 969

Claussen CF (1975) Elektronystagmografie. Verl. Edition Frankfurt

Claussen CF, Lühmann von M (1976) Das Elektronystagmogramm und die neuro-otologische Kennliniendiagnostik. Edition m+p; Hamburg, Neu-Isenburg

Claussen CF (1971) Der rotatorische Intensitäts-Dämpfungstest (RIDT) und seine Auswertung mit Hilfe des L-Schemas. Arch. Klin. exp. ONK-Heilkunde 197: 351

Coats AC, Smith MS (1967) Body Position and the Intensity of Caloric Nystagmus. Acta oto-laryng. (Stockh.) 63: 515

Cogan DG (1966) Congenital Ocular Motor Apraxia. Can. J. Ophthalmol. 1: 253

Collins WE (1962) Effects of Mental Set upon Vestibular Nystagmus. J. exp. Psychol. 63: 191

Cords R (1926) Optisch motorisches Feld und optisch-motorische Bahn. Graefs Arch. Ophthal. 117: 58

Couch Mc GP, Deering JD, Ling TH (1951) Location of Receptors for Tonic Neck. Reflexes. J. Neurophysiol 14: 191

Crammon von D, Ziel J (1977) Das Phänomen der periodisch alternierenden Bulbusdeviationen. Arch. f. Psychiatrie und Nervenkrankheiten 22: 247

Decher H (1969) Die zervikalen Syndrome in der Hals-Nasen-Ohrenheilkunde. Thieme Verlag, Stuttgart

Decher H (1980) Schwindel bei Halswirbelsäulenerkrankungen in: Differential Diagnosis of Vertigo. W de Gruyter Verlag, Berlin New York

Delabarre EB (1898) A Method of Recording Eye Movements. Ann. J. Psychol. 9: 572

Dix MR (1980) The Mechanism and Clinical Significance of Optokinetic Nystagmus. J. of Laryng. and Otol. 94: 845

Dodge R, Cline RS (1901) The Angle Velocity of Eye Movements. Psychol. Rev. 8: 145

Dodge R (1907) An Experimental Study of Visual Fixation. Psychol. Monog. 8: 1

Dohlman G (1925) Physikalische und physiologische Studien zur Theorie des kalorischen Nystagmus. Acta Oto-Laryngol, Stockh Suppl 5: 66

Dohlman GF (1925) Physikalische und physiologische Studien zur Theorie des kalorischen Nystagmus. Acta oto-laryng. (Stockh.) Suppl 5

Elsberg CA, Levy J (1935) Sense of Smell. Bull neurol Inst. N.Y. 4: 5–19

Estelrich PR (1975) Über die praktische Durchführung der Vestibularisprüfung mittels Wasser oder Gas: Elektronystagmografie. Edition Medizin und Pharmazie, Frankfurt

Feldmann H (1976) Das Gutachten des HNO-Arztes. G Thieme Verlag, Stuttgart

Fenn W, Hursh J (1937) Movements of the Eyes when the Lids are closed. Amer. J. Physiol. 118: 8

Fisch U (1979) Facialislähmungen im labyrinthären, meatalen und intrakraniellen Bereich. HNO-Heilkunde in Praxis und Klinik. Hrg Berendes, Link, Zöllner Bd. V, Abschn 21. G. Thieme Verlag, Stuttgart

Frenzel H (1944) Massives Fistelsymptom mit Verzögerung nach starker Kompression. Arch Ohr-, Nas- u. Kehlkopfheilkunde 152: 207

Frenzel H (1925) Nystagmusbeobachtung mit einer Leuchtbrille. Klin. Wschr. 4: 138

Frenzel H (1928) Rucknystagmus als Halsreflex und Schlagfeldverlagerung des labyrinthären Drehnystagmus durch Halsreflexe. Z. Hals-Nas- u. Kehlk.-Heilk. 21: 177

Frenzel H (1931) Die ohrenärztlichen Untersuchungsmethoden in der neurolog. Diagnostik II. Teil: Vestibularisuntersuchung. Nervenarzt 4: 21

Frenzel H (1982) Spontan- und Provokationsnystagmus 2. Auflage von B. Minnigerode und H H Stenger. Springer Verlag, Berlin, Heidelberg, New York

Fukuda T (1959) Vertical Writing with Eyes covered, a New Test of Vestibulo-spinal Reactions. Acta Oto-laryng. (Stockh.) 50: 26

Gay A, Newaman NM, Keltner JL, Stroud MH (1974) Eye Movement Disorders. Verlag: C. V. Mosby Company, Saint Louis

Granit R, Pompejano O (1979) Progress in Brain Research: Band 50. Elsevier/North-Holland, Biomedical Press Amsterdam

Groen JJ in Oosterfeld Duizeligheid. Med. Bibl. Geneesk. Nr. 36 (Staflen, Leiden 1968)

Grohmann R (1972) Drehnystagmus als gesetzmäßige Folgeerscheinung physikalischer Vorgänge im menschlichen Gleichgewichtsorgan. Advances in Oto-Rhino-Laryngology. S Karger Verl. Basel

Grohmann R (1968) Flüssigkeitsströmungen in einem um seine Flächennormale rotierenden Bogengangsmodell. Arch. Klin. exper. Ohren-, Nasen- und Kehlkopfheilkunde 190: 309

Grohmann R (1969) Flüssigkeitsströmungen in einem um eine beliebig orientierte Drehachse rotierenden Bogengangsmodell. Arch. Klin. exper. Ohren-, Nasen- und Kehlkopfheilkunde 193: 10

Guedry FE, Lauver LS (1961) Vestibular Reactions during Prolonged Constant Angular Acceleration. J. appl. Physiol. 16: 215

Güttich A (1944) Neurologie des Ohrlabyrinths. Georg-Thieme Verlag, Leipzig

Güttich H (1961) Gustatorische Riechprüfung mit Riechstoffen und Mischreizschmeckstoffen. Arch. Ohr-, Nas- u. Kehlk.-Heilk. 178: 327

Haas E, Kraenbring Chr, Pfänder H (1965) Drehreizschwellenbestimmung und überschwellige Labyrintherregbarkeitsprüfung bei Normalpersonen. Z. Laryngologie 14: 180

Hallpike CS (1955) Die kalorische Prüfung. Pract oto-rhino-laryng. 17: 302

Henriksson NG, Pahlm O (1975) On the Formation of the Nystagmus Signal by the Influence of Electrical Time Constants. In: Elektronystagmographie. Hrg: CF Claussen. Verl Edition Frankfurt

Henriksson NG, Lundgren A, Lundgren K, Nilsson A (1967) New Techniques of Otoneurological Diagnosis I. Analysis of Eye Movements. Ciba Foundation London

Henriksson NG, Pfaltz CR, Torok W, Rubin W (1972) A Synopsis of the vestibular System. Sandoz Monographs

Herberhold C (1975) Funktionsprüfungen und Störungen des Geruchssinnes. Arch. f. Ohren-, Nasen- und Kehlkopfheilkunde 210: 67

Hikosaka O, Maeda M (1973) Cervical Effects on Abducens Motoneurons and their Interactions with Vestibulo-ocular Reflex. Exp. Brain Res. 18: 512

Hofferberth B, Moser M (1981) Die Aufrechterhaltung eines gleichmäßigen Vigilanz-Niveaus bei der Elektronystagmografie. Laryng.-Rhinol. Otologie 60

Hoffmann AC, Wellman B, Carmichael L (1939) J. Exp. Psychol. 24: 40

Holtmann S, Scherer H: Quantitative Untersuchung über den Einfluß körpereigener Faktoren auf den Romberg Test. Im Druck

Holtmann S, Scherer H, Hehl K: Das Schwankverhalten Gesunder und seine graphische Darstellung. Z. Laryng. Rhinol. Otol. Im Druck

Holtmann S, Scherer H: Die Eichung des elektronisch ausgewerteten Rombergtestes. Z Laryng. Rhinol. Otol. Im Druck

Hortmann G, Zeisberg B: Über die Notwendigkeit der Standardisierung von ENG-Verstärkern in CF Claussen (Ed.) Gleichgewichtsprüfungen und Arbeitsmedizin. Edition m+p-Verlag, Hamburg und Neu-Isenburg

Hülse M (1981) Die Gleichgewichtsstörung bei der funktionellen Kopfgelenkstörung. Manuelle Medizin 19: 92

Jacobson (1930) Americ. Journ. of Physiol 95: 694

Jasper HH, Walker RJ (1931) The Iowa Eye-Movement Camera Science 74: 291

Jong de PTVM, Jong de JMBV, Jongkees LBV, Cohen B (1977) Ataxia and Nystagmus induced by Injection of Local Anesthetics in the Neck. Ann. Neurol. 1: 240

Jongkees LBW (1948) Value of the Caloric Test of the Labyrinth. Arch. Otolaryng. 48: 402

Jongkees LBW (1948) Origin of the Caloric Test of the Labyrinth. Arch Otolaryng. 48: 645

Jongkees LBW (1949) Which is the Preferable Method of Performing the Caloric Test? Arch. Otolaryng. 49: 594

Jongkees LBW, Philipszoon AJ (1964) Electronystagmography. Acta oto-laryng. (Stockh) 189: 1

Jongkees LBW: Physiologie und Untersuchungsmethoden des Vestibularsystems in: HNO-Heilkunde in Praxis und Klinik Bd. 5 2. Aufl. Hrg. J. Berends, R Link, F Zöllner

Joung LR: Measuring Eye Movements. The American Journ. of med. Electronics, Okt 1973; 300

Judd CH (1907) Photographic Records of Convergence and Divergence Psychol. Rev. Monog. Suppl. 8, 1: 370

Judd CH, Allister Mc CN, Steele WM (1905) General Introduction to a Series of Eye Movements by means of Kinetoskope Photographs. Psychol. Monog. 7: 1

Jung R, Kornhuber HH (1964) Results of Electronystagmography in Man. In: Bender M B (ed): The Oculomotoric System. Hoeber, New York

Jung R (1939) Eine elektrische Methode zur mehrfachen Registrierung von Augenbewegungen und Nystagmus. Klin. Wschr. 18: 21

Jung R, Mittermaier R (1939) Zur objektiven Registrierung und Analyse verschiedener Nystagmusformen: vestibulärer, optokinetischer und spontaner Nystagmus in ihren Wechselbeziehungen. Arch. Ohr- Nas- u. Kehlk.-Heilkund. 146: 410

Kleinfeld D, Dahl D (1974) Die Temperaturveränderungen am horizontalen Bogengang des Menschen bei thermischen Vestibularisprüfungen. Laryng. Rhinol. Otol. 53: 205

Kleyn de A, Nieuwenhuyse (1927) Rapport sur les moyens d'exploration clinique de l'appareil vestibulaire. Revue de Neurologie 1: 889

Kohlrausch A (1931) a) Elektrische Erscheinungen am Auge; b) Adaptation, Tagessehen und Dämmerungssehen. Handb. d. norm. u. pathol. Physiolog. XII/2 Springer-Verl., Berlin S. 1303–1592

Kornhuber HH (1974) Nystagmus and Related Phenomena in Man: an Outline of Otoneurology. In Kornhuber, Handbook of Sensory Physiology, Vol IV/2 pp 193–232 (Springer-Verlag, Berlin)

Kornhuber HH (1966) Physiologie und Klinik des zentral vestibulären Systems. In: Handbuch der HNO-Heilkunde Bd. III Teil 3. Thieme-Verlag, Stuttgart

Kornhuber HH (1974) Handbook of Sensory Physiology. Vol VI Teil 2 Vestibular System. Springer Verlag, Berlin. Heidelberg New York

Kornhuber HH (1974) Handbook of Sensory Physiology Vol VI 1+2 Vestibular System. Springer Verlag, Berlin, Heidelberg, New York

Krogdahl T, Torgersen O (1940) Uncovertebralgelenke und die Arthrosis uncovertebralis. Acta radiol. 21: 231

Kunert W (1963) Das Zervikalsyndrom in Junghanns H (Hrg) Die Wirbelsäule in Forschung und Praxis, Bd XXVI. Hippokates Verlag, Stuttgart

Lewellyn-Thomas E, Howat MR, Mackworth NH (1960) The Television Eye Marker as a Recording and Control Mechanism. Institut of Radio and En-

gineers Transactions on Military Electronics – 7: 196
Liedgren CH, Ödkvist L (1980) The Morphological and Physiological Basis for Vertigo of Cervical Origin in: Differential Diagnosis of Vertigo. W de Gruyter Verl., Berlin New York
Longet FA (1845) Memoroises sur les troubles qui surviement dans l'equilibration, la station et la locomotion des animaux apres la section des parties molles de la nuque. Gaz. Med. Paris 13: 565
Mach E (1873) Physikalische Versuche über den Gleichgewichtssinn des Menschen. Wien. akad. Sitzungsberichte III 68: 124
Mackensen G, Kommerell G: Elektrische Registrierung von Augenbewegungen bei Paresen und supranukleären Störungen. Bücherei des Augenarztes Heft 46. F. Enke Verlag, Stuttgart
Magnus R, Kleyn de A (1926) Funktion des Bogengangs und Otolithenapparates bei Säugern. In: Handbuch der normalen und pathologischen Physiologie Bd XI. Springer-Verlag
Mang WL, Scherer H (1978) Sekretion hypophysärer Hormone bei optokinetischer Reizung. Laryng Rhinol. Otol. 57: 779
Metz HS, Jampolsky A, O'Meara DO (1972) Congenital Ocular Nystagmus and Nystagmoid Head Movements. Ann. J. Ophthalmol. 74: 1131
Meyers IL (1929) Electronystagmography. A Graphic Study of the Action Currents in Nystagmus. Arch. f. Neurologie (Amer.) 21: 901
Miehlke A (1979) Facialislähmungen. In: HNO-Heilkunde in Praxis und Klinik. Hrg Berendes, Link, Zöllner Bd. V Abschn. 21. G. Thieme-Verlag, Stuttgart
Miehlke A, Stennert E, Arold R, Chilla R, Penzholz H, Kühner A, Sturm von V, Haubrich J (1981) Chirurgie der Nerven im HNO-Bereich. Archiv für Ohren-, Nasen- und Kehlkopfheilkunde 231: 89
Miles WR (1939) The Steady Polarity Potential of the Human Eye. Proc. Nat. Acad. Sci. 25: 25
Miles WR (1936) An early Eye Movement Photograph. Psychol Monog 47: XXXI
Mittermaier R, Ebel B, Kübler A, Boesel K (1952) Elektrographische Nystagmusregistrierung. Z. Laryng. Rhinol. Otol. 31: 115
Mittermaier R (1939) Über die Unterscheidung peripher und zentral bedingter Gleichgewichtsstörungen durch die experimentelle Gleichgewichtsprüfung. Z. Neurol. 165: 219
Miyoshi T, Pfaltz CR: Studies on the Correlation between Optokinetic Stimulus and Induced Nystagmus I: ORL 35 (1973) 52; II: ORL 35 (1973) 350; III: ORL 36 (1979) 65
Möller KO: Pharmakologie. B. Schwabe Verlag, Basel, Stuttgart 1961
Money KE, Myles WS, Hoffert BM (1974) The Mechanism of Positional Alcohol Nystagmus. Can. J. of Otolaryngology 3: 3
Money KE, Myles WS (1974) Heavy Water Nystagmus and Effects of Alcohol. Nature 247: 404
Moser M, Conraux C, Greiner GF (1972) Der Nystagmus zervikalen Ursprungs und seine statistische Bewertung. Mschr. Ohrenheilkunde 106: 259
Moser M (1974) Zervikalnystagmus und seine diagnostische Bedeutung. HNO 22: 350
Moser M (1980) Pendelprüfung. In: Methoden zur Untersuchung des vestibulären Systems. Demeter Verlag, 8032 Gräfelfing
Mowrer OH, Ruch TG, Miller NE (1935) The Corneo-retinal Potential Difference as the Basis of the Galvanometric Method of Recording Eye Movements. American. Journ. of Physiol. 114: 423
Mulch G (1973) Elektronystagmografische Vergleichsuntersuchungen zur Aussagekraft der Nystagmusfrequenz als Parameter der Reizantwort nach rotatorischer Stimulation. HNO 21: 241
Mulch G, Trincker U (1975) Physiologischer Spontan- und Lagenystagmus. Elektronystagmografische Untersuchungen zu seiner Art, Häufigkeit und Intensität. Z. Laryng. Rhinol. Otol. 54: 841
Mulch G, Leonardy B: Zur Tauglichkeit absoluter „Normwerte" bei der Beurteilung der thermischen Vestibularisprüfung. Ergebnisse elektronystagmografischer Untersuchungen mit kritischen Anmerkungen zum Frequenznystagmogramm (Schmetterlingsschema)
Mulch G, Lewitzki W (1977) Spontaneous and Positional Nystagmus Demonstrated only by Electronystagmography: Physiological Nystagmus or „Functional Scar"? Arch. Oto-Rhino-Laryng. 215: 135
Mulch G, Leonardy B, Petermann W (1978) Which are the Parameters of Choice for the Evaluation of Caloric Nystagmus? Arch. Oto-Rhino-Laryng. 221: 23
Mulch G, Leonardy B, Petermann W (1958) Normalwerte der thermischen Labyrinthreaktion. Z. Lar. Rhinol. Otol. 57: 528
Mulch G, Petermann W (1979) Influence of age on Results of Vestibular Function Test. Annals Otol. Rhinol. Laryngol. Supp. 56
Mulch G, Scherer H (1980) Die thermische Gleichgewichtsprüfung. HNO-Informationen. Demeter-Verlag, 8032 Gräfelfing
Mumenthaler M, Schliack H (1977) Läsionen peripherer Nerven. Thieme Verlag, Stuttgart
Mumenthaler M (1980) Neurologische Differentialdiagnostik. Thieme Verlag, Stuttgart
Mumenthaler M (1982) Didaktischer Atlas der klinischen Neurologie. Springer Verlag, Berlin, Heidelberg, New York
Mumenthaler M (1982) Neurologie. Ein Lehrbuch für Ärzte und Studenten. G. Thieme Verlag, Stuttgart, New York
Nathanson M, Begman PS, Andersson PJ (1957) Sig-

nificance of Oculocephalie and Caloric Responses in the Unconscious Patient. Neurology 7: 829

Nathanson M, Bergman P (1958) New Methods of Evaluation of Patients with Altered Stats of Consciousness. Med. Clin. N. Amer.

Neher E (1974) Elektronische Meßtechnik in der Physiologie. Springer Verlag, Berlin, Heidelberg, New York

Ohm J (1928) Die Hebelnystagmografie. Graefs Arch. Ophthal. 120: 235

Ohm J (1953) Das Frequenzband des Augenzitterns der Bergleute. Graefs Arch. Ophthal. 154: 538

Pfaltz CR (1969) The diagnostic Importance of the Galvanic Test in Otoneurology. Pract. oto-rhino-laryng. 31: 192

Pfaltz CR, Richter R (1956) Photoelektrische Nystagmusregistrierung. Pract. oto-rhino-laryng. 18: 263

Pfaltz CR (1970) La photo electronystagmographie. Application clinique et valeur diagnostique dans le cadre de l'epreuve galvanique. Acta Oto-Rhino-Laryngologica Belgica 24: 394

Pfaltz CR, Ildiz F (1982) The optokinetic Test: Interaction of the Vestibular and Optokinetic System in Normal Subjects and Patients with Vestibular Disorders. Archives of Oto-Rhino-Laryngology 234: 21

Pfaltz CR (1980) Galvanische Prüfung im Sonderheft über die Methoden zur Untersuchung des vestibulären Systems. Demeter Verlag, 8032 Gräfelfing

Probst R, Pfaltz CR (1983) Diagnosis of Peripheral and Central Vestibular Lesions by the harmonic Acceleration Test. Adv. in Oto-Rhino-Laryngology 30

Reinholz T: Tauchtauglichkeit aus der Sicht des HNO-Arztes. Tagung der Münchner Oto-laryngologischen Gesellschaft. Dez. 1982

Riggs LA, Ratliff R, Cornsweet JC, Cornsweet TN (1953). The Dissapearance of Steadily fixated Testobjects. J. Opt. Soc. Am. 43: 495

Rollin H (1975) Funktionsprüfungen und Störungen des Geschmackssinnes. Arch. f. Ohren-, Nasen und Kehlkopfheilkunde 210: 165

Ruttin E: Funktionsprüfungen des Vestibularapparates in: Handbuch der HNO-Heilkunde. Springer-Verlag, Berlin 1926

Sachsenweger R: Neuroophthalmologie. G. Thieme Verlag, Stuttgart 1975

Sano K, Sekino H, Tsukamato Y et al. (1972) Stimulation and Destruction of the Region of the Interstital Nucleus in Cases of Torticollis and See-Saw Nystagmus. Confin. Neurol. 34: 331

Schaltenbrand G (1969) Allgemeine Neurologie. Georg Thieme-Verlag, Stuttgart

Scherer H (1981) Provoked Vestibular Nystagmus and Caloric Reactions after Sudden Loss of Vestibular Function. Adv. Oto-Rhino-Laryng. 27: 168

Scherer H (1982) Die räumliche Orientierung. Störungen durch Erkrankungen (Schwindel) und exogene kinetische Vorgänge (Kinetosen). Münch. med. Wschr. 124: 261

Scherer H (1981) Fehlerquellen bei der gutachterlichen Untersuchung und deren Berücksichtigung. Tagung der Arbeitsgemeinschaft Dtsch. Audiologen und Neurootologen Innsbruck

Scherer H, Bschorr J (1980) Betrachtungen zur Wirksamkeitsmessung antivertiginöser Medikamente anhand zweier Standardpräparate und eines neu entwickelten Psychopharmakons. Laryng. Rhinol. Otol. 59: 447

Scherer H, Schmidmayer E, Hirche H (1978) Die Wirkung von Bencyklan, Flunarizin und Naftidrofuryl auf den Nystagmus eines kalorischen Dauerreizes. Laryng. Rhinol. Otol. 57: 773

Scherer H (1975) Reisekrankheit: Physiologische Reaktion auf unphysiologische Beschleunigungsvorgänge. Dtsch. Ärzteblatt 29: 2111

Scherer H, Fröhlich G (1972) Reactions to Corsolis Stimulations and Postrotatory ENG – Response. A Study on Pilot-candidates and Pilots. Acta Otolaryng. (Stockh) 74: 113

Scherer H, Mang WE: Der Informationsverlust beim optokinetischen Test mit Reizbeschleunigung (Suzuki-Test). Tagung der Südwestdeutschen Gesellschaft der HNO-Ärzte, Salzburg, Sept. 1977

Scherer H: Die optokinetische Untersuchung mit Reizbeschleunigung im Vergleich zu konstanten Reizen. 49. Jahresversammlung der Dtsch. Gesellsch für HNO-Heilkunde Hamburg: Mai 1978

Scherer H, Mulch G: Considerations of the Evaluation of the Caloric Test. 8. Extraordinary Meeting of the Barany Society Basel, Juni 1982

Scherer H, Holtmann S (1983) Die Beeinflussung der vestibulären Untersuchung durch Alkohol. Laryng. Rhinol. Otol. 62 (1983) 558–560

Scherer H (1984) Die thermische Reaktion in Schwerelosigkeit. Vortrag vor der Tagung der deutschen Gesellschaft für HNO-Heilkunde, Bad Reichenhall

Scherer H, Rattenhuber FX (1983) Die Wirkung von Alkohol auf die gutachterliche Untersuchung des vestibulären Systems. Dissertation Ludwig-Maximilians-Univ. München

Schmidt CL, Löhle E (1980) Methoden zur Untersuchung des vestibulären Systems HNO-Informationen. Demeter Verlag, 8032 Gräfelfing

Schott E (1922) Über die Registrierung des Nystagmus und anderer Augenbewegungen vermittels des Saitengalvanometers. Dtsch. Arch. f. Klin. Med. 140: 79

Schuknecht HF (1974) Pathology of the Ear. Harvard University Press, Cambridge

Simmons FB, Gillam SF, Maltox DE (1979) An Atlas of Electronystagmography. Grune u. Stratton Verl., New York, San Francisco, London

Steinhausen W (1933) Über die Beobachtung der Cupula in den Bogengangsampullen des Labyrinths

des lebenden Hechts. Pflügers Archiv Ges Physiol 232: 500
Stennert E, Limberg CH, Frentrup KP (1977) Parese- und Defektheilungs-Index. HNO 25: 238
Stoll W (1981) Gutachterliche Untersuchung und Bewertung des vestibulospinalen Systems. Vortrag von der Arbeitsgemeinschaft der ADANO Innsbruck
Stoll W (1979) Die Begutachtung vestibulärer Störungen. Zeitschrift Laryng Rhinol Otol 58: 509
Stoll W (1982) Untersuchungsmethoden zur Objektivierung und Begutachtung vestibulärer Störungen. Aktuelle Neurologie 9: 121
Stoll W (1981) Der vertikale Zeichentest. Arch otorhinolaryng 233: 201
Thoden U (1981) Symposium über das obere Cervikalsyndrom. Mannheim 1978. Zit in M Hülse: Manuelle Medizin 19: 92
Thornvall A (1979) Funktions undersogelser of vestibular organet Kopenhagen 1917, Zit. nach Jongkees HNO-Heilkunde in Praxis und Klinik Bd 5. G. Thieme Verlag, Stuttgart
Tinker MA (1931) Apparatus for Recording Eye Movements. Ann J Psychol 43: 115
Torklus von D, Gehle W (1975) Die obere Halswirbelsäule. G. Thieme Verlag, Stuttgart New York 1975
Torok N (1978) Experimental Evidence of Etiology in Postural Vertigo. In: Vestibular Mechanismus in Health and Disease. Academic Press, London 178
Torok N, Guillemin V, Barnothy JM (1951) Photoelectric nystagmography. Ann Oto-Rhino-Laryng (St. Louis) 60: 917
Totten E (1926) Eye-Spots for Photographic Recors of Eye-movements. J Comp Psychol 6: 287
Uemura T, Suzuki JJ, Hozawa J, Highstein SM (1971) Univ Park Press, Baltimore London
Uemura TJI, Suzuki J, Hozawa SM, Highstein SM (1977) Neuro-Otological Examination. University Park Press, Baltimore and London
Uemura TJI, Suzuki J, Hozawa SM, Highstein (1977) Neuro-Otological Examination, University. Park Press, Baltimore and London 1977
Veits C (1928) Zur Technik der kalorischen Schwachuntersuchung. Z Hals-, Nas- u. Ohrenheilk 19: 542
Wenzel BM, Sieck MH (1966) Olfaction. Ann Rev Physiol 28: 381
Witmer J (1917) Arch f. Ophthalmologie 93: 226
Wölfle R: Nystagmusparameter im Vergleich der Wertigkeit der manuell bestimmten Frequenz bei der thermischen Prüfung mit Normal- und Starkreizen. Dissertation für die Ludwig-Maximillians Universität München
Young LR: Measuring Eye Movements. The American Journ of Med Electronics. Okt 1963: 300

Sachverzeichnis

Ableitungstechnik 45
Abschirmung 57
AC-Ableitung 50
Aggravation 95, 123, 131
Algorithmus 147
Alkoholnystagmus 70, 134, 135
Alkoholwirkung 97, 135
Alternobaric vertigo 128
Anamnese 1
Amplitude des Nystagmus 81, 143f.
Anode 120f.
Antihistaminika 134
Antikonvulsiva 134
Antivertiginosa 133
Arbeiter am Hochbau 127
Artefakte 149
Arteria basilaris 111
Arteria vertebralis 110f.
Arteriosklerose 112
Ataxie 113, 131
Augenklappen 57
Ausschlußgutachten 123

Ballonmethode zur thermischen Reizung 77
Barotrauma 128
basiläre Impression 119
Belastungsstufen 124f.
Beleuchtung des Untersuchungsraums 87
Beschleunigung 100
Betablocker 134
Bielschowsky-Phänomen 9
binokuläre Nystagmusableitung 45
biologische Eichung 59
bipolar-binaurale Reizung 121
Blickfolgesystem 32, 88
blickparetischer Nystagmus 38
Blickrichtungsnystagmus (regelmäßiger u. regelloser) 38, 66, 90 (66, 67)
Blickwinkeleichung 59, 90
Blindennystagmus 36
Blindgang 24
Blinzeln 157
Blutalkoholkonzentration 136
Bremsung 100
Brummen 48, 153
Busfahrer 129

Caisson-Krankheit 128
Cholesteatom 120
Chorda tympani 10, 11
Chordom 120
Cranio-Corpo-Grafie 24
Cupula 99f., 135
Cupulogramm 102
Cupulolithiasis 2, 72
Cupulometrie 110

Dauer der Reizantwort 138
D-C-Ableitung 50
Deuterium 135
Deitersscher Kern 19
Derivationstechnik 52
Deviation 65
Differenzierung 52
Differenzverstärker 49
Dissimulation 131
Divergenzphänomen 110
Donnan-Gleichgewicht 44
Drehprüfung 97
Drehstuhl 56
dreieckförmiger Drehreiz 102
Drift 49, 153
Drop attack 2, 112
Durchpausschreiber 55
Dysrhythmie 96, 122

Ecriture centrale 109
efferentes vestibuläres System 83, 115
Eichung 59
Eisenbahnnystagmus 31
Eiswasserspülung bei der therm. Prüfung 78
EKG 155
Elektroden-Paste, -Gelee 48
Elektrodenposition 46
Elektrodentechnik 46
Elektrogustometrie 11
elektromechanisches Rauschen 48
Elektronystagmographie 39, 44f.
Elektrookulogramm 44
Elsberg-Flasche 6
Endstellnystagmus 32
Endverstärker 49
Energie des Nystagmus 145

180 Sachverzeichnis

Enthemmungssyndrom 80
Ewaldsches Gesetz 100

Fallneigung 19f., 113
Fehlsichtigkeit 155
Filtertechnik 53
Fixationsnystagmus 34, 63
Fixationssuppression 96, 128
Fixieren 132
Flankensteilheit 53
Flocculus 88, 96
Foramina costotransversaria 117
Foramina intervertebralia 117
Fotoelektronystagmografie 39, 58, 121, 122
Fotozellen 58, 59
Franckscher Nerv 115
Frenzelbrille 40f., 138f.
Frequenz 140
Funktionsaufnahmen der HWS 117

galvanischer Strom 120
galvanische Reizung 120f.
Ganglion vestibulare Scarpae 120
Gelenkblockaden 117
Geruchsprüfung 6
Gesamtamplitude 108, 144
Gesamtschlagzahl 87, 138
Geschmacksprüfung 11, 15
Geschwindigkeit von Augenbewegungen 59
gesetzliche Rentenversicherung 124
Gleichspannungsableitung 50
Gleichtaktunterdrückung 53
GLP: Geschwindigkeit der langsamen Phase 81, 94, 97, 108, 140f.
Grenzfrequenz 53
Grundtabellen für Gutachten 124
Gutachten 123

halbautomatische Nystagmusanalyse 146
halsbedingte Gleichgewichtsstörung 2, 3, 71
Halsdrehtest 114, 149, 157
Halswirbelsäule 116f.
Hitselsbergersches Zeichen 12
Hochbau 127
Hochfrequenzstörung 48
Hochpassfilter 53

impulsartiger Reiz 100
indirekte Tintenschreiber 55
Intensität des Nystagmus 65, 145
Intensitätsstufen 124f.
interindividuelle Streubreite 82
Invalidität 126

Jendrassikscher Handgriff 20

Kathode 120f.
Kerbfilter 53
kleine Nystagmusschrift 109
Kleinhirn 19f., 113, 131
Koffein 137
Kompensation 127
Kompensationskurve 107, 140
Kompensationsschreiber 56
kongenitaler Fixationsnystagmus 34
Konvergieren 157
Kopfschüttelnystagmus 68, 127
korneoretinales Potential 44, 142
Kraftfahrer 128
Kulminationsschlagzahl 80
Kumulogramm 104, 147

Lagenystagmus 69f.
Lageprüfung 68
Lagerungsnystagmus 71
Lagerungsprüfung 70, 114
langsame Deviation 65
Latenz 109
Leuchtbrillenuntersuchung 63
Leukozytenzähler 140
Liege für Lageprüfung 56
lockere Elektrode 153
Lockerungsmaßnahmen 67
Luftreizung des Gleichgewichtsorgans 76
Lupenbrille 139f.

Medikamente 133
Menièresche Krankheit 2, 4, 112, 129
MdE 126
Minimalspülung bei der thermischen Prüfung 78
monokuläre Nystagmusableitung 45
Motorradfahrer 128

Nervenkerne 113f.
Nervenwurzeln 113
Nervus abducens 9
– accessorius 16
– facialis 10
– glossopharyngeus 14f.
– hypoglossus 16
– okulomotorius 7, 9
– olfactorius 6
– opticus 7
– trigeminus 10
– trochlearis 8, 9
– vagus 16
– vertebralis 115
Normaleichung 59
Normbereich 84
Nystagmus 28f.
–, optokinetischer 30
–, vestibulärer 28
Nystagmusintensität 65

okzipitale Dysplasie 119
okzipito-zervikaler Übergang 117
Optimumstellung 74
optokinetische Untersuchung 56, 91, 149
okulärer Nystagmus 34, 63, 95
okulomotorische Kerne 88
okulomotorische Untersuchung 88 f.
optokinetischer Nystagmus 30
Osteogenesis imperfecta 120
Osteomalazie 120
Otolithenorgane 83

Paget, Morbus 120
PAN (Positional Alcohol Nystagmus) 134
Parameter des Nystagmus 80
Pausen zwischen den Spülungen 80
Pendelprüfung 96, 105 f.
Pendelstuhl 56
perrotatorischer Nystagmus 100
Perzentil-Linien 80, 81
Pessimumstellung 74
Petite ecriture 109
Phänomen des ersten Reizes 84, 151
Phasenverschiebung 109, 110
Physiologie 19, 28, 88, 99, 110
Piloten 127
Plexus vertebralis 115
Pneumatisation des Warzenfortsatzes 88
Polarisierung 47
Polung 60, 61
Polyneuropathie 131
postrotatorischer Nystagmus 100
Posturographie 21
Provokationsnystagmus 67
Psychopharmaka 134
Purkinje, J. E. 97
Purkinje-Zellen 113

Rauschen 48
Rebound-Nystagmus 67
R-C-Glied 49
Recruitment 109, 110
Reisekrankheit 96
Reizfolge bei der thermischen Prüfung 78
Reizmedium für die thermische Prüfung 75
Rentenversicherung 124
Reset 49
Reversionstyp 110
richtungsbedingter Spontannystagmus 65
Richtungsüberwiegen 78, 79, 80
Riechprüfung 6
Rombergtest 19, 20 f., 57, 131
Röntgenuntersuchung der HWS 116
Rotationsintensitätsdämpfungstest 104

saccadisches System 31, 88
Schaukelnystagmus 39

Schielen 132
Schirmertest 12
Schlagfeldverlagerung 91, 131
Schlagrichtung des Nystagmus 64
Schlagzahl des Nystagmus 80, 138
Schreiber 54
Schwindelgutachten 124
Schwindellage 68
sedierende Stoffe 133, 134
Seiltänzergang 24
Seitendifferenz 123
sensible Halsafferenzen 113
Simulation 95, 123, 131
Sinusblickpendeltest 88, 163
somatisch-zervikale Gleichgewichtsstörung 111
somatischer Zervikalnystagmus 111
Spontannystagmus 89
-, richtungsbestimmender 65
Spüldauer bei der thermischen Prüfung 78
Spültechnik der thermischen Prüfung 77
Sterngang nach Babinski und Weil 25
Stimmgabelprüfungen 123
Störmanöver 131
Streckenmeßgerät 144
Streubreite 80, 82
sympathischer Schwindel 110

Tanklastkraftwagenfahrer 129
Taucher 128
thermische Labyrinthprüfung 73 f.
thermoelektrischer Schreiber 55
Tiefpassfilter 53
Tintendirektschreiber 55
Torsionspendelstuhl 106
toxische Stoffe 123, 134
trapezoider Drehreiz 102
Türen 57

überschwellige galvanische Reizung 121 f.
Übersprechen 48
Umkehrphänomen 121
Unfallversicherung 125
unipolar-monaurale Reizung 121
unpolarisierbare Elektrode 47
Unterbergerscher Tretversuch 23 f., 57
Untersuchungsraum 56
Utrikulofugale, -petale Cupulabewegung 100

vaskulärer Zervikalnystagmus 111
vaskular-zervikale Gleichgewichtsstörung 111
vegetativ-zervikale Gleichgewichtsstörung 115
vertebragener Schwindel 111
vertebro-basiläres Syndrom 111
Verstärkung 49
vestibulookulärer Reflex (VOR) 29
vestibulospinales System 19
Vigilanz 61, 133

visuelle Fixationssuppression 96, 134, 165
vollautomatische Nystagmusanalyse 147
Vorverstärkung 49

Wachheitsgrad 61
Wassermenge 77
Wechselspannungsableitung 50
Widerstandskondensator, -Kombination 49
Widerstandsrauschen 48

Zeichentest nach Fukuda 25f.
Zeitkonstante 49
zentrale Nystagmusschrift 109
zentrale Störungen 135
zervikale Gleichgewichtsstörungen 110
Zervikalnystagmus 114
zerviko-vestibuläre Interaktion 113
Zirkulationstechnik bei der thermischen Reizung 75
zusammengesetzte Parameter 145
Zwischenverstärker 49

M. Hülse

Die zervikalen Gleichgewichtsstörungen

1983. 57 Abbildungen. XII, 149 Seiten
DM 98,-. ISBN 3-540-12660-0

Inhaltsübersicht: Einleitung. - Tierexperimentelle Untersuchungen zur Klinik einer Störung des Rezeptorensystems im Kopfgelenksbereich. - Klinische Untersuchungen. - Schlußbemerkung. - Literatur. - Sachverzeichnis.

In diesem Buch werden differentialdiagnostisch die Schwindelbeschwerden und die Gleichgewichtsstörungen besprochen, die im Rahmen der verschiedenen Halswirbelsäulensyndrome und Kopfgelenksstörungen auftreten. Neben der subjektiven Symptomatik wird besonders auf die elektronystagmografischen Befunde eingegangen und an Hand von Kurven und Abbildungen erläutert. Die zahlreiche Literatur aus den Gebieten der HNO, Neurologie, Medizin, Orthopädie, Unfallchirurgie und Augenklinik wurde zusammengefaßt und unter Berücksichtigung eines großen Patientengutes dargestellt. Im Gegensatz zu früheren Publikationen geschah dies erstmals im größeren Umfang unter Hinzuziehung der manualmedizinischen Erkenntnisse.

H. Frenzel

Spontan- und Provokations-Nystagmus

Seine Beobachtung, Aufzeichnung und Formanalyse als Grundlage der Vestibularisuntersuchung

2., völlig neubearbeitete und erweiterte Auflage von B. Minnigerode und H. H. Stenger
Mit einem Beitrag von R. Grohmann
1982. 102 Abbildungen. X, 172 Seiten
Gebunden DM 88,-. ISBN 3-540-10956-0

Dieses in neuer Bearbeitung erschienene Buch basiert auf den langjährigen Erfahrungen der Autoren und bildet die Grundlage jeder Vestibularisuntersuchung. Neue Methoden und Techniken der Vestibularisprüfung wurden kritisch unter dem Gesichtspunkt ihrer praktischen Anwendung verarbeitet.

Springer-Verlag
Berlin
Heidelberg
New York
Tokyo

W. Bachmann
Die Funktionsdiagnostik der behinderten Nasenatmung
Einführung in die Rhinomanometrie
1982. 75 Abbildungen. X, 154 Seiten
Gebunden DM 97,-. ISBN 3-540-11539-0

W. Draf
Endoskopie der Nasennebenhöhlen
Technik – Typische Befunde – Therapeutische Möglichkeiten
Mit einem Geleitwort von W. Kley
1978. 20 Textabbildungen, 13 Farbtafeln. VIII, 102 Seiten
Gebunden DM 108,-. ISBN 3-540-08690-0

Begutachtung der Schwerhörigkeit bei Lärmarbeitern
Herausgeber: E. Lehnhardt, P. Plath
Mit Beiträgen von zahlreichen Fachwissenschaftlern
1981. 63 Abbildungen, 10 Tabellen. XII, 136 Seiten
(Vorträge und diskussionen der 2. Fortbildungsveranstaltung an der Medizinischen Hochschule, Hannover, 20.-22. November 1980)
DM 58,-. ISBN 3-540-10910-2

H. Feldmann
HNO-Notfälle
2., überarbeitete Auflage. 1981. 71 Abbildungen.
XIII, 164 Seiten. (Kliniktaschenbücher)
DM 29,80. ISBN 3-540-10433-X

W. J. Mann
Ultraschall im Kopf-Hals-Bereich
Mit Beiträgen von T. Frank, W. v. Kalckreuth, J. Pirschel, R.-P. Pohl, G.-M. v. Reutern, H. Schmidt
1984. 142 Abbildungen. XIII, 120 Seiten
Gebunden DM 98,-. ISBN 3-540-12658-9

Springer-Verlag
Berlin
Heidelberg
New York
Tokyo

T. Brusis, U. Mödder
HNO Röntgen-Aufnahmetechnik
und Normalbefunde
1984. Etwa 140 Abbildungen. Etwa 130 Seiten
DM 78,-. ISBN 3-540-12608-2

MIX
Papier aus verantwortungsvollen Quellen
Paper from responsible sources
FSC® C105338

If you have any concerns about our products,
you can contact us on
ProductSafety@springernature.com

In case Publisher is established outside the EU,
the EU authorized representative is:
**Springer Nature Customer Service Center GmbH
Europaplatz 3, 69115 Heidelberg, Germany**

Printed by Libri Plureos GmbH
in Hamburg, Germany